바텐더
메디푸드 음료

NCS 기반 최신
조주기능사
필기/실기시험
예상문제 수록

| 이희수 지음 |

21세기사

오늘날 빠르게 변화하는 사회에서 더욱 중요하게 대두되는 개념이 바로 직무와 직무능력이며, 신산업의 발전으로 산업체계는 4차 산업 분야를 중심으로 빠르게 재편되고 있다. 우리 사회는 소위 말하는 평생직장의 개념은 사라지고 각 직무에 대한 역량이 중요해지는 직무능력 사회로 전환되고 있다. 산업 현장에서 직무 수행에 필요한 지식·기술·소양 등을 산업부문별·수준별로 체계화 한 국가직무능력표준(National Competency Standards, NCS)는 직무능력 사회로 빠른 전환 과정 중 산업 현장 전반에서 발생할 수 있는 갭을 메워주는 핵심 기제로 작동 할 수 있다. 이 책은 글로벌 시대에 맞추어 세계적인 주장문화를 이해하고 음료의 특성을 파악하고 분류하며, Bar 관리 및 칵테일의 기본 지식 습득과 국가자격 '조주기능사' 자격증 취득을 용이하게 하고 현장에서 적용할 수 있도록 NCS 바텐더 직무의 칵테일 실무 습득에 도움을 줄 수 있도록 구성하였다.

본 교재의 특징과 구성을 소개하면 다음과 같다.

첫째, 제1장에서는 음료의 특성 분석으로서, 음료의 개요, 음료 분류하기, 술의 개요, 우리나라의 전통주와 음료 활용에 대해서 설명하였다. 또한 음료의 분류별 특성으로서 알코올성 음료와 비알코올성 음료, 특히 커피와 차, 술의 역사와 제조과정, 우리나라 전통주의 종류, 목테일(무 알코올 칵테일)과 시그니처 칵테일에 대해 상세히 다루었다.

둘째, 제2장에서는 양조주에 대해서 상세하게 설명하였다. 양조주의 구분별 설명을 위하여 맥주의 어원과 특성, 맥주의 원료 및 종류, 맥주의 서비스와 저장, 크래프트 맥주 그리고 와인의 역사와 와인의 특성 및 종류, 주요 포도품종, 국가별 대표적인 와인과 와인상식에 대해서 설명하였다.

셋째, 제3장에서는 증류주에 대해서 각 기주별로 세분하여 구체적으로 기술하였다. 여기에는 위스키의 의미, 세계 4대 위스키와 주요 상표, 위스키 분류법, 브랜디의 숙성과정과 저장 및 숙성도, 칼바도스와 그라빠, 진, 보드카, 럼, 테킬라, 아쿠아비트 등 증류주의 전반적인 특성과 주요 영역을 상세하게 다루었다.

넷째, 제4장에서는 혼성주에 대한 내용으로서, 리큐르의 역사 및 제조법, 혼성주의 종류에 대한 특성을 설명하였다.

다섯째, 제5장에서는 칵테일조주에 대한 내용으로 칵테일의 기본지식 습득하기, 칵테일의 기법 익히기, 칵테일의 부재료, 기구, 글라스 및 칵테일 바의 종류와 바텐더의 역할과 자세에 대해 설명하였다.

여섯째, 제6장에서는 메디푸드 음료에 대한 내용으로서, 메디푸드 음료의 이해와 약용작물, 웰빙 칵테일에 대해 설명하였다. 마지막으로 조주기능사 실기시험 및 기출문제를 다루면서, 조주기능사 자격증 취득을 위한 실제적인 학습 방향을 제시하였다.

저자 씀

제1장   음료 특성 분석

제2장   양조주

| 제3장 | 증류주 |

제 1 장

음료 특성 분석

•

1 음료의 정의

우리나라에서 음료(Beverage)라고 하면 주로 비알코올성 음료만을 뜻하고, 알코올성 음료는 술이라고 구분해서 생각하는 것이 일반적이다. 그러나 서양인들은 알코올성과 비알코올성으로 구분은 하지만 마시는 것을 통상 음료라고 하며, 어떤 의미로는 음료를 알코올성 음료로 더 강하게 표현되기도 한다. 일반적으로 술을 총칭하는 말은 Liquor로 이는 주로 증류주(Distilled liquor)를 표현하는 것으로, Hard liquor 또는 Spirits라고도 한다. 결론적으로 Beverage를 정리하면 알코올음료, 비알코올음료를 구분하지 않고 물을 비롯한 마실 수 있는 모든 음료를 총칭한다. 또한 인간이 마실 수 있는 음료의 기본은 물이다. Beverage를 불어로 Boisson(부아송 : 음료, 주류)이라 한다.

2 음료의 의미

인간은 신체상의 구성요건 가운데 약 70%가 물로 구성되어 있다고 한다. 이는 순수한 자연의 섭리로서 물의 구성으로 모든 생물이 존재한다고 할 수 있다. 따라서 인간의 생명은 물과 매우 밀접한 관계가 있다. 물이 곧 음료(beverage)라는 것이다. 이처럼 인간은 물을 이용한 다양한 음료를 생산하기에 이르렀고, 이러한 음료는 우리의 일상생활에서 매우 중요한 구성요인의 하나가 되었다.

일반적으로 우리나라에서는 음료를 비알코올성 음료(non alcoholic beverage)를 뜻하는 것으로 인식을 하고 있으며, 우리가 흔히 말하는 술을 알코올성 음료(alcoholic beverage)라고 생각하는 경우가 보편적이다. 즉 서양에서는 음료라는 범주를 알코올성과 비알코올성 음료로 구분을 하지만, 통상 음료라 하면 알코올성 음료를 의미한다.

3 음료의 역사

인간이 최초로 마신 음료는 물이며, 강물이 오염되어 질병에 걸리게 되자 봉밀을 물에 약하게 타서 마시는 등 벌꿀을 이용하였다는 것을 스페인의 벽화를 통해 추정해 볼 수 있다. 그 후 기원전 6000년경 바빌로니아에서 레몬 과즙을 마셨다는 기록을 통해 과즙(果汁)을 이용한 음료를 마셨다는 것을 추정할 수 있다. 그 후 이 지방 사람들은 우연히 밀빵이 물에 젖어 발효된 맥주를 발견해 음료로 즐겼으며, 또한 중앙아시아 지역에서는 야생의 포도가 쌓여 자연 발효된 와인을 발견하여 마셨다고 한다.

그리스에서는 천연광천수를 발견하여 약용으로 마시기 시작하다가 18세기경 영국의 화학자 조셉 프리스트리(Joseph Pristry)에 의해 탄산가스가 발견되어 인공탄산음료 발명의 계기가 되었고 그 후 청량음료가 개발되었다. 또한 인류가 오래전부터 마셔 온 음료로 유제품을 들 수 있는데, 이는 목축을 하는 유목민들이 양이나 염소의 젖을 음료로 마신 데서부터 유래되었다. 그리고 16세기에 향신료가 보급되면서 음료에 향료를 이용하기 시작하였고, 18세기에 와서 과학의 발달과 함께 천연향료나 합성향료가 제조되어 19세기에 와서 청량음료가 등장하게 되었다. 그 외에 알코올성 음료도 인류의 역사와 병행하여 많은 발전을 거듭하면서 오늘에 이르렀고, 유제품을 비롯한 각종 과일주스가 나오게 되면서 제품의 다양화와 소비자의 기호에 맞춘 각종 음료가 탄생하게 되어 현재에 이르게 되었다.

4 음료 판매의 중요성

1. 고객 입장에서 음료 판매의 중요성

음식이 조리될 동안 제공되는 음료는 허기를 느끼는 고객의 공격적인 동물적 욕구인 식욕, 즉 공복감을 충족시켜준다. 또한 음식에 어울리는 음료를 함께 제공함으로써 음식과 음료의 가치 각각을 상승시키는 동반상승효과를 가져올 수 있다. 이것은 현대적 고객의 향상된 수준을 위해 필수적이라 할 수 있겠다. 즉 갈증 해소를 위한 음료의 역할 이상으로 음료는 음식과 동일한 가치를 두는 고객이 늘어나고 있기 때문이다.

또한 고객은 음료를 제공받고 구매함으로써 새로운 음료문화를 습득하게 된다. 예를 들어 Wine에 대한 지식과 이해가 부족한 상태에서 Restaurant에서 제공되는 정보와 Server들의 추천에 의한 Wine의 경험은 고객을 또 다른 Wine의 수요자로 만들 수 있다. 특히 우리나라는 고객들이 인식하고 있는 음료라는 것이 비알코올성 음료로 한정되어 있는 경우가 많다. 콜라나 탄산수 같은 청량음료보다 Cocktail이나 Smoothie 등을 경험함으로써 고객은 음료의 범위에 대한 확장을 인식하여 새로운 음료 문화를 습득하는 것이 가능하다.

2. 종사원 입장에서 음료 판매의 중요성

음료를 제공함으로 해서 종사원은 Lead time을 확보할 수 있어 보다 안정적이고 질 높은 Service를 제공할 수 있다. 음료판매를 통해 종사원 중 특히 Manager는 운영전반에 대한 여유를 확보할 수 있다. 이는 음식이 제공되기까지의 시간을 확보할 수 있어서 시간적, 심리적인 여유가 발생하여 동선관리가 용이하여 노동의 생산성을 최대화 할 수 있다. 또한 고객의 만족유도를 통해 종사원 직무만족의 동기유발을 가능하게 할 수 있다.

그리고 Server의 측면에서도 음료판매는 매우 유용한 Service수단이 된다. 업무를 수행함에 있어서 Server들은 고객의 Complaint를 가장 두려워하고 기피하고 있다. 고객의 불만 중 특히, 피크타임 때 음식의 제공이 지연되는 것에 대한 불평(Complaint)이 다수를 차지하고 있는데, Server들은 음료를 제공함으로 해서 이러한 고객의 불만을 감소시킬 수 있다. 또한 이것은 Server들이 고객 Complaint에 대한 기대 심리를 감소시켜 안정적인 업무를 가능하게 유도한다는 점에서 음료판매는 중요한 요소로 작용한다.

5 음료의 분류

우리나라에서 음료(beverage)라고 하면 주로 비알코올성 음료만을 뜻하고, 알코올성 음료는 술이라고 구분해서 생각하는 것이 일반적이다. 그러나 서양인들은 알코올성과 비알코올성으로 음료를 구분은 하지만 마시는 것이 통상 음료라고 한다.

인간은 신체상의 구성요건 가운데 약 70%가 물로 구성되어 있다. 인간의 생명은 물과 매우 밀접한 관계를 가지고 있기에 인간은 물을 이용하여 다양한 음료를 생산하기에 이르렀다. 즉 물은 곧 음료(beverage)이며, 음료는 알코올성 음료(alcoholic beverage = hard drink)와 비알코올성 음료(non alcoholic beverage = soft drink)로 분류된다. 일반적으로 알코올성 음료는 술을 의미하고, 비알코올성 음료는 청량음료, 영양음료, 기호음료를 나타낸다.

[표 1-1] 음료의 분류

음료 분류		음료 종류
음료(Beverage)	비 알코올성음료 (Non-Alcoholic drink)	청량음료(Soft drinks)
		영양음료(Nutrition drinks)
		기호음료(Liking drinks)
	알코올성음료 (Alcoholic drink)	양조주(Fermented Liquor)
		증류주(Distilled Liquor)
		혼성주(Compounded Liquor)

1. 비알코올성 음료의 구분

비알코올성 음료는 다시 청량음료, 영양음료, 기호음료로 구분되어 진다.

[표 1-2] 비알콜성 음료

비 알코올성 음료 (Non-Alcoholic Beverage)	청량음료 (Soft drinks)	탄산음료 (Carbonated)	콜라(Cola)
			토닉워터(Tonic Water)
			진저엘(Gingerale)
			소다수(Soda Water)
			카린스믹스(Collins mixer)
		무탄산음료 (Non-carbonated)	미네랄워터(〈Mineral Water)
			비키워터(Vicky Water)
			에비앙워터(Evian Water)
			셀쳐워터(Seltzer Water)
	영양음료 (Nutritiion drinks)	주스 (Juice)	과일 주스(Fruit Juice)
			야채 주스(Vegetable Juice)
		우유 (Milk)	살균우유
			비살균우유
	기호음료 (Liking drinks)	커피 (Coffee)	카페인함유 커피
			무 카페인함유 커피
		차류 (Tea)	홍차(Tea)
			녹차(Green tea)
			인삼차(Ginseng tea)
			코코아(Cocoa)

2. 알코올성 음료의 구분

알코올성 음료(Alcoholic Beverage)는 제조방법에 따라 양조주(Fermented Liquor), 증류주(Distilled Liquor), 혼성주(Compounded Liquor) 등 세 가지로 구분된다.

[표 1-3] 알코올성 음료-酒類(주류)

酒類 (주류)	釀造酒 (양조주)	單醱酵式 (단발효식)	Wine, Cider
			Champagne
		腹醱酵式 (복발효식)	Beer
			淸酒, 약주, 탁주 등
	蒸溜酒 (증류주)	穀類原料 (곡류원료)	소주, 고량주
			Whisky
			Vodka
		糖蜜原料 (당밀원료)	Rum(사탕수수)
			Tequila(용설란)
		果實原料 (과실원료)	Brandy (Cognac, Armagnac)
			Calvados(사과)
			Kirsch(체리)
		香油添加 (향유첨가)	Gin(두송향)
	混成酒 (혼성주)	Liqueur	
		Bitters	
		合成淸酒 등	

* 발효주는 단발효주와 복발효주로 나누어진다.
  - 단발효주 : 원료의 주성분이 당분으로서 효모만의 작용을 받아 만들어진 과실주, 미드(mead; 벌꿀술) 등
  - 복발효주 : 원료의 주성분이 녹말이기 때문에 당분으로 분해시키는 당화 공정이 필요한 것으로 단행복발효주와 병행복발효주로 나누어진다.
    (1) 단행복발효주는 당화와 발효의 공정이 분명히 구분되는 것(맥주)
    (2) 병행복발효주는 당화와 발효의 공정이 분명히 구별되지 않고 두 가지 작용이 병행해서 이루어지는 것(청주[정종], 탁주[막걸리], 약주 등)

제2절   음료의 분류별 특성

1 알코올성 음료

　알코올성 음료는 원료, 제조과정, 발효, 증류 등의 제법과정에서 양조주와 증류주 그리고 혼성주로 구분된다.

　우리나라 주세법에서 "주류"라 함은 주정(희석하여 음료로 할 수 있는 것을 말하며, 불순물이 포함되어 있어서 직접 음료로 할 수는 없으나 정제하면 음료로 할 수 있는 조주정을 포함한다)과 알코올분 1도 이상의 음료(용해하여 음료로 할 수 있는 분말상태의 것을 포함하되 약사법에 의한 의약품으로서 알코올분 6도 미만의 것을 제외한다)를 말한다.

　결론적으로 우리나라에서는 주세법상 곡류의 전분과 과실의 당분 등을 발효시켜 만든 알코올분 1% 이상을 함유하고 음용할 수 있는 음료를 총칭하여 술이라 하고 있다. 여기서 "알코올분"이라 함은 원 용량에 포함되어 있는 에틸알코올(섭씨 15도에서 0.7947의 비중을 가진 것을 말한다)을 말한다.

1. 양조주(Fermented Liquor)

양조주(fermented liquor)는 가장 오래전부터 인간이 즐겨 마신 술이다. 이것은 곡류(穀類)와 과실(果實) 등의 당분이 함유된 원료를 효모균(酵母菌)의 발효작용을 통해 얻어지는 주정(酒精)을 말한다. 즉 곡물이나 과일을 효모라는 미생물의 작용에 의해 발효(Ferment)한 술을 양조주(Brewed Liquor)라 한다. 이는 과실 중에 함유되어 있는 과당을 발효시키거나 곡물 중에 함유되어 있는 전분을 당화시켜 효모의 작용을 통해 1차 발효시켜 만든 알코올음료를 말한다. 대표적인 종류로는 와인(Wine)과 맥주(Beer)등을 들 수 있고, 이는 알코올 함량이 비교적 낮아(3~20%) 일반인들이 부담 없이 즐기는 술이다. 맛이 부드럽고 영양 칼로리를 함유하고 있는 것이 특징이다. 대체로 알코올도수가 낮으며 일반적으로 칵테일을 하지 않는다. 보통 맥주가 3-8%, 와인은 8-14%밖에 되지 않는다.

와인(Wine)의 경우, 포도과즙을 용기에 넣고 발효가 일어나면 과즙의 당분은 알코올과 탄산가스로 변한다. 탄산가스는 공기 중으로 날아가고 알코올 액만 남게 된다. 이것이 포도주(Wine)이다.

맥주(Beer)의 경우는 보리를 이용하여 맥아를 만들고, 이 맥아 중에 형성된 당화효소의 작용으로 곡류를 당화시킨 다음 알코올 발효를 시킨다.

양조주의 대표적인 종류는 포도주(wine), 사과주(cider/시드르), 맥주, 청주, 막걸리 등이 있다. 양조주는 알코올의 함유량이 비교적 낮은 3%~18%이다.

2. 증류주(Distilled Liquor)

증류주(distilled liquor)는 곡물이나 과실 또는 당분을 포함한 원료를 발효시켜서 약한 주정분(양조주)을 만든 후, 그것을 다시 증류기에 의해 증류한 술이다. 이것은 효모나 당분의 함유량에 의해 대략 8%~14% 정도의 알코올이 함유된 양조주의 성분을 알코올이 더 강화될 수 있도록 주정을 증류시킨 것이다.

증류주는 본래 양조주를 증류한 고농도 알코올을 함유한 강한 술이다. 곡물로 만든 양조주를 증류하면 위스키, 진, 보드카 등이 되고, 와인을 증류하면 브랜디가 된다. 증류주는 중세 연금사들이 양조주를 끓여 보다가 발견한 술이어서 "Spirits"라고도 부르게 되었다. 요즈음에 와서는 실제로 양조주를 증류하지 않고 주정의 단계를 거쳐 바로 증류주를 만든다. 양주에서의 증류주는 위스키와 브랜디가 대표이며 칵테일의 기주로 많이 쓰이는 진, 럼, 보드카 테킬라 등이 있다.

발효시켜 만든 양조주를 불로 가열하여 끓인 다음 그 기체의 증기를 증류기를 통하여 냉각장치를 통과시켜 얻은 무색투명의 맑은 액체의 술이다. 증류한 술은 대체로 알코올 도수가 높으며 숙성하지 않고 바로 병에 담는 무색의 증류주가 있으며 큰 통에 넣어 저장, 숙성하여 질이 좋게 한 증류주로 나눌 수 있다. 위스키, 브랜디, 진, 보드카, 럼, 테킬라 등의 세계 6대 증류주 외에 아쿠아 비트(Aquavit : 스칸다나비아 지방의 감자를 주원료로 만든 무색의 증류주) 소주, 고량주, 마오타이주 등이 여기에 속한다.

3. 혼성주(Compounded Liquor)

혼성주는 증류주나 양조주에 인공 향료나 약초, 과즙 또는 초근목피(草根木皮) 등의 휘발성 향유를 첨가하고 설탕이나 꿀 등으로 감미롭게 만든 알코올음료로서 주로 식후에 많이 사용되며 미국, 영국에서는 코디얼(Cordial)이라고 하며 유럽에서는 리큐르(Liqueur)라고 한다. 리큐르라는 이름은 라틴어의 리쿼화세(Liqufaer:녹이다)에서 나왔다고 한다. 과일이나 초·근·목·피 등의 약초 등을 녹인 약용의 액체이다. 리큐르는 처음부터 술로서 제조된 것이 아니라 약초를 와인에 녹여 물약을 만들어 병약자에게 주어 원기를 회복시켰다. 이것이 리큐르의 기원이며 리큐르의 발명은 고대 그리스 태생자인 히포크라테스라고 한다.

리큐르는 정제한 주정(증류수)을 베이스로 하고, 약초류·향초류·꽃·식물·과일·천연향료 등을 혼합하여 감미료·차색료 등을 첨가하여 만든 혼성주이다. 우리나라의 인삼주나 매실주 등도 리큐르의 일종이다.

특히 혼성주는 칵테일의 부재료로 가장 많이 사용되고 있는데, 이는 색깔과 향 그리고 맛 등이 독특하여 알코올 함유량이 다양하게 나타난다. 혼성주는 식후주로 많이 사용되며, 소화 작용에 도움을 준다. 대표적인 혼성주의 종류로는 슬로우진(sloe gin), 크림드카카오(creme de cacao), 체리브랜디(cherry brandy), 에프리컷브랜디(apricot brandy), 베네딕틴 디오엠(benedictine D.O.M), 비터(bitters), 드람부이(drambuie), 깔루아(kahlua), 갈리아노(galliano) 등이 있다.

2 비알코올성 음료

비알코올성 음료는 소프트 드링크(soft drink)라고 하는데, 이는 청량음료, 영양음료, 기호음료가 있다. 청량음료는 탄산음료와 무탄산 음료로 나누며 칵테일의 부재료로 많이 사용된다.

1. 청량음료

1) 탄산음료

탄산가스가 함유된 음료로서 청량감을 주면서도 미생물의 발육을 억제하고 향의 변화를 방지하는 특성이 있다. 탄산음료는 천연광천수로 된 것과 순수한 물에 탄산가스를 함유시킨 것 그리고 음료수에 천연 또는 인공의 감미료가 함유된 것이 있다.

탄산음료의 종류는 콜라(coke), 소다수(soda water), 토닉워터(tonic water), 칠성사이다, 세븐업(seven up), 진저엘(ginger ale), 카린스 믹스(collins mixer) 등이 있다.

[탄산음료의 종류]

- **토닉워터(tonic water)**

  레몬, 라임, 오렌지, 키니네 껍질 등으로 만든 즙에 당분을 첨가한 음료이다.

- **진저엘(ginger ale)**

  생강을 주로 하고 레몬 · 고추 · 계피 · 클로브(정향:clove) 등의 향료를 섞어 캐러멜로 착색 시킨 것이다.

- **소다수(soda water)**

  소다수의 성분은 수분과 이산화탄소만으로 이루어졌으므로 영양가는 없으나, 이산화탄소의 자극이 청량감을 주고, 동시에 위장을 자극하여 식욕을 돋우는 효과가 있다. 8~10℃ 정도로 냉각하는 것이 이산화탄소도 잘 용해되고 입에 맞는다. 그대로 마시기도 하고, 시럽이나 과즙 또는 칵테일 조주시 주정을 혼합해서 마시기도 한다.

- **카린스 믹스(collins mixer)**

  레몬과 설탕이 주원료이며, 첨가물로는 액상과당, 탄산가스, 구연산, 구연산삼나트륨, 향료 등이 들어 있다. 카린스 믹스가 없을 경우에는 레몬주스 1/2온스, 슈가시럽 1티스푼 소다워터를 적당량 넣어 만들어 대용하면 된다.

- 콜라(cola)

  열대지방에서 많이 재배하는 콜라나무 열매에서 추출한 농축액의 쓴맛과 떫은맛을 제거 가공 처리한 즙을 당분과 캐러멜 색소, 산미료, 향료 등을 혼합한 후 탄산수를 주입한 것이다.

- 칠성사이다(chilsung cider)

  구미에서의 사이다는 사과를 발효해서 제조한 일종의 과실주로서 알코올분이 1~6% 정도가 함유되어 있는 사과주를 말한다. 그러나 우리나라의 칠성사이다는 주로 구연산, 주석산 그리고 라임과 레몬에서 추출한 과일 엣센스를 혼합한 시럽을 만들어 병에 소량 넣어 위에서 증류수를 채우고 끝으로 액화탄산가스를 주입하여 만든다.

2) 무탄산음료

탄산가스가 없는 것으로서 무색(無色), 무미(無味), 무취(無臭)의 광천수(mineral water)를 말한다. 광천수는 천연광천수와 인공광천수가 있으며, 인공광천수는 칼슘, 인, 마그네슘, 철 등의 무기질이 함유되어 인체(人體)에 무해한 성분을 가지고 있다. 세계 3대 무탄산 음료는 비시수(vichy water), 셀처수(seltzer water), 에비안수(evian water)가 있다.

2. 영양음료

- 우유 : 칵테일에 사용되는 Light Cream.
- 주스류 : 오렌지 주스, 파인애플 주스, 토마토 주스, 크랜베리 주스(cranberry juice), 레몬주스(lemon Juice), 라임주스(lime Juice), 그레프룻 주스(grapefruit juice)

3. 기호음료

1) 커피

커피의 유래를 살펴보면, 7세기경 에티오피아 남서쪽 카파지역의 험준한 산골에 칼디라는 양치기 소년이 살고 있었다. 어느 날 그는 이상한 광경을 목격했다. 집으로 돌아가려고 염소들을 불러 모았는데 몇 마리가 갑자기 춤을 추듯 뛰고 달리는 것이었다. 이곳을 이탈한 염소들은 집으로 돌아와서도 잠들지 못하고 계속 흥분한 상태로 축사를 돌아다니기까지 했다. 이런 상황에 호기심이 강했던 칼디는 다음날 염소들이 머물렀던 곳으로 가서 염소들이 따먹었던 것으로 추정되는 빨간 열매를 먹어 보았는데, 갑자기 온몸에 힘이 넘치고 머리가 맑아지는 것을 느꼈다. 칼디는 근처 수도승에게 이 사실을 고백했고, 그 수도승은 여러 가지 실험을 거쳐 이 열매가 잠을 쫓는 효과가 있다는 것을 알아냈다. 그 후부터 커피는 에티오피아의 사원에서 밤 기도를 위한 음료로 이용되었다.

[체리의구성 : ① 외피 ② 과육 ③ 깍지 ④ 실버스킨 ⑤ 원두]

커피는 커피나무에 열리는 커피 열매(cherry berry)의 씨 부분이다. 이 씨를 우리는 원두(coffee bean)라 부르며, 원두는 다시 생두(green bean)와 볶은 원두(roasted bean)로 구분한다. 다시 말해 이 두 가지를 통틀어 커피 원두라 한다.

① 커피 품종의 식물학적 분류

- **아라비카(Arabica)** : 전 세계 커피 생산량의 70~75%를 차지하고 있다. 우리가 주로 알고 있는 원두커피가 아라비카 종이다.
- **로브스타(Robusta)** : 주로 인스턴트커피의 원료로 사용되고 있다.
- **리베리카(Riberica)** : 상업적인 가치가 없는 품종으로 일부지역에서만 아주 소량으로 생산된다.

② 커피의 재배조건

주로 커피를 재배하고 있는 적도를 낀 남북의 양회귀선(북위 25도 ~ 남위 25도 사이의 지역) 안에 있는 열대와 아열대 지역은 커피를 재배하기에 매우 적합한 기후와 토양을 가지고 있기 때문에 '커피벨트(일명 커피존)'라고 부른다.

커피체리는 주로 이 지대의 약 60여개 개국에서 생산되고 있는데, 생산지별로 남미, 중미 및 서인도 제도, 아시아, 아프리카, 아라비아, 남태평양, 오세아니아 등으로 크게 분포되어 있다.

생산량은 브라질이 전체생산량의 약 30%로 1위이고, 2위는 콜롬비아로 10%인데, 중남미에서 전 세계 생산량의 약 60%를 차지하고 있다. 그 다음으로 아프리카와 아라비아가 약 30%이고, 나머지 약 10%를 아시아의 여러 나라가 점유하고 있다.

커피재배 조건으로 연 강수량이 1,500~2,000m, 평균기온은 20℃ 전후이면서 온난기후여야 하는 등 품질의 우수한 커피콩을 재배하는 데는 여러 가지 조건이 필요하다.

③ 커피나무

커피나무 재배는 2년이 되었을 때 커피나무의 키는 약 1미터가 되고, 3-4년이 되면 키가 약 2미터까지 자라는데 보통 3년이 되면 가지치기(전지: pruning)를 하여 나무의 모양을 만들어주며, 이 시기에 뿌리에서 가지와 잎까지 호르몬이 전달되면 커피나무는 1단계의 성장과정이 다 끝나 꽃을 피울 준비가 되는 것이다.

- 첫번째 단계 - 씨를 발아시켜 성장시키는 과정으로 환경에 따라 다르지만 보통 4-7년이 걸린다.
- 두 번째 단계 - 생산의 단계로 보통 15-25년이 간다.
- 세 번째 단계 - 노쇠의 단계로 생물학적으로 수명을 다하여 죽는 단계이다.

④ 커피의 수확

보통 커피의 수확은 7~10일 정도 간격을 두어 붉게 익은 체리만을 선별 수개월동안 이어진다.

- 핸드피킹(Hand picking or 셀렉티브 픽킹; Selective Picking) - 익은 체리만을 골라 따는 방식으로 개화가 연중 내내 일어나는 지역에서 주로 이루어진다. 수세식 커피 생산지역에서 이뤄진다.
- 스트리핑(Stripping) - 나무에 달려있는 모든 체리를 훑어 따내는 방식이다. 일단 따낸 후 키질을해 처리시설로 운송하며 건조식 커피 생산 지역에서 주로 이뤄진다.
- 기계식 수확(Mechanical havesting) - 주로 브라질과 하와이에서 이뤄지며 전동형 브러쉬가 달린 기계가 나무를 통과하며 수확한다.

⑤ 커피 로스팅

커피를 볶는 가장 큰 이유는 첫째 커피의 맛과 향을 얻기 위함이다. 둘째 볶음으로써 커피의 색을 얻을 수 있다. 셋째 볶음으로써 커피의 추출이 쉬워진다.

⑥ 에스프레소(Espresso)

작은 잔에 담아 마시는 양이 적고 아주 진한 이탈리아 사람들이 즐겨 마시는 기계의 압력을 이용하여 짜낸 진액 커피를 말한다. 에스프레소는 빠르다는 의미로 즉석에서 빠르게 짜낸 커피를 의미한다. 미세하게 분쇄된 커피 6~7그램을 92~95도씨로 가열된 물 1온스에 9~10바의 압력을 인위적으로 가해 25~30초 이내에 추출하면 된다.

바리스타(Barista)는 바에서 전문적인 커피제품을 만드는 커피전문 조리사를 말하며, 에스프레소 기계를 사용하는 것이 필수적이다.

바리스타 기본동작(카푸치노 만들기)

⑦ 에스프레소의 생명 크레마(Crema)

에스프레소를 추출하는 요소 중에서 가장 중요시 되는 것이 크레마(Crema)라고 할 수 있다. 크레마는 영어로 말하면 크림이다. 크레마는 붉은 빛이 감도는 부드러운 갈색 거품 형태로 두툼하게 잔 위에 담기게 된다. 얇은 막에 갇혀있는 작은 공기방울로 이루어진 오랫동안 꺼지지 않는 거품 크레마는 에스프레소의 독특한 맛과 향을 품고 있다.

크레마는 추출할 때 순간적으로 커피를 불리고 압력으로 밀어내며 생기는 황금색이나 갈색의 크림을 말하는 것으로 입자들이 쉽게 침전되지 않고 커피위에 떠있는 상태라고 할 수 있다. 로스팅 당시에 생성되고 또한 포장되어 숙성되는 기간 동안에 생성되는 휘발성의 향들은 기름에 들러붙게 된다. 그리고 에스프레소가 만들어지고 나서야 이러한 성분들이 공기 중으로 방출되어 혀에 닿아 커피 미식가들의 즐거움이 되는 것이다.

⑧ 에스프레소를 이용한 커피 만드는 방법

에스프레소 커피 Caffe Espresso

진하게 추출해 작은 잔에 마시는 이탈리아 식커피. 식후의 입맛을 개운하게 해주는 역할을 한다. 레몬껍질을 곁들이기도 한다.

- **재료 :** 에스프레소 커피 추출액 1 컵, 설탕, 레몬 껍질
- **만드는 방법 :**
  ① 일인용 에스프레소 커피 기구에 커피 가루를 다져 넣고 끓인다.
  ② 에스프레소 잔에 커피를 따른다. 컵에 레몬 껍질을 미리 넣어 두기도 한다.
  ③ 취향에 따라 설탕을 넣이 미신다.

비엔나 커피 Caffe Vienna

블랙커피위에 휘핑크림을 얹은 부드럽고 우아한 커피이다. 실제 비엔나에는 없지만 세계 각국에서 이름으로 불리고 있다. 가장 맛있게 마시는 방법은 생크림을 섞지 않고 커피와 함께 마시는 것이다.

- **재료 :** 커피추출액1컵, 설탕 1½ 작은 술, 휘핑크림
- **만드는 방법 :**
  ① 컵에 설탕을 넣고 뜨거운 커피를 부어 젓는다.
  ② 컵 윗면을 모두 덮도록 충분한 양의 휘핑크림을 얹는다. 비엔나커피에 사용하는 휘핑크림은 만들 때 미리 설탕을 넣어 단맛을 내는 것이 좋다.

콘파냐 Caffe Con Panna

에스프레소 위에 생크림을 얹은 메뉴.
달콤한 맛을 좋아하는 이들에게 권하는 커피.

- **재료 :** 커피, 설탕, 생크림
- **만드는 방법 :**
  ① 에스프레소를 추출한다.
  ② 커피에 설탕을 넣는다.
  ③ 그 위에 휘핑크림을 올린다.

카페라테Caffe Latte

프랑스에선 카페오레로 불리는 메뉴다. 우유를 이용한 대표적인 메뉴.
전 세계적으로 가장 많이 팔리는 것이기도 하다. 부드러운 거품의 카페라테는 양을 많이 해 큰 잔에 마시는 것이 일반적이다. 하와이언 밀크커피, 중국식 밀크커피, 서인도풍 밀크커피 등은 카페 라테의 응용이다.

- **재료 :** 커피, 우유
- **만드는 방법 :**
① 우유를 따뜻하게 해서 잔에 붓는다.
② 따뜻한 커피를 붓고 섞는다.

카페모카Caffe Mocha

에스프레소와 생크림, 초콜릿 시럽이 조화를 이룬 커피. 단맛이 강해 젊은 층들에게 인기가 많다.

- **재료 :** 커피, 우유, 초콜릿 시럽, 휘핑크림
- **만드는 방법 :**
① 초콜릿 시럽을 잔에 넣는다.
② 에스프레소를 추출하고 잔에 붓는다.
③ 데운 우유를 넣고 저어 준다.
④ 휘핑크림을 짜고, 초콜릿시럽이나 초콜릿가루를 뿌린다.

카푸치노Caffe Cappuchino

카페 라테와 함께 가장 애음되는 메뉴 중의 하나. 다양한 모양의 디자인이 가능해 최근에는 디자인 카푸치노가 큰 인기를 끌고 있다.

- **재료 :** 커피, 우유
- **만드는 방법 :**
① 에스프레소를 추출한다.
② 우유를 넣는다.
③ 우유 거품을 올린다.

Cool 메뉴

아이스 에스프레소 Espresso Freddo

에스프레소에 얼음이 첨가된 커피. 에스프레소의 진한 맛을 위해서는 될수록 빨리 마시는 것이 좋다.

- **재료 :** 커피, 얼음
- **만드는 방법 :**
① 유리잔을 차갑게 하여 미리 준비한다.
② 틴컵에 에스프레소 1잔과 얼음을 넣고 젓는다.
③ 얼음을 버리고 준비한 유리잔에 에스프레소를 붓는다.

아이스 카페 라테 Caffe Latte Freddo

밀크커피 종류 중 가장 연한 맛을 낸다. 우유 사이로 천천히 흘러내리는 에스프레소의 모양새가 볼 만하다.

- **재료 :** 커피, 얼음, 우유
- **만드는 방법 :**
① 잔에 얼음을 넣고 우유를 채운다.
② 채운 잔에 에스프레소를 넣는다.

아이스 아메리카노 Iced Americano

에스프레소와 물, 얼음이 필요하다. 아이스 에스프레소보다 연하고 깔끔한 맛이 특징.

- **재료 :** 커피, 얼음, 물
- **만드는 방법 :**
① 잔에 얼음을 가득 넣는다.
② 에스프레소를 잔에 붓는다.
③ 물을 붓는다.

아이스 카푸치노 Cappuchino Freddo

가장 보편적으로 즐기는 쿨 메뉴. 우유 거품의 비릿한 느낌을 줄여 대중적인 인기를 끌고 있다.

- **재료 :** 커피, 얼음, 우유
- **만드는 방법 :**
① 에스프레소를 추출한다.
② 얼음을 넣은 컵에 우유와 에스프레소를 넣는다.
③ 우유 거품으로 마무리한다.

아이스 모카치노 Mochaccino Freddo

휘핑크림 대신 우유 거품을 넣어 연하고 부드러운 맛을 살렸다.

- **재료 :** 커피, 초코가루, 얼음, 우유
- **만드는 방법 :**
① 잔에 얼음을 8부 정도 붓고 우유를 넣는다.
② 에스프레소를 넣는다.
③ 틴컵에 얼음과 우유를 넣어 믹싱해서 잔에 올린다.

아이스 라테 비엔나 Iced Latte Vienna

에스프레소 원액 대신, 라테를 넣어 아이스 비엔나에 비해 순한 맛을 낸다.

- **재료 :** 커피, 우유, 얼음, 시럽, 휘핑크림
- **만드는 방법 :**
① 잔에 얼음과 시럽을 넣고 우유를 채운다.
② 채운 잔에 에스프레소를 넣는다.
③ 휘핑크림으로 마무리한다.

아이스 비엔나 Iced Vienna

특히 여성들에게 인기가 좋은 메뉴. 크림은 기호에 따라 섞거나 그냥 먹을 수 있다.

- **재료 :** 커피, 물, 얼음, 시럽, 휘핑크림
- **만드는 방법 :**
① 잔에 시럽을 넣은 다음 에스프레소를 붓는다.
② 얼음과 물을 넣는다.
③ 휘핑크림으로 마무리한다.

아이스 카페 모카 Caffe Mocha Freddo

커피와 어울리는 재료로 알려져 있는 초콜릿을 통해 시원하고 달콤한 맛을 느낄 수 있다.

- **재료 :** 커피, 우유, 초콜릿시럽, 얼음
- **만드는 방법 :**
① 초콜릿시럽을 밑에 넣고, 얼음을 8부 정도 채운다.
② 우유를 넣고 에스프레소를 붓는다.
③ 휘핑크림을 올린다.

2) 차

차(茶: Tea)의 유래는 기원전 2737년부터 2697년까지 중국을 지배했던 신농씨 때 최초로 만들어졌다고 한다. 신농씨는 고대 중국의 전설상의 제왕 중 두 번째 인물로서 농사기법을 고안해내고 백성들에게 쟁기질을 처음으로 가르쳤으며 약효 성분이 있는 허브를 발견한 것으로 유명하다. 전설에 따르면 신농씨는 마실 물을 끓이면서 야생 나뭇잎에서 얻은 가지들을 연료로 사용하였는데 한 줄기 바람이 불자 몇 장의 나뭇잎이 날아와 그의 주전자에 떨어졌다고 한다. 그 결과로 그는 미묘하고도 상쾌한 음료가 만들어진다는 것을 알게 되었다. 나중에 그의 다양한 허브의 의학적 이용에 대한 내용을 담은 "본초" 라는 의학 논문이 발표되었는데 차 잎을 우려내서 마시면 "갈증이 해소되고, 졸음을 없애주며, 마음을 기쁘게 하고 활기차게 만들어준다"고 적고 있다.

옛날부터 경험적으로 전해져 온 차의 효능이 과학적으로 증명되고 있으며, 차의 깊은 맛은 생활의 여유와 삶의 맛을 더하게 해주며 좋은 사람을 만나게 해주고 건강을 유지해 준다.

차나무의 어린잎이나 순을 따서 가공한 제품이나 음료 자체를 말하는 것으로 전 세계 분포지역은 북위 45°와 남위 30°사이, 원산지는 중국 동남부 혹은 인도 아삼지방, 주요 재배지는 중국, 인도, 스리랑카, 일본, 아프리카, 소련, 남미 등의 순이며, 우리나라에서는 경남 화개, 전남 광주와 보성, 충남 청원, 경기 용인 등이다.

차나무의 연한 새싹을 따서 만든 차는 오랜 세월 동안 좋은 음료로 세계인의 사랑을 받아 왔다. 차가 갖고 있는 항암효과, 동맥경화, 고혈압 억제 등 다양한 효과들은 차를 더욱 현대인의 음료로 손꼽히게 한다.

차나무 잎으로 만든 차는 크게 네 종류로 분류한다. 만드는 방법에 따라 불발효차(녹차), 반발효차(중국의 오룡차, 쟈스민차), 완전 발효차(홍차), 후발효차(보이차)로 나눈다.

① 차의 발효에 따른 분류

발효는 녹차 성분 중의 하나인 타닌이 산화효소와 결합하여 색상이 변하고 독특한 향기와 맛이 만들어지는 과정을 말한다. 발효법에 따라 차는 크게 불발효차와 발효차로 나뉘고, 차외에 다른 재료를 가미한 병차(찹쌀과 차를 찍은 차), 향편차(향이나 꽃잎등을 섞은 차), 현미차(현미를 혼합한 차)로도 구분된다.

② 발효 정도와 색상에 따른 구분

적당한 온도와 습도에서 차 잎 속에 들어 있는 타닌 성분이 산화효소의 작용에 의해 색상이 누런색이나 검은 자색으로 변하며 화학반응을 일으켜 독특한 향기와 맛이 만들어지는 과정에 따라 구분하며, '세계의 3대 차'라 하면 녹차, 우롱차, 홍차를 말한다.

- **불발효차** : 발효를 하지 않는 녹차(0%)
  녹차는 차잎을 채취해 바로 솥에서 덖거나 쪄서 발효가 일어나지 않도록 한 차로, 우리나라와 중국, 일본 등에서 생산되며 그 소비량은 전체 차 소비량의 10%정도에 불과하다.
- **반발효차** : 반만 발효하는 우롱차(10~65%), 오룡차, 자스민차
- **발효차** : 완전발효(85%)를 하는 홍차(세계 3대 홍차: 중국의 기문, 스리랑카 우바, 인도의 다즐링) 홍차는 잎을 시들게 한 뒤 잘 비벼서 충분히 산화시킨 것으로 세계적으로 가장 많이 생산되고 소비되어 전 세계 차 소비량의 85%를 차지한다.

③ 후발효차

보이차, 흑차, 육보차 등이 대표적인 이름이다. 중국의 운남성, 사천성, 광서성 등지에서 생산된다. 차를 만들어 완전히 건조되기 전에 곰팡이가 일어나도록 만든 차이다. 잎차로 보관하는 것보다 덩어리로 만든 고형차는 저장기간이 오래 될수록 고급차로 쳐준다.

보이차는 미생물에 의한 발효라는 독특한 제조과정과 그로 인한 향내 때문에 속칭 곰팡이 차라고도 한다. 보이차는 콜레스테롤을 낮추고 비만을 방지하며, 소화를 돕고 위를 따뜻하게 하며, 면역력 증강, 숙취해소, 갈증 해소와 다이어트에도 효과가 있음이 입증 되었다.

④ 차의 채엽시기에 따른 분류

첫 물차는 4월 중순부터 5월 초순까지 채엽하는 것으로 맛과 향이 가장 뛰어나 고급품으로 여겨진다. 첫물차도 청명(양력4월 5~6일경)과 곡우 사이에 따는 차는 '우전'으로 최

상급으로 치나 지역에 따라 기후편차가 심하므로 채엽 일자에 너무 얽매일 필요는 없다. 너무 어리면 맛이 약하므로 1심 2엽에 채엽을 시작해 잎이 단단하게 굳어지기 전 5엽 정도에 마치는 것이 바람직하다. 잎의 단단해지는 시기 역시 시비, 영양상태, 기후에 따라 달라진다. 5월 중순부터 6월 하순까지 채엽, 여름철 무더운 날씨로 차의 떫은맛이 강해 품질이 다소 떨어지는 두물차와 8월 초순에서 중순 사이에 따는 차를 세물차, 9월 하순부터 10월 초순 사이에 따는 차는 섬유질이 많고 아미노산 함량이 적어 번차용이 네물차로 분류된다.

⑤ 제다법에 따라 구분

증제차는 차잎을 100°C의 수증기로 30~40초 정도 찌면서 산화효소를 파괴시키고 녹색을 그대로 유지시킨 차이다. 고압 수증기를 가하여 순식간에 쪄서 만들기 때문에 바늘과 같은 침상형으로 차의 맛이 담백하고 신선하며 녹색이 강하다. 카테킨 성분이 가장 많이 함유되어 식중독 예방 및 항균작용과 냄새제거에 효과적이다. 반면 덖음차는 어린 차싹을 채엽하여 손으로 비빈 다음 달궈진 가마솥에서 차잎을 덖어 만든 것으로 구수한 맛과 향을 지닌다. 수분이 전혀 없는 상태에서 고열로 처리하기 때문에 차의 모양은 곡형으로 고소한 맛과 독특한 향이 있다.

⑥ 차잎의 모양에 따른 분류

신숙주의 시구에도 언급되는 참새의 혀를 지칭한 작설차(雀舌茶), 매 발톱을 지칭한 응조차(鷹爪茶), 보리알을 닮은 맥과차(麥顆茶)가 있다. 또한 차잎을 딸 때 새순을 창(槍), 어린잎을 기(旗)라 하며 1창 1기, 1창 2기, 1창 3기라 부르기도 한다. 그리고 어린 잎차를 세작(細昨), 중간크기 잎차를 중작(中作), 큰 잎을 대작(大作)이라 하며 잎이 말리고 고드러진 것이나 잎이 눌려 납작한 모양을 낱잎차, 잘게 잘린 잎차를 싸락차 라고 부른다.

⑦ 차잎을 따는 시기에 따른 분류

차는 곡우(음력 4월 20일)전에 따서 만든 우전차(雨前茶), 입하(음력 5월 6일경)때 따서 만든 입하차(立下茶), 봉차, 첫물차, 두물차, 세물차 그리고 절기에 따라서는 여름차, 가을차로 나뉜다.

⑧ 다구의 명칭과 쓰임새

- **다관** : 차를 우려내는 주전자을 말한다.
- **찻잔** : 다관에서 우러난 차를 따라 마시는 잔이다.
- **숙우** : 다관에 물을 붓기 전에 적당한 온도로 식게 하는 그릇이다.
- **찻상, 다반** : 다기를 올려놓는 상과 소반을 가리킨다.
- **다포** : 찻상과 다반 위에 덮고 그 위에 다기를 올리는 수건이다.
- **차시** : 마른 차 잎을 다관에 일정량 떠 넣을 때 사용하는 숟가락이다.
- **차탁** : 잔 받침을 말한다.
- **개인다기** : 편리함을 위해 고안된 잔, 거름망, 잔 뚜껑으로 구성된 다기를 말한다.
- **여행기** : 여행을 위해 부피를 줄인 작은 개인용, 다인용 다기를 말한다.
- **자완** : 주로 가루차를 마실 때 사용하는 막사발을 말한다.
- **다신** : 가부차를 저을 때 사용하는 거품기를 말한다.

1 술의 역사

술의 기원에 관한 물음에 정확히 대답하기란 무척 어려운 일이다. 정확한 해답을 바라는 자체가 무리한 요구일지도 모른다. 그러나 세계 각국의 고대 문헌에는 술의 기원을 설명하는 신화가 많이 발견된다.

알아두기 신화속 술 이야기

그리스 신화에서 디오니소스라고 불리는 로마 신화의 주신(酒神) 바커스는 제우스와 세멜레 사이에서 태어났으며 그 신앙은 트라키아 지방에서 그리스로 들어온 것으로 보인다. 바커스는 대지의 풍작을 관장하는 신으로 아시아에 이르는 넓은 지역을 여행하며 각지에 포도재배와 양조법을 전파했다고 한다.

이집트 신화의 오시리스는 누이인 이시스와 결혼을 하고 이집트를 통치한 왕이었으나 동생에게 살해되어 사자(死者) 나라의 왕이 된다. 이 신은 농경의례와 결부되어 신앙의 대상이 되고 있는데 보리로 술을 빚는 법을 가르쳤다고 한다. 「구약성서」의 노아의 방주에 관한 이야기에서는 하느님이 노아에게 포도의 재배방법과 포도주의 제조방법을 전수했다고 한다.

이처럼 술의 시작은 많은 신화와 전설과 관련되어 있다. 실제로 이집트의 피라미드에서 나온 부장품 중에는 술병이 있고, 각종 분묘 벽화에는 포도를 재배하는 모습부터 수확하는 모습, 포도주 빚는 모습들이 그려져 있는 것을 볼 수 있다. 이러한 사실로 추측해 볼 때 인간이 언제부터 술을 빚기 시작했는지 정확히 알 수 없지만 술은 인류 역사와 함께 탄생했을 것으로 예상한다.

인류가 목축과 농경을 영위하기 이전인 수렵, 채취시대에는 과실주가 있었을 것으로 추정된다. 과실이나 벌꿀과 같은 당분을 함유하는 액체에 공기 중의 효모가 들어가면 자연적으로 발효하여 안코올을 함유하는 액체가 된다. 취기가 돌고 기분이 좋아지는 액체 제조법을 터득한 인간은 오늘날에 이르기까지 애음해오고 있으며, 원시시대의 술은 어느 나라를 막론하고 모두 그러한 형태의 술이었을 것이다.

유목 시대에는 가축의 젖으로 젖술(乳酒)이 만들어졌고, 곡물을 원료로 하는 곡주는 농경시대에 들어와서야 탄생했다. 청주나 맥주와 같은 곡류 양조주는 정착 농경이 시작되어 녹말을 당화시키는 기법이 개발된 후에야 가능했다. 그러다 인간이 식물을 달여 그로부터 원액을 얻어내면서, 증류기술을 이용하여 순수 알코올을 농축한 소주나 위스키와 같은 증류주를 만들기 시작했다. 혼성주인 리큐르는 가장 후대에 와서 제조된 술이다.

2 술의 제조과정

술을 만든다고 하는 것은 효모(酵母)를 사용해서 알코올 발효를 하는 것이다. 즉 과실 중에 함유되어 있는 과당이나 곡류 중에 함유되어 있는 전분을 전분당화 효소인 디아스타제(Diastase)를 당화시키고 여기에 발효를 하는데 필수적인 요소인 이스트(Yeast)를 작용시켜 알코올과 탄산가스를 만드는 원리이다.

1) 과실류(Fruits)

과실류에 포함되어 있는 과당에 효모를 첨가하면 사람이 마실 수 있는 에틸알코올(Ethyl Alcohol)과 이산화탄소 그리고 물이 만들어진다. 여기서 이산화탄소는 공기 중에 산화되기 때문에 알코올성분을 포함한 액이 술로 만들어진다.

과실류의 과당 → 효모 첨가 → 과실주[포도주, 사과주, 배주] → 증류 → 저장 숙성 → 브랜디[꼬냑] 오드비

2) 곡류(Grain)

곡류에 포함되어 있는 전분 그 자체는 직접적으로 발효가 안되기 때문에 전분을 당분으로 분해시키는 당화과정을 거친 후에 효모를 첨가하면 발효가 되면서 알코올성분이 들어 있는 술이 만들어진다.

곡류의 전분 → 전분 당화 → 당분 → 효모 첨가 → 곡주[맥주, 청주 탁주] → 증류[진, 보드카, 소주 아쿠아비트] → 저장 숙성 → 위스키

3 칵테일 알코올 도수 계산법

칵테일의 알코올 도수 계산법 = $\dfrac{(\text{재료알코올 도수} \times \text{사용량}) + (\text{재료알코올도수} \times \text{사용량})}{\text{총 사용량}}$

예	다음의 재료로 Sidecar를 만들 때 이 칵테일의 알코올 도수를 계산하면? * 1oz Brandy (알코올도수 40%) * 1/2 oz Cointreau (알코올 도수 40%) * 1/2 oz Lemon Juice * 얼음 녹는 양 10mL
정답	1. $\dfrac{(40 \times 30) + (40 \times 15)}{70}$ 2. $\dfrac{1800}{70}$ 3. $1800 \div 70 = 25.71\%$

**알아
두기** **혈중 알코올 농도 측정 공식 및 에틸알코올 양 측정법**

* 혈중 알코올 농도 측정 공식은 = 음주량(mL) × 알코올 도수(%) / 833 × 체중(Kg)

* 에틸알코올 양 측정법 = 용량 × 도수(%) / 100

[예] 소주병에 350mL, 25%라고 기재되어 있을 때 에틸알코올 양은?

350 × 25 / 100 = 8750 /100 = 87.5mL

제4절 우리나라 전통주

1 전통주의 종류

[조선 3대 명주(죽력고 · 감홍로 · 이강주)]

1. 삼해주

- 유래 : 정월 첫 해(亥)부터 다음 해(亥)일 즉 12일후 그리고 12일 후인 돼지날만 골라 세번 안쳐 빚어 삼해주라고 하며, 일명 "백일주" 버들가지 술이라고도 한다.
- 특징 : 색깔은 투명하여 맑으면서 푸른빛이 돌며 향이 좋고, 주도가 높은 약주이다.

2. 두견주

- 유래 : 두견주는 진달래가 만개할 때에 술밑이 만들어지는데 당진 두견주와 김천의 두견주가 유명하다. 고려 때 개국공신인 복지겸의 병을 그 딸이 기도하여 계시를 받아 안샘의 물로 두견주를 빚어 100일 후에 마시고 그곳에 은행나무를 심은 뒤 정성을 드리라

는 계시를 받아 그대로 하여 병을 낫게 하였다는 술이다.

- 특징 : 단맛과 점성이 있고 향취가 좋은 술로 매운맛이 도는 주도 높은 고급술이며, 진해, 류머티즘 치료에 효과가 있는 약용주이다.

3. 한산 소국주

- 유래 : 백제 때부터 빚어진 술로서 누룩을 적게 쓰는 까닭에 소국주라 하며, 술맛이 좋고 주도가 높아 취하면 자리에서 일어설 줄 모른다 하여 "앉은뱅이 술"이라고도 한다.
- 특징 : 댓잎같이 빛깔이 우수하며 식욕이 증진되고 혈액순환 촉진시켜 피로회복에 좋은 술로 알려져 있다.

4. 동동주

- 유래 : 고려시대부터 전해 내려오는 맑은 술로 술 표면에 삭은 밥알이 떠있는 것이 마치 개미가 떠있는 것 같다하여 "부의주"라고도 한다.
- 특징 : 약간 불투명한 담황갈색으로 잡미와 산미가 강하게 느껴지는 약주다.

5. 옥미주

- 유래 : 충북 단양지방의 문씨 가문의 가양주(주로 제주용)로 빚어 내려온 술인데 지금은 안양에서 관광민속주로 지정받은 술이다.
- 특징 : 서민적 약주로 뒤끝이 깨끗하다.

6. 연엽주

- 유래 : 고려 때에 등장한 술로 병자호란이던 어느해 이완 장군이 병사들의 사기를 돋우기 위행 약용과 가향의 성분을 고루 갖춘 연엽주를 마시게 했는데 전쟁이후 선비들이 아침, 저녁으로 보신을 위해 마셨다고 전해진다.
- 특징 : 연납과 솔잎이 침가된 술로 연근은 사람의 피를 정화시켜 주고 양기를 모아 주

고, 솔잎은 위벽의 보호막을 형성해 술독제거 효능이 있다.

7. 송절주

- 유래 : 조선중엽부터 서울과 호남에서 많이 빚어진 술로 소나무 마디를 넣고 끓인 물을 혼합수 대신으로 사용하여 송절주라 하며 약용으로 많이 쓰인다.
- 특징 : 색깔은 황갈색이며 강한 약재 향기를 풍기며 당귀의 첨가에 따라 치, 담, 치풍, 신경통에 유효하다.

8. 칠선주

- 유래 : 조선조 22대 정조원년에 빚어진 기록으로 200년 이상의 전통이 있는 술로 일반 약주와 동일하게 빚어지는데 밑술에 여러 가지 약재가 들어가는 까닭에 칠선주라 이름 지어지며 보주로서 상용 약주다.
- 특징 : 담황색의 술로 부드럽고 향기가 높다. 간장을 보호해주며 식욕증진과 신진대사에 효과가 있는 약용주다.

9. 율무주

- 유래 : 조선문헌 「임원십육지」를 보면 의이인주라는 술이 있는데 의이인은 율무를 뜻하는데 비장을 튼튼히 하고 위와 폐를 보호 해열에 좋은 것으로 기록되었다.
- 특징 : 건위제로 효험이 있고 피부를 건강하게 도움을 주며, 한방에서 율무는 신경통과 각기병 예방에 효험이 있다고 한다.

10. 문배주

- 유래 : 고려시대 중국에서 도입된 것으로 추측되며 술이 익으면 배꽃이 활짝 피었을 때의 향이 난다하여 붙여진 이름이다. 고려시대 왕실에 진상 되었으며, 남북 장관급 회담 행사시 주로 사용되어지는 술이다.

- 특징 : 소주를 내리어 장기 숙성 시키는 게 특징이다.

11. 이강주

- 유래 : 조선중엽부터 전라도와 황해도에서 제조. 선조 때부터 상류사회에서 즐겨 마시던 고급 약소주인데 쌀로 빚으며 소주에 배와 생강, 울금 등 한약재를 넣어 숙성시킨 전북 전주의 전통주다.
- 특징 : 미황색의 감미음주로 달콤하고 매콤하며 건위와 피로회복에 효험이 있고 취해도 정신이 맑아지는 장점이 있다.

12. 호산춘

- 유래 : 전북 익산군 예산면의 옛 이름이 호산으로 고장이름을 따 호산춘이라 한다. "春" 자가 붙은 술은 여러 번 덧술 하여 주도를 높인 맑은 청주인데 옛날 상주목사가 이 호산춘을 마시고 그날 밤 자다가 요강을 들어 마셨다는 일화가 있을 정도로 취하면 대책이 없는 술이다.
- 특징 : 투명한 황갈색으로 곡주특유의 향기로운 냄새와 술 향기가 어울린 독특한 명주다.

13. 송순주

- 유래 : 제법이 일정치 않으나 곡주에 송순을 넣고 소주를 부어 도수를 높여 숙성시켰다.
- 특징 : 30도 내외의 달고 톡 쏘는 매운 맛이 나며 은은한 솔 향이 특징이며, 신경통의 약용주로 빚어졌다.

14. 전주 과하주

- 유래 : 약주를 만들어 소주를 부어 여러 약재나 꿀을 넣고 땅속에 묻어 여름에 많이 사용 했으며, 이름 그대로 무더운 여름을 탈 없이 날 수 있는 술이라는 뜻에서 그 이름이

유래 되었다. 일명 장군주 라고도 한다.

- 특징 : 장기보존이 가능하며 여름 술로는 제일 많이 알려져 빚어졌던 술이다.

15. 송곡 오곡주

- 유래 : 조선 인조 때 명승 진묵대사가 전북 김제 모악산 산사에서 참선 도중 고산병 예 방과 편식에서 오는 신체적 손상을 보완하기 위하여 모악산 주위에 서식하는 각종 약초 와 이곳 약수인 석간수를 이용 개발한 술이다.
- 특징 : 5가지 약재가 조화되어 향긋한 냄새를 내며 보신효과가 좋아 300년 동안 곡차라 하여 빚어진 순한 명약주다.

16. 사삼주

- 유래 : 특별한 역사적 유례는 없고 사삼(더덕)은 예부터 보신용으로 더덕술, 스테미너술 로 빚어지고 있다.
- 특징 : 더덕주로서 스테미너 술로 많이 빚어지고 있다.

17. 황금주

- 유래 : 국화주와 같은 술이나 황금빛이 난다하여 황금주라 하며 교동법주를 왕가나 명문 가문의 비주라 하면 황금주는 중산층에 파급된 생활주라 볼 수 있다.
- 특징 : 국화는 모든 풍과 약풍, 습비 등을 다스리고 장복하면 혈기를 이롭게 하고 몸을 가볍게 한다고 전한다.

18. 신선주

- 유래 : 허준의 동의보감의 만병회춘편에 수록되어 있는데 약용주의 일종이다.
- 특징 : 곡식과 여러 약재를 혼합하여 마시는 약용주로 알려져 있다.

19. 김천 과하주

- 유래 : 김천에 과하천이 있는데 옛날에는 금천 또는 주천이라 불려졌다. 임진왜란 당시 명나라 장수 이여송이 이 샘의 물맛이 중국 과하천과 같다고 하여 과하천이라 하였으며 이물로 빚은 술을 금천 과하주라 하였다.
- 특징 : 약주에 소주를 넣어 빚은 술로서 현재 무형문화재로 지정 되어있다.

20. 안동 소주

- 유래 : 몽고족의 내침과 관계가 있는 개성, 안동, 제주에서 유달리 소주가 많이 빚어졌는데 몽고군은 소주를 술병에 넣어 옆구리에 차고 다닐 만큼 많이 마신 것으로 보아 자연 안동에 그 비법이 보급되어진 것으로 보인다. 안동소주가 대량으로 상품화된 것은 1920년 제비원 상표로 시작 그 인기가 전국으로 퍼졌다.
  - * 제조과정은 먼저 쌀, 보리, 조, 수수, 콩 등 5가지 곡식을 물에 불린 후 시루에쪄 고두밥을 만들고, 여기에다 누룩을 섞어 7일 가량 발효시켜 전술을 빚게 된다. 전술을 솥에 담고 그 위에 소줏고리를 얹어 김이 새지 않게 틈을 막은 후 열을 가하면 증류되어 안동소주가 되는 것이다.
- 특징 : 고려시대 권문세가에서 민간요법으로 배앓이, 독충에 물린데 소주를 발라 치료하는 등 약용으로 사용 되었다.

21. 청주 대추술

- 유래 : 청주시 동쪽에 있는 상당산성은 삼국시대 토성으로 축조되었다가 조선숙종 42년(1716년)에 석성으로 개조된 성인데 이곳 성내 마을 사람들이 대대로 빚어오던 토속 향토주다.
- 특징 : 다 익은 술은 동동주처럼 색깔이 누르면서도 불그스레한 빛이 돈다. 다 익은 술 위에는 붉은 대추와 흰인삼이 떠 있으며 술맛은 조금 쌉쌀하면서 상큼하다.

22. 백세주

- 유래 : 조선시대 정약용의 지봉유설에 전해오는 것으로 이것을 마시면 불로장생한다 하여 장수주로 유명하며, 찹쌀, 구기자, 황정, 하수오, 숙지황 등이 재료가 되는 백세주는 약술로서 이술을 마시면 백세까지도 능히 살수 있다는 말에서 이름이 이어졌다.
- 특징 : 한약재의 특유한 향이 많은 백세주는 간과 위를 보호해 주는 보약으로서 효능이 있다.

23. 함양 국화주

- 유래 : 국화주는 예로부터 불로장수 및 성스러운 영초로서 숭상되어 왔으며 우리나라 재래의 술로서 국화와 생지황, 구기자 나무껍질을 넣고 찹쌀로 빗은 술이며 음력 9월 9일 중양절에 즐겨마셨으며 이술을 마시면 장수를 누리고 병에 걸리지 않는다는 전설이 있다.
- 특징 : 담황색을 띄고 있는 약주로서 현재 향토 민속주로 지정되어 경남 함양에서 빚어지고 있다.

24. 산성막걸리

- 유래 : 많은 막걸리 중에서 향토 민속주의 반열에 들어가 있는 유일한 막걸리가 산성 막걸리다. 임진왜란 이후 금정산성 개축 때 이술로 힘을 돋웠다는 토산 막걸리다. 산성마을은 평지보다 기온이 4도 낮아 여름의 휴식처로 적격이다.
- 특징 : 주민들이 가구당 1개 구좌씩 공동 투자하여 260계좌를 만들어 유한회사인 금정산성 토산주를 설립하여 판매하고 있다. 산성막걸리는 껍질이 두꺼운 재래종 밀로 누룩을 만들어 빚어야 술맛이 좋다.

25. 감자술

- 유래 : 강원도의 대표적 특산물은 감자와 옥수수이다. 감자는 조선전기에 전래되어 화전민의 구황식품으로 식량으로 먹다 남은 감자를 술로 빚어 마시게 되었는데 이것이 감자술이다.

- 특징 : 감자 술은 강한 맛이 있고 약간 씁쌀하면서 마신 뒤에 단맛이 돌며 엷은 오렌지색의 약주이다.

26. 송화 백일

- 유래 : 자색을 띈 송화 백일주는 진묵대사에 의해 개발된 술로 350년 전부터 빚어 내려온 산사의 술로서 제조 시기는 춘분(음력2월) 때 만들어진다.
- 특징 : 신비의 독특한 향이 있어 주객의 구미에 알맞은 향취와 맛을 고루 갖춘 명약주다. 원기회복에 좋은 술로 알려졌으며 이곳에서는 석간수인 약수로 빚어지고 있다.

27. 교동법주

- 유래 : 법주는 조선시대 문무백관이나 사신을 대접할때 쓰였던 특주로 빚는 날과 빚는 법에 따라 빚는다 해서 법주라 하였으며 일설로는 찹쌀과 국화와 솔잎을 넣고 백일간 땅에 묻었다가 꺼낸 술로 절에서 양조되었다 해서 법주라 하였다는 설도 있다.
- 특징 : 16~18도의 맑은 청주로 외관은 맑고 미황색을 띄며 곡주 특유의 냄새와 감미가 있으며 약간의 산미도 느낄 수 있는 부드러운 술이다.

28. 청명주

- 유래 : 조선시대 중엽부터 유행했던 술로서 청명(음력 2월 하순) 때 쯤 빚는 술이라 해서 청명주라 하였다. 청명주의 본고장은 청주의 금여울 이었는데 이곳은 물이 아주 좋다고 전한다.
- 특징 : 신식 술의 효시적 역할을 한 술이다. 청명주의 제법에서 특이한 점은 누룩 만들 때 물대신 청명주의 맑은 술을 쓰는데 지금같이 배양균이나 효모를 접종시켜 누룩을 만드는 방법을 사용했다.

29. 경주법주

- 유래 : 수원료는 토종 침밀, 몰, 밀로 만든 누룩이며, 신라의 비주(祕酒)라 일컬어지는

술로, 조선 숙종 때 궁중음식을 관장하던 사옹원(司饔院)에서 참봉을 지낸 최국선이 처음 빚었다고 한다.

30. 춘향주

- 유래 : 성춘향과 이몽룡의 애절한 사랑 무대가 되었던 남원의 민속주로서 여성들이 부담 없이 즐길 수 있는 은은한 국화향이 특징이며, 지리산의 야생국화와 지리산 뱀사골의 지하 암반수로 빚어 만든 술이다.

31. 계명주

- 유래 : 말을 타며 수렵을 즐겼던, 활달한 기상을 지닌 고구려의 술이지만 이름만은 시저이고, 또 매혹적이다. '여름날 황혼 무렵에 찐 차좁쌀로 담가서 그다음 날 닭이 우는 새벽녘에 먹을 수 있도록 빚는 술, 계명주'다. 신라에는 경주의 교동법주가 있고, 백제에는 한산 소곡주가 있다면, 고구려의 술은 계명주다.

32. 모주

- 유래 : 조선 광해군 때 인목 대비의 어머니가 빚었던 술이라고 알려졌으며, 막걸리에 한약재와 계핏가루를 넣어 만든 해장술이다.

알아두기 **민속주 도량형 중 (되)란?**

* 곡식이나 액체, 가루 등의 분량을 재는 것이다.
* 보통 정육면체 또는 직육면체로써 나무나 쇠로 만든다.
* 1되는 약 1.8리터 정도이다.

[막걸리 한 되 주세요. 할 때의 그 되 단위이다. "되"를 한자(漢字)로는 "승(升)"이라고 적는다. 척관법의 부피 단위인 되에서, 1되는 정확히 1.8039 리터 이다. "약 1.8 리터(Liter; L)"라고 보면 된다. 반면, 1리터는 약 "0.554354454 되"이다. 약 "0.6 되"를 1리터로 보면 된다. "말"과 "되"는 밀접한 연관이 있는 단위이다. 10되가 1말이다. 따라서 1되는, 1말의 10분의 1이다. 즉, 0.1 말이 1되이다.]

1　목테일(Mocktail)- 무알코올 칵테일 만들기

- Peach Mojito (피치 모히토)　스포트 피치 시럽 1온스, 스포트 레몬 시럽 1/3 온스, 라임주스 1/3온스를 셰이킹 한 다음 콜린스 글라스에 따르고 소다워터로 적당량 잔을 채운다. (레몬장식)

- Strawberry Pina Colada(스트로베리 피나 콜라다)　스포트 딸기 시럽 1온스, 피나 콜라다 믹스 1/2온스, 파인애플주스 1온스, 스윗 앤 샤워믹스 1온스를 셰이킹 한 다음에 필스너 글라스에 따르고 진저엘로 적당량 잔을 채운다. (파인애플 & 체리장식)

- Cinderella (신데렐라)　오렌지 주스 1온스, 레몬주스 1온스, 파인애플 주스 1온스를 셰이킹 한 후 칵테일글라스에 따른다.

이 밖에 인기 있는 무알코올 칵테일은 푸시풋(Pussyoot), 레일 스플리터(Rail Splitter), 목테일 시브리즈(Sea breeze), 레몬 스쿼시(Lemon Squash), 레몬 에이드(Lemon ade), 버진 메리(Virgin Mary), 선샤인(Sunshine), 코코넛 믹스(Coconut Mix), 플로리다

(Florida), 셜리 템플(Shirley Temple) 등이 있다.

- **푸시풋(Pussyoot)** : 미국의 금주 운동가 윌리엄 존슨의 별명으로 얼음이 든 셰이커에 오렌지 주스 2온스, 레몬주스 2온스, 라임주스 1온스, 그레나딘 시럽 1티스푼, 계란노른자 1개를 넣고 셰이킹 한 다음 얼음이 담긴 올드패션글라스에 따른다.

- **레일 스플리터(Rail splitter)** : 셰이커에 얼음과 함께 라임주스 1온스, 설탕시럽 1티스푼을 넣고 셰이킹 한 후에 하이볼글라스에 가루얼음과 함께 진저엘로 잔을 채워주고 저어준다. 담장용인 가로나무를 쪼개는 사람이라는 뜻의 레일 스플리터는 미국의 제16대 대통령 링컨의 별명이다. 1860년 링컨이 대통령에 출마했을 때 고향 일리노주에서 어릴 때 친구였던 사촌이 그와 함께 쪼갠 가로나무를 들고 후원하러 달려왔다고 해서 붙여진 별명인데 링컨은 술과 담배를 하지 않았다고 한다.

- **목테일 시브리즈(mocktail Sea breeze)** : 바다에 부는 산들바람이란 뜻으로 셰이커에 얼음과 함께 크란베리주스 3온스, 사과주스 1온스, 라임주스 1온스, 설탕시럽 1티스푼을 넣고 텀블러글라스 부어 준 다음 스트로를 꽂아 주고 오렌지슬라이스와 체리를 장식한다.

- **레몬 스쿼시(Lemon Squash)** : 하이볼 글라스에 큐브드 아이스를 80% 채우고 레몬 반개를 스퀴저하여 글라스에 따르고, 파우더 슈거를 2tsp 넣고 소다수로 8부 잔을 채운다. 바스푼으로 잘 저어주고 레몬슬라이스를 장식한다. 소다수 대신 생수를 넣으면 **레몬에이드(Lemon Ade)**가 된다.

- **버진 메리(Virgin Mary)** : 얼음이 담긴 하이볼글라스에 레몬주스 ½온스를 넣고 토마토주스로 잔을 채운 후 소금, 후추, 핫소스를 조금 뿌려주고 저어준다.

- **선샤인(Sunshine)** : 셰이커에 얼음과 함께 파인애플주스 3온스, 오렌지주스 3온스, 레몬주스 1온스를 넣고 셰이킹 한 후 필스너 글라스에 따르고 그 위에 그레나딘시럽 ½온스를 살짝 뿌려준다. 그 다음 스트로를 꽂아 주고 오렌지슬라이스와 체리를 장식한다. 현대인이라면 술은 못 마시더라도 분위기에 취할 줄 아는 멋스러움을 가지자.

② 시그니처 칵테일(Signature cocktail)

　시그니처 칵테일(Signature Cocktail)은 비슷한 의미로 특정 인물의 주력기나 그 사람을 대표하는 무언가를 '시그니처 카드', '시그니처 픽', '시그니처 기술' 같은 표현으로 나타내기도 한다. 한마디로 그 사람을 대표할 수 있는 무언가라는 뜻. 전매특허란 용어를 붙이는 것과 비슷하다. 다양한 재료를 활용한 스토리가 있는 나만의 칵테일을 만들어 보자.

제 2 장

양조주

제1절　맥주

1 　맥주의 기원

　　언제부터 맥주가 만들어졌는지 살펴보려면 곡물을 원료로 한다는 점에서 맥주의 기원은 인간이 한곳에 정착하여 농사를 짓기 시작한 농경시대부터 비롯된다고 하겠다. B.C. 7000년에 바빌로니아에서 시작되었다는 주장도 있으나 역사의 고증을 종합하면, B.C. 4000년경에 수메르(Sumer)인에 의해 맥주가 최초로 만들어졌다고 보는 것이 타당할 것이다. 1953년 메소포타미아에서 발견된 비판(碑板)의 문자를 해석한 결과, B.C.4200년경 고대 바빌로니아에서는 이미 발효를 이용해 빵을 구웠으며, 그 빵을 가지고 대맥의 맥아를 당화시켜 물과 함께 섞어서 맥주를 만들었다. 또한 루블 박물관에 소장되어 있는 수메르민족의 가장 오래된 기록인 '모뉴멘트블루(MounmentBlue)'에는 방아를 찧고 맥주를 빚어 '니나(Nina 또는 Ni-Harra)' 여신에게 바치는 모양이 기록되어 있다.

2 맥주의 어원

맥주는 보리를 발아시켜 당화하고 거기에 홉(hop)을 넣고 효모에 의해서 발효시킨 술이다. 이산화탄소가 함유되어 있어 거품이 이는 청량 알코올음료이다. 고대의 맥주는 단순히 빵을 발효시킨 간단한 것이었지만 8세기경부터 홉을 사용했고, 훨씬 이후에는 탄산가스를 넣어 맥주를 만들었다. 맥주의 성분은 수분이 88-92%를 점하고 있으며, 그 외에 주성분, 엑스분, 탄산가스, 총산 등이 함유되어 있다. 맥주를 뜻하는 비어(beer)의 어원은 마시다는 뜻을 가진 라틴어 비베레(bibere)나 곡물을 뜻하는 게르만어 베오레(bior)인 것으로 알려져 있다.

오늘날 세계 각국에서 맥주는 다음과 같이 불리고 있다. 영어권에서는 비어(beer), 독일 비어(BIER), 포르투갈 세르베자(CERVEJA), 프랑스 비에르(BIERE), 체코 피보(PIVO), 이탈리아 비르라(BIRRA), 러시아 피보(PIVO), 덴마크 오레트(OLLET), 숭국 페이주(碑酒), 스페인 세르비자(CERVEZA), 일본은 비루(ビール)라고 부른다.

3 맥주의 역사

수메르민족은 인류 최초의 문화가 발달 되었던 티그리스와 유프라테스강 유역에 살던 민족으로 B.C.4000년경에 그 문화의 절정을 이루었고, 그 문화는 고대 그리스 로마 문명의 기초가 되었다. 이때부터 여섯 줄 보리를 재배하면서 맥주를 만들기 시작했다고 추측되는데, 이를 뒷받침하는 기록이 함무라비법전에 남아 있다. 그 뒤 보리 재배가 이집트로 전해져 이집트에서는 제4왕조기 때부터 제조하였다. 이집트인들은 죽은 자의 미라와 함께 10가지 고기와 5가지 새, 16가지 빵과 케이크, 11가지의 와인 그리고 4가지 맥주를 무덤에 넣어주었다고 한다. 이집트에 전해진 맥주 제조기술은 그리스, 로마를 거쳐서 전 유럽으로 전해져 두줄보리의 산지인 독일과 영국에서 더욱 발전하였다.

1. 한국 맥주의 역사

한국에서 두줄보리를 언제부터 재배 하였는지는 확실히 알 수 없으나, 원료용 맥주보리는 1933년 OB맥주(주)의 전신인 소화기린맥주(주)의 영등포 공장이 설립되면서부터 제주도에서 처음 재배하기 시작하였다. 맥주보리는 맥주 양조의 주원료로서 대부분 외국에서 수입하여 사용되다가 1975년부터 점차 국내에서 활발하게 생산이 이루어졌다. 우리나라에 맥주가 도입된 것은 고종 13년(1876년) 때 일본인에 의해 처음 소개되었으며 서울 및 개항지를 중심으로 일본인 거주가 늘어나면서였다. 당시의 맥주는 일본에서 수입된 것으로 기린맥주, 삿뽀로맥주, 애비쯔맥주, 아사히맥주 등 주 소비층은 일본인과 상류층에 국한되었다. 국내 맥주 수요는 1905년 일본 기린맥주에서 서울(경성)에 명치옥(맥주총판회사)을 개설함으로써 늘기 시작하였다. 1933년 12월 '기린맥주'라는 상표로 창립한 소화기린맥주주식회사는 훗날 동양맥주의 전신이 되었고, '삿뽀로맥주'라는 상표로 1933년 8월 창립한 대일본맥주주식회사는 조선맥주의 전신이 되었다.

2. 한국 맥주의 발전

1세대 맥주(1876~1974) -강화도조약 후 삿포르, 기린, 에비스일본맥주 상륙, 광복 후 미군정에 의해 관리, 1952년 민간에게 돌아감 '조선맥주(화이트진로), 동양맥주(OB맥주)'

2세대 맥주(1975~1999)- 생맥의시대, 모든 맥주 이름이 500cc로 불리다. 청년문화 청생통(청바지, 생맥주, 통기타), 1986년 최초의 호프집 동숭동 대학로(OB 호프)

- 1998년 IMF와 호프집, 생맥주의 유산 치맥마리아주
- 3세대 맥주(2000~2010) – 폭탄주, 맥주는 말아야 제맛이지!
- 4세대 맥주(2011~2013) – 수입 맥주의 진격, 4캔에 만원이 가져온 혁신
- 5세대 맥주(2014~2017) – 주세법 개정, 2014년 수제맥주(Craft Beer) 양조장 허가, 마트에 수제맥주 입점(2016년), 혼맥과 편맥문화, 수제맥주 새로운 문화를 이룰 수 있을까?

4 맥주의 특성

- 맥주는 온도와 습도에 따라 달라질 수 있다. 여름에는 5~8℃, 겨울에는 8~12℃, 봄, 가을에는 6~10℃, 생맥주는 3~4℃ 정도에서 가장 맛있게 느낄 수 있다.
- 맥주의 주원료는 대맥, 물, 호프이고, 발효에 반드시 필요한 것이 효모(yeast)이며, 맥주의 특징을 결정하는 요소는 여러 가지가 있다. 타닌과 홉이 주는 쌉싸름한맛(너무 쓴 정도가 되면 절대 안 된다), 맥주가 실 빈들이찌고 제대로 어과되었음을 보여주는 투명도

와 광도, 그리고 맥주를 따랐을 때 헤드부분에 생기는 거품(독일에서는 이를 꽃이라고 부른다)인데, 이것이 안정적이며 모양을 유지해야 한다. 그 밖에도 바디감, 기포성, 그리고 물론 맛 등이 주요 기준이 된다.

- 맥주는 어떤 다른 음료보다도 색과 풍미, 도수, 밸런스를 비롯한 기타 다른 속성이 변화무쌍하게 펼쳐지는 만화경이다. 비중은 비발효 맥즙에 녹아 있는 고형 물질(대부분 당)의 양이다. 맥아의 양이 많으면 레시피에 따라 맥아의 풍미, 로스팅 풍미가 많이 동반되면서 알코올이 늘어난다. 맥아의 양이 늘어나면 더 많은 홉이 필요하고, 그 결과 풍미도 한층 높아진다.

5 맥주의 원료

맥주의 기본 재료는 맥아(Malt), 홉(Hop), 효모((yeast), 물(Water)이며, 맥주의 원료 중에서 홉은 맥주의 맛과 향에 직접 작용하는 가장 민감한 원료라고 할 수 있다. 맥주 역사에서 홉을 사용한 것은 맥주의 질을 한 단계 올려놓은 획기적인 사건이며, 홉은 맥아에서 나온 당을 기반으로 만든 액체를 효모로 발효시켜 알코올을 얻는 맥주라는 술에서 양념 역할을 하는 재료다. 어떤 종류의 홉을 사용하느냐에 따라서 맥주 맛이 천차만별로 달라진다. 홉(Hop)은 암수가 따로 있으며, 뽕나무과에 속하는 덩굴성 식물의 꽃으로 맥주에 사용하는 홉은 암그루의성숙한 꽃을 따서 말린 것이다. 맥주의 은은한 향과 쓴맛은 순수함을 간직한 처녀의 맛이다. 바로 맥주에 사용하는 홉이 수정하기 전의 처녀 암꽃이기 때문이다. 그중에서도 최대한 성숙한 아가씨 꽃일수록 좋다.

그래서 적당한 시기가 되면 암꽃에 수꽃의 꽃가루가 붙지 않도록 비닐을 씌운다. 그야말로 담장 밖을 모르는 아가씨로 키우는 것이다. 만약 암수가 같은 장소에서 재배하면 암꽃이 수정되어, 향기나 중요한 성분이 감소되기 때문에 항상 암그루만 재배한다. 홉의 가장 중요한 조건은 처녀성이라 할 수 있다. 홉에는 여성 호르몬이 많아서 중세 때부터 여자들의 생리불순에 홉을 끓여 마셨다고 하며, 홉 밭에서 일을 하면 생리가 빨라진다고 한다. 맥주 왕국 독일의 아성에 도전하고 있는 나라 벨기에는 중세 수도원 맥주의 전통이 살아 있는 곳이다. 아직도 맥주를 빚는 일부 수도원에서는 생리 때 여성의 몸에서 발하는 빛이 맥주를 발효시키는 효모에 좋지 않은 영향을 미친다며 여성의 견학을 금지하고 있다. 노르웨이에서는 결혼식에 앞서 결혼 주로서 사용할 맥주를 빚는데 이때 발효가 일어나지 않으면 불행한 결혼이 된다며 파혼을 하기도 한다.

1. 대맥

대맥(大麥)은 두줄보리(이조대맥 : 줄기 주위에 두줄로 보리알이 열매를 맺음)라고도 하며 양조용 맥주보리라고도 부른다. 품종은 주로 골든멜론종을 많이 사용한다. 껍질이 얇고 담황색이며 발아율이 좋고 수분함유량이 10%내외로 잘 건조된 것이어야 한다. 전분함유량이 많고 단백질이 적은 것이 좋다. 그리고 대맥아의 전분을 보충하는 원료로서 옥수수, 쌀, 전분, 기타곡류 등이 사용되고 있다.

2. 물

맥주의 품질을 좌우하는 것이 물이다. 물은 맥주성분의 90%를 차지하며 수질이 좋은 물로 PH가 5~6정도의 산성인 것이 좋다.

3. 호프

호프(Hop)는 뽕나무과에 속한다. 이는 후물루스루풀루스(Humulus lupulus)라고 하는 쓴맛의 수정 안 되는 녹색의 암꽃으로 여름에 꽃을 따서 열풍→건조→압착→저장하여 꽃 전체를 사용한다. 이 호프꽃의 성분에는 방향유, 쓴맛의 탄닌 성분이 함유되어 있다. 그리고 호프는 제품의 단백혼탁을 방지하고 맥주의 보존성을 높이는 역할도 하고 있다.

4. 효모

효모는 맥주에 반드시 필요한데, 효모는 맥아즙 속의 당분을 분해하여 알코올과 탄산가스를 만드는 발효과정을 돕는다. 효모의 종류에 따라 하면발효맥주와 상면발효맥주로 나눈다. 하면발효는 발효의 끝 무렵에 효모가 가라앉고 저온에서 발효된다. 상면발효는 발효 중에 효모가 액체위로 떠오르고 비교적 고온에서 발효된다. 따라서 맥주를 양조할 때에는 어느 효모를 사용하느냐에 따라 맥주의 질이 달라지는데, 전 세계적으로 대부분의 맥주는 하면발효 효모를 사용한다.

맥주효모는 맥아를 익혀 만든 맥즙을 발효시킨 것으로 바로 이 맥주효모에는 우리가 일상에서 쉽게 섭취하지 못하는 영양분이 많이 들어있다. 특히 맥주가 피부에 좋은 이유는 맥수의 원료인 효모에 함유된 여성 호르몬 성분이 피부에 좋은 영향을 주기 때문이라고 한다. 맥주효모는 셀레늄을 비롯한 항산화 미네랄의 가장 확실한 보급원이며, 맥주효모에 풍부히 들어 있는 스테로이드 물질은 여성 호르몬을 만드는 원료로 세포의 노화 방지 및 호르몬 장애를 근본적으로 해소한다고 한다.

요즘 갈수록 맥주 세계에 동참하는 여성들이 늘고 있고 특히 홈술 열풍에 편의점 칵테일 매출 상승과 점차 전문화되고 있는 홈술 수요에 맞춰 맥주 칵테일도 다양한 콘셉트로 새로이 등장하고 있다. 맥주 칵테일은 갈증을 해소하는 이상의 다른 부가적인 면을 가미해 두 가지 이상의 다른 맥주를 블렌딩하거나 탄산음료나 시럽, 리큐어, 증류주 등을 혼합하고 창의적인 깜짝 놀랄만한 장식이 들어가기도 한다. 칵테일 재료로서 맥주는 많은 요소를 동반한다. 맥주의 다양한 색상은 시각적인 효과를 높여주며, 맥주의 쓴맛과 독특한 향과 맛은 밸런스를 높여준다. 스페셜티맥주는 과일, 향신료, 오크 숙성 풍미 등 감미로운 맛과 분위기를 더해줄 수 있다.

[표 2-1] 맥주의 분류

발효에 의한 분류	색에 의한 분류	산지에 의한 분류
하면 발효 맥주	담색 맥주	체코(필스너 맥주), 독일, 미국, 아메리칸, 덴마크, 일본 등
	중간색 맥주	오스트리아(빈 맥주)
	농색 맥주	독일(뮌헨 맥주)
상면 발효 맥주	담색 맥주	영국(에일(Ale) 비어, 페일엘 비어)
	농색 맥주	영국(스타우트 : Stout), (포터 : Port)
	※ 특징: 발효온도가 10도~25도로 높아 색이 짙고 알코올 도수가 높다.	

6 맥주의 종류

1. 살균에 의한 분류

① 드래프트 비어(draft beer) : 여과시킨 원숙한 맥주를 곧바로 통에 넣은 것으로서 비살균된 생맥주라고 한다.

　* 생맥주 저장 취급의 3대 원칙 : 적정온도, 적정압력, 선입선출

　　(적정온도는 4~6℃, 적정압력은 계절마다 탄산가스 압력은 조금씩 다르며, 여름 35~40psi, 겨울은 28~30psi, 기타 32psi이 적당하다)

② 라거 비어(larger beer) : 생맥주는 보존성이 약하여 빨리 변질될 우려가 있지만, 라거 비어는 보존성을 유지하기 위하여 병에 넣어 60℃ 정도로 저온 살균한 맥주이다.

2. 원료 및 맛에 의한 분류

① 에일 비어(ale beer) : 도수가 높은 맥주로서 고온에서 발효시킨 것으로 호프향이 강하다.

② 무알코올 비어(none alcoholic beer) : 도수가 없는 맥주

③ 몰트 비어(malt beer) : 엿기름으로 발효한 맥주

④ 루트 비어(root beer) : 샤르샤 나무뿌리로 만든 맥주

⑤ 스타우트 비어(stout beer) : 담색맥주보다 더 검은 흙 색깔의 맥주

⑥ 포터 비어(porter beer) 맥아를 더 검게 볶아 당분이 카라멜화 되어 검은 맥주. 이것의 알코올 도수는 6%이며 맥아의 맛과 호프향이 강하다. 영국 런던의 화물 운수업자인 포터 들이 즐겨 마신 술에서 유래되었다.

⑦ 드라이 비어(dry beer) : 도수는 5%이며, 단맛이 적어 담백한 맥주

⑧ 보크 비어(bock beer) : 라거 비어보다 약간 독하고 감미를 느끼게 하는 진한 맥주

3. 원료 및 맛에 의한 분류

1) 맥주의 온도는 여름에는 6~8℃, 겨울에는 10~12℃가 적당하다.

2) 맥주의 거품은 2~3 cm 정도의 거품이 덮이도록 한다.

3) 맥주잔은 사용 전 깨끗한 물로 행군 후 얼룩이 남지 않도록 타월로 닦은 후 사용한다.

4. 맥주의 저장

호박색의 빛깔과 산뜻한 향기, 상쾌하고 청량감 있는 술 맛을 위하여 5~20℃ 의 실내 온도에서 통풍이 잘 되고 직사광선을 피하는 지하실에 습기가 없는 건조한 장소의 어두운 곳이 적합하다. 또 운반할 때 혼탁현상을 방지하기 위해 충격도 피해야 한다.

> **Key 포인트**
>
> - 재고순환(Stock Rotation) : 입고된 제품의 순서대로 선입선출(FIFO System)방법을 사용하여 맥주의 신선도를 유지해야 한다.
> - 맥주의 원료 : 보리(barley-대맥), 물, 호프(hop:부패방지, 거품발생), 효모(yeast : 발효 및 탄산가스분해)
> - 맥주의 제조 공정 : 맥아제조-당화-발효- 저장

7 크래프트 맥주

개인을 포함한 소규모 양조업자가 대자본의 개입 없이 전통적인 방식에 따라 만드는 맥주이다. 1970년대 후반 영국에 양조 창업 붐이 한창일 당시 미국 양조협회(ABA)에서 만들어진 신조어로 현재는 주로 소규모의 양조장에서 에일 계통의 유행이 지난 스타일을 옛모습 그대로 또는 기발한 재해석 등을 가미해 제조한 모든 맥주들을 가리킨다. 소규모 맥주 브루어리를 의미하는 마이크로 브루어리라는 단어는 영국과 벨기에 등에 존재하고 있고, 넓은 의미에서는 이들도 크래프트 맥주로 혼용된다. 하지만 진정한 의미의 크래프트 맥주는 우선 생산량이 너무 많으면 안 되고, 전통적 재료를 추구한다. 더 정확하게 말하면 적어도 50%는 올몰트맥주 라고 하는 순수 보리맥주를 사용해야 한다. 이 때문에 옥수수나 기타 재료를 사용한 맥주는 엄밀한 의미에서의 크래프트 맥주가 아니다. 바로 이 부분이 크래프트 맥주가 말하는 전통적 방식이지만, 나머지 50%에 창의성이 또한 크래프트 맥주이다. 크래프트 맥주 시장의 끝판왕은 미국이며, 그 외에 캐나다나 유럽에도 크래프트 맥주 시장이 발달해 있으며, 영국, 덴마크, 뉴질랜드, 벨기에, 독일 등의 나라가 대표적이다.

제2절 와인

1 와인의 정의

와인이란 포도를 으깨서 그대로 두면 포도껍질에 자생하며 묻어 있는 효모(yeast)에 의해, 발효가 일어나 얻어진 양조주를 가리킨다.(여기서 발효라 함은 포도즙의 당분이 효모작용으로 알코올과 탄산가스로 변하는 과정) 플라톤은 와인을 "신이 인간에게 준 최고의 선물"이라고 극찬했으며, 2천 5백년전 의학의 아버지라고 불리는 히포크라테스도 "알맞은 시간에 적당한 양의 와인을 마시면 인류의 질병을 예방하고 건강을 유지할 수 있다"라고 말하였다. 아직도 누가 처음 와인을 마시기 시작했는지는 알려져 있지 않지만, 고대 페르시아와 이집트, 그리스, 즉 소아시아에서 처음 마시기 시작했으며, 유럽으로 전파되어 더욱 번성하여 열매를 맺기 시작 했다. 넓은 의미에서의 와인은 과실을 발효시켜 만든 알코올 함유 음료로 와인의 맛은 토질, 기온, 강수량, 일조시간 등 자연조건과 포도재배 방법 그리고 양조법에 따라 나라마다 지방마다 와인의 맛과 향이 서로 다르다. 와인의 어원을 살펴보면 라틴어의 비넘(Vinum), '포도나무로부터 만든 술'이라는 의미로서, 세계 여러 나라에서 와인을 뜻하는 말로는 이태리, 스페인에서는 비노(Vino), 독일의 바인(Wein), 프랑스의 뱅(Vin), 미국과 영국의 와인(Wine) 등으로 말한다. 와인(Wine)은 포도에 효모를 첨가하여 발효한 술이며, 와인은 어떤 포도품종을 사용했는지, 그 해 기후에 따른 생육조건, 제조방법에 따라 숙성 및 보관 기간이 달라진다. 일반적으로는 양질의 포도 원료로 발효한 발효주를 의미하며 우리나라 주세법에서 과실주의 일종으로 정의한다.

2 와인의 역사

와인의 역사는 인류 문명과 그 궤를 같이 하며, 와인이 빚어졌다는 것은 원시 유목생활에서 농경 문명사회로 옮아갔다는 것을 의미한다. 포도묘목을 심어서 수확을 얻는 데에는 적어도 3~4년의 세월이 흘러야 하기에, 포도밭의 경작은 한 곳에 머물면서 삶을 영위하는 농경사회에 접어들었음을 의미한다. 문헌상의 와인은 지금으로부터 약 7,000년~8,000년 전 소아시아의 코카서스(Caucasus) 남부지방에서 시작된다. 그 후 와인은 페니키아인에 의해 이집트, 그리스, 로마 등으로 퍼져 나가면서 발전되어 갔다. BC 50년경 로마의 세력이 지금의 프랑스와 독일 영역에까지 미치면서 이곳에 대규모 포도단지가 형성 되었다.

4세기 초 콘스탄틴 황제의 기독교 공인 이후 와인이 교회의 미사에서 성찬용으로 중요하게 사용 되면서 포도 재배는 더욱 활성화 되었다. 수도원을 통해 포도 재배와 양조기술의 발전이 이루어졌으며 수도원 및 교단의 건립에 따라 유럽 전역까지 보급되기에 이르렀다. 유럽에서 발달한 와인은 16세기 이후에 주로 성직자들에 의해 세계 각처로 전파되었고, 오늘날 와인은 프랑스, 스페인, 이탈리아, 독일 등 유럽 전통 와인 생산국들과 미국, 오스트레일리아, 칠레, 남아고, 아르헨티나와 같은 신흥 와인 생산국 등 약 세계 50여 개국에서 연간 2억8천h1 가량이 생산되고 있으며 우리 국민들의 생활수준 향상과 식생활 문화가 서구화 되면서 국내에도 와인 소비자 들이 점차적으로 늘어나고 있다.

3 와인의 특성 및 종류

1. 와인의 특성

와인[1]은 알코올 함유량이 8°~13°정도로서 첨가물 없이 포도만을 발효시켜 만든 알카리성 양조주이다. 특히 와인은 저장 방법이 매우 중요한데 첫째, 여과된 와인은 오크통에 담아 15℃정도의 지하 창고에 저장한다. 둘째, 저장기간은 레드와인은 2년 전후, 화이트 와인은 1~4년 정도가 알맞다. 셋째, 통속에서 장기 저장하면 와인의 색이 흐려지므로, 병에 옮겨 담아 10~15℃ 정도와 습도 60% 정도의 와인 저장 창고에서 1~10년 정도 숙성시킨다.

---

[1] 와인 서브의 적절한 온도 ㉠ 화이트 와인 : 8~12℃ ㉡ 스파클링 와인 : 6~10℃ ㉢ 레드 와인 : 18~20℃(실내온도)

와인의 일반적 특질

화이트와인
(white table wine)

- 기초물질 : 산(acid)
- 알코올수준 : 평균 12~13%(알코올도수)
- 색상의 변화 : 푸르스름한 빛깔(초기숙성), 밀짚빛깔(숙성의 진행), 황금빛깔(숙성의 절정), 호박색(지나친 숙성)
- 향 : 기본적으로 신선한 과일 향을 보인다.(사과, 배 등의 과실향)
- 맛 : 감미 그리고 신선한 맛을 보인다.
- 서빙 : 반드시 차게 해서 마신다.(6~11℃, 또는 8~12℃)
- 음식과의 매칭 : 생선, 갑각류

레드와인
(red table wine)

- 기초물질 : 떫은맛(탄닌)
- 알코올수준 : 평균 12~14%(알코올도수)
- 색상의 변화 : 보라빛깔(초기숙성), 체리빛깔(숙성의진행)오렌지빛깔(숙성의절정) 벽돌색깔(지나친 숙성)
- 향 : 과실향 및 동물의 향(장미꽃, 딸기, 체리 향)
- 맛 : 떫은 맛, 그리고 복합적이고 유순한 맛을 보인다.
- 서빙 : 상온(약 18~20℃)의 수준. 다만 지역에 따라서 레드와인의 서빙온도를 2~4℃ 정도 낮춘다.
- 음식과의 매칭 : 붉은 빛깔의 육류 등

발포성와인
(sparkling table wine)

- 와인을 기초 원료로 하여 2차적으로 밀폐된 용기(병)에 효모를 넣어 술의 앙금이 숙성, 비등(沸騰) 되도록 하여 얻은 와인을 일컬어 발포성 와인이라 한다. 프랑스 샹파뉴 지방에서 이러한 과정을 통해 얻은 와인을 샴페인이라고 부르며 그 외의 지방에서 동일한 방법으로 얻은 와인을 가리켜 크레망(cremant), 무쎄(mousseux) 등으로 부른다.
- 알코올수준 : 13%
- 빛깔 : 엷은 황금색, 붉은색, 핑크색
- 서빙 : 6~10℃가 적정
- 용도 : 식전주, 이벤트, 그리고 축하주로 쓰인다.

2. 와인의 종류

1) 화이트 와인(white wine)

- 백포도나 껍질을 제거한 적포도의 알맹이를 사용한다.
- 포도즙으로부터 포도껍질과 씨를 분리시키고자 압착한 후 발효시킨다(포도의 수확 → 줄기솎기 → 압착 → 발효 → 블렌딩 → 숙성 → 여과 → 병입).
- 생선요리, 송아지요리, 사슴요리 등에 잘 어울림

2) 레드 와인(red wine)

- 적포도의 즙과씨 그리고 껍질을 모두 사용하여 발효한다(포도의 수확 → 줄기솎기 → 파쇄 → 발효 → 블렌딩 → 숙성 → 여과 → 병입).
- 포도 껍질속의 탄닌(tannin)성분 때문에 떫은맛이 난다.
- 기름기 있는 육류요리(쇠고기, 양고기, 도요새, 메추리 요리)에 잘 어울림

3) 로제와인(rose wine)

- 레드 와인과 화이트 와인을 혼합하여 만든 것이 아니라 레드 와인에 비해 짧게 발효 후 압착한다. 이렇게 발효된 즙은 포도껍질과 얼마동안 접함으로써 엷은 핑크색과 가벼운 향을 가지게 된다(짧은 발효시간 때문에 핑크색이 난다).
- 어떤 요리와도 잘 어울리나 치즈나 오드블에 잘 어울림

4 와인의 특성에 따른 분류

1. 맛에 의한 분류

① 드라이 와인(dry wine) : 산미포도주로 과즙의 당분을 완전히 발효시켜서 당분함량을 1%이하로 한 와인. 식전용에 적합
② 스위트 와인(sweet wine) : 감미포도주로 향과 풍미가 있어 달콤한 와인으로 당분함량이 8~12%정도의 와인. 식후용에 적합

1) 알코올 첨가 유무에 의한 분류

① Fortified Wine(강화주) : 포도 발효 도중에 도수를 높여 변질을 방지하고자 브랜디를 1~5%첨가하여 만든 술(18~20%).
스페인의 셰리(sherry)와인과 포르투갈 포트(port)와인이 유명함
② Unfortified Wine(비강화주) : 알코올 농도 8~13%정도의 발효와인.

2) 탄산가스 유무에 의한 분류

① Sparkling Wine(발포성 포도주) : 포도주에 탄산가스가 함유된 것으로 샴페인 (champagne)이 대표적이다. 스페인은 까바(Cava), 이태리는 스푸만떼 (Spumante), 독일에서는 젝트(Sekt), 미국에서는 스파클링 와인(Sparkling Wine) 이라고 부른다.
② Still Wine(비발포성 포도주) : 탄산가스가 없는 포도주 (white, red wine)

2. 저장별 분류

① Young Wine : 5년 이하 저장한 와인
② Aged Wine : 5~15년 정도 저장한 와인
③ Great Wine : 15년 이상 저장한 와인

3. 기능별 분류

① Aperitif Wine : 식사 전에 마시는 것으로서 식욕촉진의 기능이 있다. 독하고 쓴맛의 와인으로 Dry Sherry와 Vermouth가 대표적이다.
② Table Wine : 요리와 함께 즐기는 와인으로 육류요리에는 Red Wine, 생선요리에는 White Wine이 어울린다.
③ Dessert Wine : 식후용 Sweet 와인으로 디저트에 제공되며 포르투칼산의 Port Wine이 유명하다.

4. 와인 테스팅(Tasting)의 3요소

① 색(Appearance) : 깨끗하고 선명해야 한다.
② 향(Aroma & Bouguet) : 향기는 와인의 품질을 나타낸다(은은하고 좋은 냄새).
③ 맛(Taste) : 레드 와인은 탄닌 산이 많으면 떫은맛이 나기도 한다.

5 주요 포도품종

1. 레드 와인용 포도품종

1) 까베르네 소비뇽(Cabernet Sauvignon)

　적포도주의 왕이라 불리는 까베르네 소비뇽의 특징은 강한 탄닌 맛이다. 그래서 초보자들이 마셨을 때 거부감을 줄 수 있다. 하지만 좋은 와인은 시간이 지나면서 부드러워질 뿐

아니라 신맛과 탄닌 맛이 조화를 이뤄 복합적이고 훌륭한 맛을 낸다. 잘 숙성된 까베르네 소비뇽의 와인은 삼나무향, 블랙커런트 향, 연필 깎은 부스러기향이 난다. 샤또 마르고(Margaux), 샤또딸보(Talbot), 샤또 라뚜르(Latour), 샤또 무똥 로칠드(Mouton Rothschild) 같은 보르도의 유명한 포도원들이 바로 이 까베르네 소비뇽 품종을 주종으로 와인을 만든다. 또한 미국, 칠레, 호주 등에서도 이 단일 품종 또는 배합하여 우수한 와인을 만들고 있다. 이들 지역의 까베르네 소비뇽은 좀 더 부드럽고 과일 향이 풍부하다. 쇠고기와 양고기 요리에 잘 어울린다.

2) 메를로(Merlot)

마시기 편한 메를로의 부드러운 맛은 현대인의 입맛에 잘 들어맞기 때문에 요즘 가장 인기가 있는 품종이다. 프랑스 보르도에서는 까베르네 소비뇽의 강한 맛과 메를로의 부드러운 맛이 어우러져 새로운 섬세하고 복합적인 와인이 되기 때문에 두 품종을 섞어서 와인을 만든다. 한편 미국, 칠레 같은 신세계에서는 부드러운 맛을 충분히 살리기 위해 메를로 만을 사용해서 와인을 만든다. 머루 같은 검은 과일 향, 바닐라 향 그리고 사냥 고기 향이 나는 이 와인은 어떤 음식과도 잘 어울린다.

3) 삐노 누아르(Pinot Noir)

적포도주의 여왕이라 불리우는 삐노 누아르는 까베르네 소비뇽 보다는 부드럽고 메를로 보다는 탄닌 맛이 강하며, 적포도주 가운데 가장 기품 있는 맛이 난다. 딸기 향, 체리 향 같은 붉은 과일 향이 강할 뿐만 아니라 부엽토, 버섯 같은 흙 내음이 풍기는 향이 난다. 프랑스에 있는 부르고뉴 지방의 와인이 가장 대표적이다. 대표와인으로는 로마네 꽁띠(Romanee-Conti), 샹베르뗑(Chambertin) 등의 특급와인이 있고, 샹빠뉴 지방에서는 스파클링 와인의 주품종으로 사용된다.

4) 시라(Syrah) / 쉬라즈(Shiraz)

프랑스 남부 꼬뜨뒤론 지방의 와인이 대표적이며, 호주와 남아프리카에서도 쉬라즈(Shiraz)라는 이름으로 와인을 생산하고 있다. 양념이 많이 들어가거나 향이 강한 요리와 잘 어울린다. 그래서 매콤한 한국음식을 먹을 때 함께 마시면 좋다. 진하고 선명한 적보라빛 색상이 일품이며, 풍부한 과일 향과 향신료 향이 색다른 와인의 맛을 느끼게 해준다.

5) 산지오베제(Sangiovese)

산지오베제는 적당히 씁쓸한 탄닌 맛과 약한 신맛이 잘 어울리는 품종이다. 그리고 과일 향, 사냥고기와 제비꽃 향기를 은은하게 풍기는 것이 독특하다. 세계적으로 유명한 이태리 토스카나(Toscana) 지방의 끼안띠에서 생산되는 산지오베제 와인도 좋은 평을 듣고 있다. 이태리 품종답게 스파게티, 파스타 같은 이태리 음식과 잘 어울린다.

6) 가메(Gamay)

보졸레 와인의 주원료로 사용되는 이 품종은 진한 체리 향과 자두 향을 풍기는 특색을 가지고 있으며, 가볍고 신선한 와인을 만드는 데 사용된다. 루비의 붉은 빛과 진한 담홍색 등 특유의 아름다운 빛깔로 유명하다. 이 품종은 부르고뉴(Bourgogne) 지방의 보졸레 지역에서 주로 재배된다. 이 지역은 찬바람과 습한 바람을 언덕들이 잘 막아 기후가 아주 온화하다. 토양은 주로 화강암과 편암으로 구성되어 가메 품종이 자라는데 중요한 역할을 한다. 이벤트 와인인 '보졸레 누보'로 유명하다.

7) 진판델(Zinfandel)

미국 캘리포니아의 주력 품종으로 대중적인 저그 와인(Jug Wine)에 주로 사용되었으나, 지금은 고급 레드와인제조에 사용되고 있다. 레드와인뿐만 아니라 화이트와인, 로제와인, 포트와인 등 다양한 와인을 만드는 품종이다. 진판델로 만든 레드와인은 알코올 도수가 높은 편이다. 나무딸기 향이 느껴지고 맛은 담백하면서 약간 묽은 맛이 난다.

이 밖에도 기타 레드 와인으로 까베르네 소비뇽의 힘을 부드럽게 하는 블렌드용으로 많이 사용되는 말벡(Malbec), 이탈리아 와인의 대표작인 바롤로와 바르바레스코를 만드는 품종으로 네비올로(Nebbiolo), 버섯과 나무 향을 풍기며, 당분함량이 높고 산도가 낮은 스페인이 자랑하는 대표 품종 템프라니요(Tempranillo), 주로 다른 품종과 블렌딩 하는데 사용되는 품종으로 가벼운 맛을 지니고 있으며, 자신보다 맛이 강한 품종들과 블렌딩 되어 섬세한 맛을 만들어 주는 카베르네 프랑(Cabernet Franc) 등이 있다.

2. 화이트 와인용 포도품종

1) 샤르도네(Chardonnay)

백포도주의 왕이라고 불리우 지는 샤르도네는 단맛이 거의 없는 드라이한 와인으로 대부분 고급 화이트 와인을 만드는 품종으로 널리 재배되고 있다. 아카시아, 자몽, 모과, 사과 등 나무 열매향이 풍부하고 꿀이나 갓 구운 빵 그리고 신선한 버터 향이 나기도 한다. 주산지는 프랑스 부르고뉴 지방이며, 미국, 호주, 칠레에서도 좋은 품질의 와인을 만들고 있다. 샤블리(Chablis), 뫼르소(Meursault), 몽라쉐(Montrachet) 등에서 이름난 화이트 와인을 생산한다. 강한 소스향의 요리와 고기류를 제외하고는 모든 음식과 무리 없이 어울리는데, 특히 나물이나 생선구이와 좋은 조화를 이룬다.

2) 소비뇽 블랑(Sauvignon Blanc)

샤르도네보다는 더 가벼우면서도 상쾌한 아침처럼 생기발랄한 맛이 나는 이 품종은 무엇보다도 개성 있는 향기를 뿜낸다. 피망이나 아스파라가스 같은 식물향이나 잔디밭의 향기가 난다. 프랑스 루아르 지방의 쌍세르(Sancerre)와 뿌이퓌메(Puilly Fume) 지역은 최고급 소비뇽 블랑 와인을 생산하는 곳이다. 소비뇽 블랑을 마실 때는 가벼운 식사가 적당하며, 특히 소스가 들어간 신 맛의 샐러드나 생선회 그리고 담백한 생선요리가 잘 어울린다.

3) 세미용(Semillon)

주로 이 품종은 다른 품종과 섞어 단맛이 없는 드라이한 백포도주를 만들거나 아니면 귀부현상으로 인한 세미용으로 달콤한 스위트 백포도주를 만드는 것이다. 프랑스의 그라브지역에서는 소비뇽 블랑과 섞고 호주, 미국에서는 소비뇽 블랑이나 샤르도네를 섞어 좋은 품질의 드라이한 백포도주를 생산하고 있다. 스위트와인으로 세계적 명성을 지닌 지역가운데 하나는 프랑스 쏘테른느(Sauternes) 지역이다. 이곳에서 사용하는 포도품종이 바로 세미용이다 "고급스럽게 부패된" 이란 뜻에서 "Noble Rot" 라고도 부르는 이 귀부현상이 일어난 세미용 포도로 와인을 만들면 꿀처럼 달콤한 최고의 디저트 와인이 생산된다.

4) 리슬링(Riesling)

샤르도네가 백포도주의왕이라면, 아마도 백포도주의 여왕으로 불릴 만한 것이 바로 리슬링이다. 과일 향과 과일 맛이 강해 리슬링 한 잔을 마시면 꼭 과일 한 조각을 베어 문 것 같다. 그래서 드라이한 와인인데도 마시고나면 스위트한 와인처럼 생각하는 이들이 많다. 뿐만 아니라 쎄미용처럼 귀부현상으로 인해 아주 달콤한 디저트와인을 만들기도 한다. 독일을 대표하는 품종으로 독일의 모젤(Mosel) 지방과 프랑스 알자스(Alsace) 지방이 유명하다.

5) 슈냉 블랑(Chenin Blanc)

프랑스 루아르 지방에서 가장많이 재배되는 품종으로 신선하고 매력적이며 부드러움이 특징이다. 껍질이 얇고 산도가 좋고 당분이 높다. 세미 스위트 타입으로 식전주(Aperitf)로 많이 이용되며 간편하고 복숭아, 메론, 레몬 등 과일 향이 짙다.

6) 삐노 블랑(Pinot Blanc)

삐노 블랑은 푸른 회색 포도로 프랑스 알자스 지방 포도 재배량의 5%를 차지하며, 독일, 이탈리아, 오스트리아 등지에서 재배되고 있다. 오스트리아 에서는 Weissburgunder(바이스 브루군더), 이탈리아 에서는 Pinot Bianco(삐노 비앙코) 라고 한다. 향이 유쾌하며 섬세하고 입 안에서 신선하고 부드러움을 간직하고 있어 스파클링 와인을 만드는데 좋은 포도품종이다.

이 밖에도 기타 화이트 와인으로 꿀 향과 아카시아 향 등의 아로마가 강한 모스까또(Moscato), 이탈리아 베네또 지방의 부드러운 화이트 와인인 쏘아베를 만드는 주 품종인 가르가네가(Garganega), 삐노 뫼니에와 게뷔르츠트라미너를 접목한 품종인 삐노그리(Pinot Gris), 드라이한 화이트 와인을 만들지만 살구, 배, 황도 등의 품부한 과일 향으로 인해 혀끝에 부드럽고 달콤한 맛이 느껴지는 비오니에(Viognier), 독특한 꽃향기와 알싸한 향미로 잘 알려진 게뷔르츠트라미너(Gewurztraminer) 등이 있다.

제3절 국가별 대표적인 와인

1 프랑스

1. 프랑스 와인의 특징

　프랑스에서 와인의 역사는 로마시대 이전 그리스인들에 의해 시작됐으나 포도 재배기술과 와인 생산기술은 로마인들에게 처음 보급 받았다고 할 수 있다. 이후 19세기까지 이어지는 지속적인 발전은 세계 최대 와인국가를 있게 했다. 세계적인 생산량과 소비량을 자랑하는 '와인의 종주국' 프랑스는 오랜 역사를 자랑하기도 하지만 끊임없이 개발하고 발전해 왔던 포도재배와 와인양조 기술의 노하우를 꼽을 수 있고, 또한 섬세하고 까다로운 와인 품질 분류법을 제정하면서 체계적이고 차별화된 고급와인을 만들어 왔다. 그래서 오래된 훌륭한 와인들을 이야기하다보면 프랑스와인들이 항상 그 중심에서 있고, 와인 전문가들은 지금도 와인을 평가할 때 프랑스와인을 기준으로 삼고 있다. 다양한 국제적인 포도품종의 대부분 원산지가 프랑스이고, 체계적인 AOC(원산지 통제명칭) 제도의 도입은 우수한 품질의 와인생산을 가능하게 했으며 이러한 분류시스템은 유럽의 주요 와인생산국에서도 유사하게 적용되고 있다. 또한 프랑스 와인은 전통, 기술, 유통뿐만 아니라 세계적으로 유명한 자국 음식과도 조화가 잘 돼, 모든 면에서 세계 와인의 기준이 되고 있는 최고의 와인 선진국이다.

수천 년의 와인 역사를 가지고 있는 프랑스는 보르도(Bordeaux), 부르고뉴 (Bourgogne), 상파뉴(Champagne)를 필두로, 랑그독 루시옹 (Languedoc-Roussillon), 알자스(Alsace), 론(Rhone), 루아르(Loire), 프로방스(Provence), 보졸레(Beaujolais) 등 프랑스 전국 곳곳 세계적으로 유명한 와인 산지가 다양한 타입과 개성을 가진 와인을 만들어 내고 있으며 타 국가들의 추월을 허락하지 않고 있다. 특히 1855년 결정된 그랑 끄루 클라세(Grand Cru Classe)라는 보르도 지역 와인등급 구별법으로 시작해, 1935년에 전통적으로 유명한 고급 와인의 명성을 보호하고 품질을 유지하기 위해서 AOC(원산지명 칭통제제도: Appellation d'Origine Controlee)으로 오늘날 와인 산업을 체계화하고, 와인 산지의 개성과 품질을 유지시켜 세계 와인 애호가들의 신뢰를 얻고 있다.

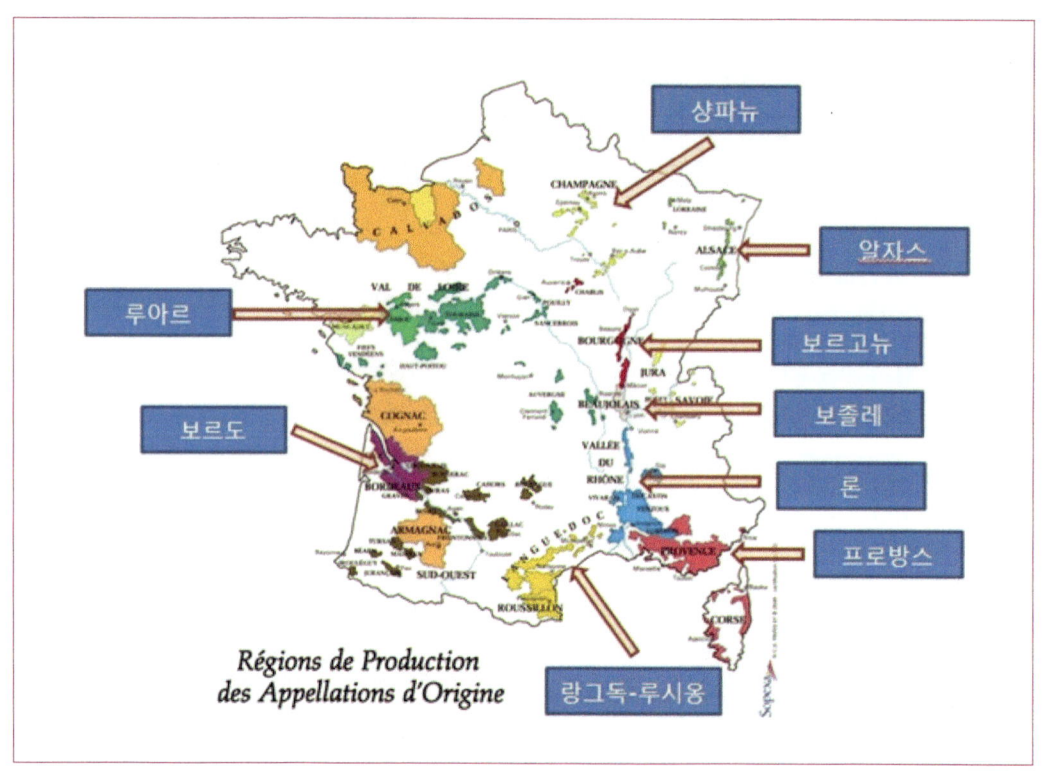

2. 지역별 특징

1) 보르도(Bordeaux) 지역

프랑스 국토의 서남부지역에 위치하고 있으며, 행정구역은 아끼뗀 지방에 속하며 지롱드가 중심지역이다. 세계적으로 가장 유명한 적포도주의 생산지로 특히 보르도의 레드와인을 클라렛(claret)이라고 호칭한다. 이것은 '포도주의 여왕'이라는 뜻이다. 상표로는 보르도(Bordeaux), 메독(Medoc), 셍떼밀리옹(Saint Emilion), 소테른(Sauternes), 그라브 섹(Graves Sec), 뽀메롤(Pomerol), 샤또 라로스(Chateau Larose) 등이 있다. 보르도는 주로 레드와인(82%)을 생산하고 있고 일부지역에서만 소량의 품질이 좋은 화이트와인을 생산하고 있다. 또한 보르도 와인들은 다른 지역과는 달리 각 포도원 마다 토양에 맞는 2~3종류의 포도를 재배해서 이를 특색 있게 혼합하여 와인을 만들고 있다.

▣ 기후와 토양

보르도 지역에서 생산되는 와인의 우수한 품질은 토양, 기후와 포도나무의 설명할 수 없는 미묘한 상호 작용을 가지고 있기 때문이다. 비옥하지 않은 토양이지만 거칠고 돌이 많아 배수가 잘 되기에 포도나무의 뿌리는 필요한 물과 양분이 흐르는 곳을 찾아 좀 더 깊숙이 토양을 파고든다. 기후는 근처 아틀란틱 기후의 영향을 받아 봄과 가을에 서리가 내리는 위험이 있지만 적당하게 온화하다.

▣ 생산되는 포도종류

레드와인에는 까베르네 소비뇽(Cabernet-Sauvignon), 까베르네 프랑(Cabernet FranC), 멜로(Merlot), 말벡(Malbec)과 쁘띠 베르도(Petit Vedot) 등이 있고, 화이트 와인에는 세미용(Semillon), 소비뇽 블랑(Sauvignon Blanc), 뮈스까델(Muscadelle)등이 있다.

▣ 보르도 지역의 와인들

• 메독(Medoc) : 오래 숙성 시키지 않고 빨리 마셔버리는 가벼운 맛의 레드와인.

• 오메독(Haut-Medoc) : 바닐라향이 있는 레드와인.

• 생에스테프(Saint-Estephe) : 어두운 색의 탄닌이 많은 레드와인으로 마시기 전에 숙

성기간이 어느 정도 필요한 레드와인.

- 뽀약(Pauillac) : 강한 부케향이 있는 묵직하고 입안에 여운이 오래 남는 좋은 레드와인.

- 마고(Margaux) : 부드럽고 은은한 부케향이 있으며 섬세하고 우아한 레드와인.

- 생쥴리앙(Saint-Julien) : 힘이 있고 강한 남성적인 레드와인.

- 그라브(Graves) : 강인하고, 복잡 미묘한 향이 있는 생동감이 있는 화이트 와인- 페삭 레오낭(Pessac-Leognan)이 최고의 포도원 중의 하나이다.

- 생떼밀리옹(Saint-Emilion) : 송로 향이 있는 강인하고 깊은 맛이 있는 짙은 붉은 색의 레드와인.

- 뽀므롤(Pomerol) : 강인하고 묵직한 입안에 여운이 오래 남는 벨벳 색의 레드와인으로 아주 독특한 향이 있다.

- 프롱삭(Fronsac) : 견고하고 묵직한 듯한 레드와인으로 그 자체만의 매운 향이 있다.

- 꼬뜨드보르도(Cotes de Bordeaux) : 활기차고 풍부한 포도 맛이 강한 진한 색의 레드 와인이 있고 향기로운 드라이한 화이트 와인(꼬뜨드 블라이 그라브 드 베르; Cotes de Blayeet Graves de Vayre)들이 있다.

- 보르도와 보르도 수페리어(Bordeaux and Bordeaux Superieur) : 탄닌이 있으나 가벼운 맛이 잘 어우러진 레드와인들이 있으며 오래 숙성 시키지 않고 빨리 마시는 포도 맛이 강한 드라이한 화이트 와인들이 있다.

- 엉트르드메르(Entre-Deux-Mers) : 화이트 와인들로 입안에서 느끼는 신선함이 어디에도 비교할 수 없이 강한 바디와 포도 맛이 조화를 잘 이룬다.

- 소테르네와 발삭(Sauternes and Barsac) : 달콤한 화이트 디저트 와인들로 풍부한 맛의 부드러운 와인들이다.

2) 부르고뉴(Bourgogne) / 버건디(Burgundy) 지역

영어로는 버건디(Burgundy)라 부르는 부르고뉴 지역에는 2,000년이 넘는 역사를 가진 포도원들이 있다. 서기 약 300년경, 갈로 로망시대에 한 로마 황제의 적극적인 진흥 정책으로 이 지역 포도원은 급속히 발전하였다. 중세에는, 이 지방의 성직자들과 영주들이 부르고뉴 포도주를 프랑스와 유럽 전역에 알림으로써, 부르고뉴 포도주는 오늘날의 명성을 얻게 되었다. 특히 이지역의 와인은 보르도(Bordeaux) 지방과 달리 제한된 소수 포도 품종만을 사용한다. 레드와인은 삐노누아(Pinot Noir), 화이트와인은 샤르도네(Chardonnay), 보졸레 레드와인은 가메이(Gamay)를 사용한다.

◼ 기후와 토양

부르고뉴(버건디) 지역은 기후에 따라 여러 지역으로 나뉘어져 있으며, 각기 다른 포도원이나 제조원 명칭(appellation)을 가지고 있다. 이 지역은 여러 명의 땅주인들이 나눠서 소유하고 있으며, 생산되는 와인의 품질은 토양의 질에만 의존하는 것뿐만 아니라, 생산자의 기술에 많이 좌우가 된다.

◼ 생산되는 포도종류

부르고뉴(버건디) 지역에서 생산되는 포도종류는 많지가 않다. 화이트 와인에는 샤르도네와(Chardonnay)와 알리고떼(Aligote)가 있고, 레드와인에는 피노누와(Pinot noir), 가메이(Gamay)와 약간의 마콩(Macon) 정도가 있다.

◼ 부르고뉴(버건디) 지역의 와인들

- 샤블리(Chablis) : 샤블리 와인은 오세르(Auxerre) 근처에 있는데 대부분이 샤르도네 포도를 이용한 드라이한 화이트 와인들과 스파클링 와인 그리고 끄레망 드 부르고뉴(Cremant de Bourgogne) 가 생산된다.

- 꼬뜨 도르(Cote d'Or) : 단지 두 가지 포도품종으로 아주 좋은 꼬뜨드오 와인들이 있다. 레드와인에는 피노누아가 있고 화이트에는 샤르도네가 있다. 꼬뜨도오에는 3가지 원산지로 나뉘어 진다.
꼬뜨드뉘(The Cote de Nuits)는 풍부하고 깊은 맛의 레드와인들로 유명한데 샹베르뗑(Chambertin), 뮈지니(Musigny), 끌로드부죠(Clos-de-Vougeot) 혹은 로마네꽁띠(Romanee-Conti) 등이 세계적으로 최고 와인중의 하나이다.
꼬뜨드본(The Cote de Beaune)에는 볼네(Volnay), 뽀마드(Pommard), 본(Beaune), 알록스꼬르똥(Aloxe-Corton) 등의 훌륭한 레드와인들이 생산되고 또한 버건디의 최고의 화이트 와인으로 몽라쉐(Montrachet), 뭬르소(Meursault) 그리고 꼬르똥샤를마뉴(Corton-Charlemagne)이 있다. 이 와인들은 아주 섬세한 향기를 가지고 있고 드라이하면서도 부드러우며 완전한 발란스를 이루고 있다. 오뜨꼬뜨(The Hautes Cotes)는 좀 더 단순하고 마시기 쉬운 레드와 화이트 와인들을 생산한다.

- 꼬뜨 샬로네즈(Cote Chalonnaise) : 좀 더 남쪽지역에 위치한 이 지역에서는 4가지 포도 품종으로 와인을 생산하고 있는데 즉 피노누아(Pinot Noir), 가메이(Gamay), 샤르도네(Chardonnay)와 알리고떼(Aligote)가 있다. 다섯개의 공동 자치단체 명칭들이 있는데 부르고뉴 알리고떼 부즈롱(Bourgogne Aligote-Bouzeron), 뤼이이(Rully), 메르쥐레(Mercurey), 지브리(Givry) 와 몽따니(Montagny)가 있다.

- 마꽁(Maconnais) : 레드와 로제 마꽁 와인들은 이론적으로는 가메이(Gamay) 포도품종으로 만들어 진다. 그런데 부르고뉴 빠스-뚜-그랭(Bourgogne Passe-tout-grains)이란 명칭을 가지고 있는 와인은 피노누아와 혼합된 와인이다. 샤르도네로 만들어지는 화이트 와인 생베랑(Saint-Veran)은 아주 섬세하고 향기로운 드라이한 화이트 와인이며 마꽁 빌라쥐(Macon-Villages)는 드라이 하면서 포도 맛이 강하고 무엇보다도 이 지역에서 가장 유명한 뿌이휘세(Pouilly-Fuisse)는 금빛녹색을 띠고 있는 향기로우면서도 섬세한 맛의 드라이한 화이트 와인이다.

- 보졸레(Beaujolais) : 마꽁 남쪽 10km 부터 시작하여 60km 길이에 12km 폭의 면적을 가지고 있는 보졸레 지역의 포도원들은 쏜(Saone)강 왼편의 넓은 계곡을 향한 동남서 지역의 경사진 언덕에 있다. 이 지역은 22,000 헥타르 정도의 생산면적을 가지고 있으며 매년 평균 1,300,000 헥토리터의 와인들을 생산하고 있다. 보졸레 와인은 99.5%가 레드와인(Gamay 품종)이고 화이트와인(Chardonay 품종)은 0.5%에 불과하다.

〈보졸레 빌라쥐 누보와인〉

보졸레 와인의 양조에 쓰이는 품종은, 매우 선명하고도 화사한 루비레드의 빛깔을 보이면서 향긋한 과일 향과 꽃 향이 풍성하고, 텁텁한 맛을 내는 타닌이 적어 무겁지 않고 신선한 맛이 강하게 느껴지는 가메(Gamay)이다. 세계 와인시장에 기린아와 같이 나타나 널리 그 이름을 떨치고 있는 보졸레 누보는 프랑스 부르고뉴의 남쪽 보졸레 마을에서 그해 생산된 '보졸레의 햇와인'을 뜻한다. 보통의 포도주가 포도를 분쇄한 뒤 주정을 발효시키고 분리 · 정제 · 숙성하는 4~10개월 이상의 제조 과정을 거치는 데 비하여, 보졸레 누보는 포도를 알갱이 그대로 통에 담아 1주일 정도 발효시킨 뒤 4~6주 동안 숙성시킨다. 따라서 일반 와인보다는 가볍지만, 포도 향이 진하게 나고 떫은맛이 적어서 초보자들에게도 좋다. 맛으로 마시기보다는 그 해에 생산된 포도로 만든 최초의 와인을 전 세계인들이 동시에 마신다는데 의의를 두고 있다.

보졸레 와인을 세계적 인지도로 이끌어 온 마케팅의 주역으로서 '조르쥬 뒤뵈프(Georges Duboeuf)'를 빠트릴 수 없다. 그는 보졸레 지역에서 가장 크고 우수한 와인을 만드는 네고시앙(Negociant;와인중개상)으로 보졸레 왕으로까지 칭호 받고 있다. 장기보관이 힘든 대신 4~6주의 짧은 숙성만으로 보다 빨리 와인을 만들 수 있다는 점에 착안하여 매년 11월 셋째 목요일 세계가 동시에 보졸레 햇와인을 마시게 하는 마케팅의 전략으로, 와인애호가들의 호기심을 자극하여 결국 오늘날과 같은 세계적인 '보졸레 누보 축제'를 만들어 내었다.

보졸레 누보
(Beaujolais Nouveau)

INAO(프랑스 원산지 관청)의 규제에 의하면 보졸레 누보는 양조, 출시된 이후 그 다음해의 수확 직전인 8월 31일까지 유통이 허용되며, 그 이후는 금지되어 있다. 가메로 만든 와인은 다른 지방의 와인처럼 오랜 숙성기간과 장기 보관이 힘들어 짧은 시일 내 마셔야만 제 맛을 느낄 수 있다. 일반적인 레드와인보다 조금 차가운 온도인 섭씨 10~12도 사이에서 즐기면 더욱 맛이 살아난다. 또한 달콤한 화이트 와인 맛에 익숙해 레드 와인의 텁텁한 맛이 부담스러운 초보자도 입맛에 맞게 즐길 수 있어 파티용 와인으로도 부족함이 없다. 음식은 생선, 육류 어느 것과도 잘 어울린다. 보졸레 누보는 누가 뭐래도 흥겨운 와인 축제다. 바로 두 달 전 나무에 매달려 있던 포도송이로 빚어진, 과일향이 풍부한 와인을 맛볼 수 있다는 것만으로도 기분이 좋다.

3) 론 벨리(Rhone Vally) 지역

꼬뜨뒤론(the Cotes du Rhone) 지방과 비엔느(Vienne)로부터 아비뇽(Avignon)까지 20km이상 뻗어있는 위성도시는 양쪽에 론 강을 끼고 있다. 꼬드드론은 약 58,000 헥타르의 AOC급의 와인들을 생산하는 포도원들로 뒤덮여 있으며, 평균 3,000,000 헥토리터의 레드, 로제, 그리고 화이트 와인들이 생산된다.

▣ 기후와 토양

이 지역은 두 개의 뚜렷한 영역으로 구분이 된다. 북부 꼬뜨뒤론의 포도 재배환경은 특별히 어렵다. 이 포도원들은 아주 가파른 경사면에서 포도나무를 심기 때문에 테라스가 없이는 포도가 자라기 힘들 정도이다. 토양은 화강암과 편암들로 구성되어 있다. 꼬뜨뒤론의 남부지역에 있는 토양은 모래이거나 백악질의 석회석으로 많은 조그만 다양한 조약돌로 이루어져 있다. 낮에는 조약돌이 태양열을 흡수하고 밤에는 다시 포도에게 그 열을 돌려준다. 그래서 와인의 알코올이 높아지는 결과를 준다.

▣ 생산되는 포도종류

레드와 로제와인 종류로는 쉬라(Syrah), 그리나수(Grenache), 무르베드르(Mourvcdre), 쎙소(Cinsaut) 등이 있고, 화이트 와인 종류는 마르싼느(arsanne), 로싼느(Roussanne), 비오니에(Vionier), 삑뿔(Picpoul), 부르블랭끄(Bourboulenc), 끌레레뜨(Clairette) 등이 있다.

▣ 론 벨리 지역의 와인들

- 꽁뜨리외(Condrieu) 와 샤또그리에(Chateau-Grillet) : 독특한 향이 있는 화이트 와인.

- 쌩뻬레(Saint-Peray) : 스파클링 와인.

- 꼬뜨로띠(Cote Rotie)와 꼬르나스(Cornas) : 숙성하기 좋은 잘 구성된 레드 와인.

- 끄로즈 에르미따쥬(Crozes-Hermitage), 쌩죠제프(Saint Joseph) 와 에르미따쥬
  (Hermitage) : 강건하고, 풍부한 맛의 레드와인이다. 적은 수량의 아주 좋은 화이트
  와인들도 있다.

- 끌레레뜨 드 디(Clairette de Die) : 가벼운 화이트 와인으로 포도 부케 향과 더불어 기

분 좋은 향미를 가지고 있다.

- 꼬뜨드롱 빌라쥐(Cotes du Rhone-Villages) : 진한 맛의 레드와인이다.

- 꼬뜨뒤론(Cotes du Rhone) : 뛰어난 품질의 레드, 화이트 그리고 로제와인들이 있다.

- 따벨(Tavel) 과 리락(Lirac) : 뛰어난 명성을 자랑하는 로제 와인.

- 샤또네프뒤파프(Chateauneuf-du-Pape) : 완고하고 강건하며 완전한 발란스를 이루는 레드와인으로 13가지의 다른 포도 품종으로 만들어 진다. 그리고 드물게는 미묘한 부케가 느껴지는 화이트 와인을 생산하기도 한다.

- 지공다스(Gigondas) : 풍부하고 강한 바디를 가지고 있는 레드 와인.

- 꼬뜨뒤트리까스땡(Coteaux du Tricastin), 꼬뜨뒤벙뚜(Cotes du Ventoux)와 꼬뜨 뒤뤼베롱(Cotes du Luberon) : 잘 구성된 강한 바디의 레드와인들로 토양의 냄새가 난다.

4) 샹파뉴(CHAMPAGNE) 지역

샴페인을 생산하는 본고장으로서 샴페인이란 원래 프랑스 북부의 샹파뉴 지방의 이름이며, 탄산가스가 함유된 발포성 와인(sparkling wine)이다. 샴페인은 돔 페리뇽(Dom perignon)에 의해 만들어 졌으며, 와인의 2차 발효 도중 당분을 주입하여 생성된 탄산가스의 저장을 성공 시켰다. 또한 탄산가스가 폭발하지 않게 코르크마개를 발명한 사람도 돔 페리뇽이다.

■ 기후와 토양

샹파뉴 지역의 토양은 대부분이 초크로 구성되어 있으며 경작 할 수 있는 상층토가 1미터도 되지 않는다. 기후는 많은 차이를 주고 있는데 온화한 아틀란틱 기후와 몇 개의 대륙성 기후 조건으로 계속 바뀐다. 주변의 산림으로 인한 습기와 나무들이 환경을 서늘하게 만든다.

■ 생산되는 포도 종류

샤르도네(Chardonnay), 피노누아(Pinot Noir), 피노 메뉴어(Pinot Meunier).

◼ 샹빠뉴 지역의 와인들

샹빠뉴 지역은 일괄성이 있고 유일한 독특성을 가지고 있다. 아주 엄격한 포도원의 규칙과 포도주 제조법, 숙성법 그리고 마케팅 법을 가지고 있다. 로제 혹은 핑크빛 샴페인도 있지만 주로 레드 샴페인 와인을 블렌딩 하거나 레드포도로 로제 포도주 제조 과정에 의한 것으로 통용된다. 이 지역은 작은 양의 화이트 레드 와인 꼬또 샹쁘누아(Coteaux champenois)들을 생산하고 리쎄(Riceys) 지방에서는 피노누아로 강한 향기의 로제와인을 생산한다.

◼ 샴페인(Champagne) 이야기

샴페인은 모든 발포성 와인(Sparkling Wine)의 대표 격이다. 샴페인은 인간의 행복을 위해 존재하는 술이며, 무엇보다 축제와 파티, 즐거움이 함께 하는 와인이다. 일반 와인과는 달리 탄산가스를 함유하고 있기 때문에 발포성(Sparkling) 와인에 속한다. 샴페인이란 프랑스의 상빠뉴(Champagne) 지역에서 생산되는 와인에만 붙일 수 있다. 샹빠뉴 지방은 연간 평균기온이 매우 낮아 포도를 재배하기에는 좋지 않은 기후조건이다. 하지만 이러한 기후조건 때문에 신맛이 강하고 세심하고 예리한 맛의 와인이 제조될 수 있게 되었다. 샹빠뉴 지방을 제외한 지역에서 생산한 스파클링 와인은 무쎄(Mousseux)라고 하며, 부르고뉴와 알자스 지방에서는 크레망(Crement)이라고 부른다. 이태리에서는 스푸만테(Spumante), 스페인은 까바(Cava), 독일은 젝트(Sekt), 미국이나 호주 등에서는 스파클링 와인(Sparking wine)이라고 부른다.

샴페인의 스타일은 도자쥬(dosage:찌꺼기 제거를 위한 분출을 하고나면 찌꺼기와 함께 와인의 일부가 유실되어, 잃어버린 만큼 와인과 사탕수수 혼합액을 다시 채워 넣는 것) 단계에서 결정된다. 당도에 따라 엑스트라 브뤼(전혀 감미가 없음), 브뤼(감미가 덜함), 엑스트라 섹(약간의 감미), 섹(보통의 감미), 드미 섹(상당한 감미), 두(아주 달다)의 6단계로 나뉜다. 또 샴페인 이름에 사용되는 '퀴베'(Cuvee)라는 단어는 첫 번째 압착에서 얻은 가장 좋은 포도즙으로만 만들었다는 것으로 최고급 샴페인을 뜻한다.

샴페인을 평가할 때 가장 중요한 요소 중 하나가 바로 버블(bubble:거품)이다. 잔에 따른 후 고급품일수록 수정 같이 맑고 윤이 나며 밑면에서 거품이 올라오는 시간이 오래 지속되고 그 거품의 크기가 작다. 싸구려는 굵은 물방울이 처음에 좀 올라온 후 없어져 버린다. 특히 행사 분위기를 고조시키기 위해 일부로 병을 세게 흔든 뒤 마개를 따는 경우는 가격부담이 적은 것을 택하고, 샴페인을 직접 음미하고 싶다면 거품을 최대한 보존할 수 있도록 마개를 조용히 돌려가며 빼는 것이 좋다.

사랑과 기쁨, 축하를 나누는 데 있어 샴페인만큼 낭만적인 것은 없다. 황금빛 색상과 아름다운 기포의 향연, 가벼운 폭발음, 어떤 상황에서도 거부할 수 없는 희열이 숨어 있는 샴페인은 단연히 파티를 빛내주는 와인이라 하겠다.

5) 샴페인 제조과정

◼ 포도수확(Vendange, 방당주)

9월 중순이나 10월초에 전 지역이 손으로 수확하여 포도가 으깨지지 않도록 조심한다.

◼ 압착(Pressurage, 프레쉬라주)

빠른 시간 내에 낮은 압력으로 압착한다. 보통 두 번째 나오는 주스까지만 사용하는데, 최상의 품질을 지닌 샴페인 프레스티지 퀴베(Prestige Cuvée)는 첫 번째 나오는 주스만 사용한다. 2차 압착은 주로 논 빈티지 샴페인을 만든다.

◼ 1차 발효(Fermentation alcoolique, 페르망타시옹 알콜리크)

분리된 포도즙은 탱크로 옮겨져 1차 발효로 들어간다. 이 발효에 의해 당분은 알코올로 변환되며 자연 발생적으로 탄산가스(CO_2)가 생성된다. 이 이산화탄소는 외부의 공기를 차단함으로써 와인의 산화를 방지하며, 발효가 끝날 즈음에는 모두 탱크 밖으로 발산된다.

▣ 블렌딩(Assemblage, 아상블라주)

어떤 포도품종으로 어떤 포도밭에서 수확된 포도로, 어떤 빈티지로 블렌딩할 것인가를 결정한다. 그러므로 샴페인은 공식적인 빈티지가 있을 수 없다. 그러나 특별히 좋은 해는 빈티지를 표시하여 그 해 생산한 포도를 100% 사용한다. 보통 30~60 종의 와인을 혼합하며, 이 지방은 기후 변화가 심하기 때문에 어느 해든 그 해에 혼합한 와인의 20% 정도를 다음 해를 위해 비축해 둔다.

▣ 당분과 이스트 첨가(Adding of sugar and yeast)

혼합한 와인에 재 발효를 일으키기 위해서, 설탕과 이스트(Liqueur de Tirage, 리쿼르 드 티라주)를 적당량 넣고 혼합한 다음, 병에 넣고 뚜껑을 한다. 이때는 코르크마개를 쓰지 않고 보통 청량음료에 사용하는 왕관 마개를 주로 사용한다. 와인 1ℓ에 설탕 4g을 넣으면, 발효되어 발생하는 탄산가스 압력이 약 1기압 정도이므로, 샴페인의 규정압력인 6기압(자동차 타이어는 약 2기압) 이상이 나올 수 있도록 설탕 양을 첨가한다.

▣ 2차 발효(Deuxième Fermentation, 두시엠 페르망타시옹)

설탕과 이스트를 넣은 와인 병을 옆으로 눕혀서 시원한 곳(15℃ 이하)에 둔다. 그러면 서서히 발효가 진행되어 6-12주정도 후에는 병에 탄산가스가 가득 차게 되고, 바닥에는 찌꺼기가 가라앉게 된다. 또 알코올 함량도 약 1%정도 더 높아진다. 온도가 너무 높으면 발효가 급격히 일어나 병이 깨질 우려가 있고, 반대로 너무 낮으면 발효가 일어나지 않는다. 그러므로 온도조절을 잘해야 한다. 그리고 샴페인에 사용되는 병은 두꺼운 유리로 특수하게 만들어서 높은 압력을 견딜 수 있어야 한다.

▣ 병입 숙성(Séjour en Cave, 세주르 엉 캬브)

발효가 끝나면 온도가 더 낮은 곳으로(10℃ 이하) 옮기거나 그대로 숙성을 시킨다. 이때 와인은 이스트 찌꺼기와 접촉하면서 특유한 부케를 얻게 된다. 이스트 찌꺼기는 장기간 와인과 접촉하면서 어느 정도 분해되어, 와인에 복잡하고 특이한 향을 남기므로 샴페인은 고유의 향과 맛을 지니게 된다. 보통 논 빈티지 샴페인은 병 상태에서 최소 1년, 빈티지 샴페인은 수확일로 계산 최소 3년, 프레스티지 퀴베는 5-7년 숙성시킨다.

▣ 병 돌리기(Remuage, 르뮈아주)

샴페인은 병 속에서 발효된다. 따라서 기포와 발효된 효모가 병 입구 쪽으로 모이게끔 병을 거꾸로 경사지게 꽂아 놓고 하루에 일정 각도씩 회전시킨다. 이 작업은 사람의 손으로 병을 하나씩 회전해야 하므로 무척 힘든 작업이지만, 샴페인을 만드는데 가장 상징적인 작업이기도 하다. 약 6-8주 동안이면 이 작업이 끝난다. 요즈음은 병을 기계로 돌리는 곳이 많다.

〈침전물이 가라앉도록 샴페인 병들이 회전하는 모습〉

▣ 침전물 제거(Dégrogement, 데고르쥬망)

효모가 병 입구에 집적되면 병을 거꾸로 꽂은 뒤 병목부분을 영하 28℃의 냉각 상태에서 얼린다. 이후 병을 거꾸로 해서 충격을 가하여 치면 튕겨나가기 마련이다. 침전물의 방출로 인한 양적 손실은 도쟈주(Dosage)로 채워진다.

▣ 도쟈쥬(Dosage) 첨가

병을 바로 세운 뒤 병목의 찌꺼기 제거 시 잃은 양 만큼 채우기 위해 와인과 사탕수수의 혼합액을 주입한다. 이때 샴페인의 스타일(도쟈쥬의 설탕 함유량에 따라 감미가 달라진다)이 결정된다.

▣ 병입(Bottling)

이렇게 완성된 샴페인은 깨끗한 코르크마개로 다시 밀봉하고, 철사 줄로 고정시켜 제품을 완성한다.

6) 샴페인의 분류

샴페인은 양조에 이용한 포도품종에 따라 3가지로 분류된다.
- 100% 청포도(샤르도네) 만을 사용한 섬세한 맛의 블랑 드 블랑(Blanc de Blanc)
- 적포도(삐노누아, 삐노 뫼니에)로 양조한 깊은 맛의 블랑 드 누아르(Blanc de Noir)
- 위의 포도품종으로 빚은 로제 샴페인(Champagne Rose)

한편, 양조 방법에 따라 분류하면 다음 세 가지가 있다.
- 빈티지 샴페인(Vintage Champagne) : 특별히 좋은 해에는 빈티지 샴페인을 만든다. 100% 그 해에 수확한 포도를 사용해야 한다. 빈티지 샴페인이 품질이 높은 이유는 소출량으로 상대적으로 적기 때문에 관리에 더욱 신경 써야 하기 때문에 빈티지가 붙지 않는 것보다 2배 이상의 세심한 주의가 필요하다.

- 논 빈티지 샴페인(Non-Vintage Champagne) : 보통 해에 수확한 포도로 대부분의 샴페인은 이 범주에 속하며, 샴페인의 전체 생산량의 3/4을 차지한다.

- 뀌베 프레스티지 샴페인(Cuvees Prestige Champagne) : 대부분 자기 소유의 그랑 크뤼 포도로부터 만들며 대부분 빈티지이거나 최고의 해만 모아 블렌딩 하는 것이 특징이며. 장기 숙성시키며 독특한 병과 레이블 디자인으로 초고가의 가격이 붙는다.

7) 샴페인 즐기기

샴페인을 즐기는 데에는 누구와 함께하느냐, 어디서 마시느냐, 어떤 샴페인을 선택 할 것 인지 이모두가 중요하겠지만 그건 개개인의 라이프스타일에 따라 다를 것이다. 하지만 샴페인을 즐기는데 플러스되는 요인들을 살펴보면 다음과 같다.

첫째, 샴페인의 온도다. 샴페인의 맛을 결정짓는 중요한 요인으로 적정온도는 6~8도가 가장 좋지만 온도기를 갖고 있지 않으니 우선 병 표면을 만져 보았을 때 아주 차갑다는 생각이 들기 전엔 오픈하지 말아야 한다. 오래 숙성된 빈티지 샴페인의 경우는 약간 높은 10~12도에서 더욱 좋은 맛과 향이 난다. 급하게 샴페인을 칠링 해야 하는 경우 차가운 물과 얼음, 약간의 소금을 아이스버킷에 넣고 차가워 질 때 까지 돌려준다. 물론 살살 돌려줘야 샴페인 오픈 시 거품이 나서 아까운 샴페인을 버리지 않을 것이다.

둘째, 샴페인 잔은 오랫동안 거품을 간직할 수 있고 차가운 온도를 유지해 줄 수 있는 플룻 (Flute)이라 부르는 샴페인 잔에 즐기는 것이 가장 좋은데, 보기에도 좋지만 이는 샴페인의 맛에도 영향을 준다. 풍미가 너무 빨리 사라지지 않게 하고, 거품이 우아하게 올라가도록 도와준다. 거품을 오래 유지하려면 잔을 반드시 맹물로만 닦아주어야 한다는 것도 잊지 말아야 할 것이다.

셋째, 코르크를 따는 것도 보통 많은 사람들이 코르크 자체를 돌리는데 이것역시 반대로 병을 돌려서 따 주어야한다. 샴페인을 잔에 따를 때는 2/3정도를 채우는 것이 정석이라고 하는데 병 바닥의 홀에 엄지손가락을 넣고 단단히 잡아주어 따라 준다. 샴페인을 원샷 하는 사람은 없겠지만 샴페인이 은근히 빨리 취한다는 점에서 그리고 비싸다는 점에서 맛을 음미하면서 천천히 즐기는 것이 좋다. "샴페인은 마시고 난 뒤에도 여자를 아름답게 하는 유일한 와인이다"(Champagne is the only wine that leaves a woman beautiful after drink it) 라는 퐁파두루의 말처럼 쉴 새 없이 긴 기둥을 이루며 솟아오르는 작은 기포들의 행렬은 여인의 눈길을 사로잡고 톡 쏘며 싸하게 퍼져가는

복합적인 오크와 과일, 꽃향기의 조화로 맛 속에 여인의 마음은 스르르 녹아 버린다. 바로 세상에서 가장 호사스러운 와인 중 하나가 샴페인이다.

[표 2-2] 프랑스 와인의 종류

지역	내용	주요 상표
보르도 (Bordeaux)	• 세계적으로 가장 유명한 적포도주의 생산지역 • 보르도의 Red Wind을 클레르트(Claret)라 호칭(포도주의 여왕이라는 뜻)	• Bordeaux, Medoc, Saint Emilion, Sauternes, Graves Sec, Pomerol, Chateau Larose 등
버건디(Burgundy)의 부르고뉴(Bourgogne)	• 프랑스 제2대 와인산지 • 화이트 와인으로 유명	• Bourgogne Blanc, Cotede Nuite, Cote de Beaune, Beaujolais, Chablis 등
상파뉴 (Champagne)	• 샴페인을 생산하는 본고장 • 프랑스 상파뉴 지방 이름	• Dom-perignon에 의해 탄생
알자스(Alsace)	• 화이트 와인	
르와르(Loire)	• 가볍고 마시기 쉬운 와인	
꼬뜨드론 (Cote Du Rhone)	• 야성적이며 감칠맛이 있고 도수가 높은 와인	

알아두기 **French Paradox (프렌치 파라독스)**

프렌치 파라독스는 프랑스인들은 프랑스사람들이 육류를 많이 섭취해도 다른 유럽인에 비해 관상동맥 질환(심장병)이 적게 나타나는 것을 말한다. 술을 많이 마시는데도 건강하다는 역설적 의미로 '프렌치 파라독스'라고 말한다. 생노병사의 비밀 등에서도 이것은 적포도주(Red Wine)에 들어있는 레스베라트롤(Resveratrol), 폴리페놀(polyphenols) 때문이라고 주장하고 있다.

알아두기 **프랑스 론(Rho ne), 프로방스(Provence) 지방의 기후 특성은?**

온화한 지중해성 기후이다. 온난한 기후와 변화가 많은 지형으로 다양한 와인을 생산하고 있는데, 전체적으로 가볍고 상쾌한 맛과 신선한 향을 가진 것이 특징이다.

[표 2-3] 샴페인 당분의 함유량

상표의 기재표시	당분의 함유량
브뤼(Brut)	1/2~1%(Very Dry)
엑스트라섹(Extra sec)	2~4%(Dry)
섹(Sec)	5%(Medium Dry)
더미 섹(Demi sec)	9~10%(Sweet)
두(Doux)- Sweet	12% 이상(Very Sweet)

3. 프랑스 와인의 등급

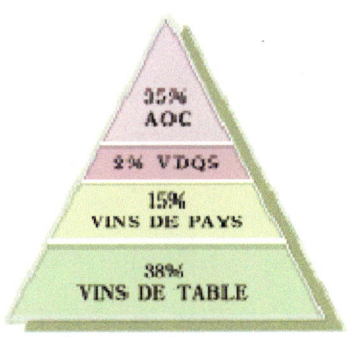

프랑스의 와인 등급은 도표에서 보는 것과 같이 4단계로 분류되며 피라미드의 가장 윗쪽인 AOC등급이 가장 우수한 품질의 와인이다.

① 뱅 드 따블르 (Les Vins de Table) : '테이블 와인'이라는 의미이며, 평범한 식탁에 놓고 마시는 와인을 나타내는 등급이다. 와인병 라벨에 '프랑스산'이란 표기 외에는 포도 품종이나 생산 연도 등도 표기하지 못하도록 법으로 규정하고 있다.

② 뱅 드 페이(Les Vins de Pay) : 와인의 원산지를 표기 할 수 있으며, 면적당 포도 생산량이 정해져 있고, 간단한 성분 분석과 시음 위원회의 심사를 거쳐야 한다.

③ 뱅 데리미테 드 칼리테 슈페리어 (Vin Delimite de Qualite Superieure) : AOC등급 바로 아래 등급으로써 우수한 품질의 와인이 속하는 등급이다.

④ 아펠라시옹 도리진 콩트롤레(Appellation d'Origine Controlee) : 원산지 통제명칭 와인(AOC) : 가장 우수한 품질등급이며 매우 엄격한 A.O.C 법규는 원산지 통제 포도주의 품질을 항상 보장한다.

AOC 라고 불리는 이 등급의 와인은 가장 까다로운 규칙을 적용한다. 즉 AOC 표기를 하기위해서는 다음과 같은 사항을 의무적으로 따라야 한다.

첫째, AOC를 생산할 수 있도록 엄격히 지정된 떼루아를 지켜야 한다. (지방 명, 면단위 마을 명, 한 마을 명, 크뤼(포도원) 명, 몇 헥타 미만 포도나무에서 생산된 포도주)
둘째, 품종 선별로 반드시 그 와이너리에 알맞은 고급 품종들로만 구성된다.
셋째, 재배 및 포도주 양조기술, 숙성 기술에 인간의 수작업을 거쳐야 한다.
넷째, 수확량을 지켜야 한다. 식목시의 밀도, 최소 알코올 도수, 원산지 통제명칭 위원회의 관할 하에 전문가들에 의해 엄격히 통제된다. 이러한 까다로운 과정을 거친 AOC는 지역별 전통을 존중해 주면서 그 포도주에 품질과 특징을 보증한다.

4. 와인 라벨 읽기

1) 프랑스 와인 라벨 읽기

라벨 읽는 법의 기본은 프랑스 와인에서 시작한다. 그런데 프랑스 와인의 라벨을 읽는 건 녹록치 않다. 배경 지식이 필요하기 때문이다. 하지만 기본만 정확하게 숙지하고 있다면 배경 지식이 부족해도 알 수 있는 방법은 있다. 작은 글씨로 된 정보는 생산자와 병입 여부 등에 대한 소소한 정보인데 몰라도 와인을 이해하는 데 큰 무리는 없다. 중요한 정보만 알아내는 방법을 실제 라벨을 보면서 체크해보자.

〈무통 카데〉

우선 위의 와인 병을 한번 보자. 국내에서도 소비자들에게 친숙한 보르도 와인 '무통 카데'다. 먼저 포도 그림 아래 라벨 중앙에 위치한 'Mouton Cadet'는 제품 명칭이다. 와이너리에서는 다양한 범주의 와인을 만들고 그에 따라 각각 이름을 붙이는데 이 와인의 이름은 '무통 카데'임을 명시한 것. 아래 적힌 'Apellation Bordeaux Controlee'(아펠라시옹 보르도 콩트롤레)는 등급을 나타낸다. 프랑스 와인은 크게 4단계로 분류하는 규정을 갖고 있다. 아래서부터 뱅 드 따블, 뱅 드 페이, VDQS, AOC로 올라간다. 이 와인은 가장 상위 등급인 AOC 와인으로 보르도에서 나온 포도로만 만들었음을 알 수 있다. 아래 'Baron Philippe de Rothschild'는 생산자(생산회사)를 뜻한다. 세계적인 와인 명가 '바롱 필립 드 로칠드'사에서 만든 와인이다.

생떼밀리옹 와인 '샤토 트리뮬레'(Chateau Trimoulet)다. 제일 위에 적힌 'Chateau Trimoulet'는 제품명이다. 아래 'Saint-Emilion Grand Cru'는 생떼밀리옹 지역의 그랑 크뤼 등급 와인임을 의미한다. 생떼밀리옹 와인은 AOC 등급에 그냥 생떼밀리옹 와인과 생떼밀리옹 그랑 크뤼 와인이 있는데 한 단계 높은 그랑 크뤼 와인이라는 얘기다.

그랑 크뤼 와인임은 그 아래 AOC 표시란인 'Apellation Saint-Emilion Grand Cru Controlee'(아펠라시옹 생떼밀리옹 그랑 크뤼 콩트롤레)에서도 알 수 있다. 그 아래 '2005'는 빈티지다. 2005년 수확한 포도로 만든 와인이라는 설명. 아래 굵은 글씨로 된 'Mis en Bouteille au Chateau'(미장 부테이

〈샤토 트리뮬레〉

유 오 샤토)는 샤토(와이너리)에서 와인을 병입한 사실을 나타낸다. 프랑스 와인 라벨에서 종종 볼 수 있는 문구다. 그리고 최 하단 왼쪽에 '13%Vol'은 알코올 도수가 13도임을 뜻하고, 가운데 'Product of France'는 프랑스산, 맨 오른쪽 '75cl'은 용량이 750ml임을 말한다.

필터로 거르지 않은 와인

NON FILTRÉ

부르고뉴(Burgundy)와인

부르고뉴 AOC

생산자(베르나르 뒤가피)

와인생산자 주소

〈부르고뉴 와인 라벨〉

2) 이탈리아 와인 라벨 읽기

대부분의 이탈리아 와인 라벨은 와인의 명칭, 등급, 생산자의 이름과 지역, 알코올 함량 수준, 용량을 표시한다.

우선 '카스텔로 디 베라짜노 끼안티 클라시코'의 라벨을 보자. 맨 위 'Castello di Verrazzano'(카스텔로 디 베라짜노)는 와인 생산자를 나타낸다. 사진을 건너뛰면 밑으로 'Chianti Classico'(끼안티 클라시코)라고 적혀 있는데 이는 와인 생산 지역이다. 이탈리아 끼안티 클라시코 지역에서 만든 와인이라는 설명이다. 그 아래 'Denominazione di Origine Controllata e Garantita'(데도미나찌오네 디 오리진 콘트롤라타 에 갸라니타)는 등급이다. 이탈리아 와인 등급은 아래서부터 비노 드 타볼라, IGT, DOC, DOCG 등급으로 나뉜다. 이 와인은 그 중에서 최상위 등급인 'DOCG'를 의미한다. 밑에 있는 'Vendemmia 2005'

〈카스텔로 디 베라짜노 끼안티 크라시코〉

는 빈티지를 나타낸다. 2005년 수확한 포도로 만든 와인이란 걸 알 수 있다. 맨 하단ol'은 알코올 도수를 나타낸다.

'슈퍼 투스칸'으로 불리는 와인 '사시까이아'다. 라벨의 맨 위 'Sassicaia'는 제품명이다. 아래 '2001'은 빈티지다. 여기까지는 쉽게 읽을 수 있을 거다. 문제는 그 아래 'Bolgheri Sassicaia'(볼게리 사시까이아). '볼게리'가 도대체 뭘까. 하지만 당황할 필요 없다. 볼게리는 이탈리아 토스카나 해안에 가까운 곳에 위치한 지역 명칭이다. 볼게리 지역에서 만든 사시까이아 와인이라는 거다. 아래 작은 글씨로 적힌 'Denominazione di Origin Controllata'(데노미나찌오네 디 오리진 콘트롤라타)는 DOCG 아래인 DOC 등급을 나타낸다. 그 아래 'Tenuta San Guido-Bolgheri-Italia'는 이탈리아의 볼게리 지역에 위치한 생산자(회사) 테누타 산 귀도가 만든 와인을 의미한다. 맨 하단 좌측과 우측의 '750mle'와 '13.5% vol'은 이제 설명하지 않아도 쉽게 알 수 있을 듯하다.

〈사시까이아〉

3) 미국 와인 라벨 읽기

미국 와인으로 넘어가면 라벨을 보는 법이 좀 수월해진다. 일단 언어가 상대적으로 친숙한 영어이기 때문이다. 아래 국내에서도 많이 소비되고 있는 캘리포니아 와인 '베린저'를 예로 들어보자.

맨 위 'Beringer'(베린저)는 제품명임을 쉽게 알 수 있다. 그 아래 'California Collection'(캘리포니아 콜렉션)은 캘리포니아 와인임을 나타낸다. 아래 붉은 글씨로 된 'Cabernet Sauvignon'(카베르네 소비뇽)은 와인을 만드는 포도 품종을 나타낸다. 레드 와인을 만드는 대표 품종인 카베르네 소비뇽으로 만든 와인이라는 걸 알 수 있다. 여러 가지 포도 품종을 섞는(블렌딩) 프랑스 와인은 라벨에 품종이 표시되지 않지만 미국 와인은 이처럼 품종을 표시하는 경우가 많다. 마지막으로 'Since 1876'은 와이너리(회사) 베린저의 설립년도를 나타낸다.

〈베린저〉

4) 칠레와인 라벨 읽기

칠레 와인 라벨에는 제품명, 품종, 생산지역, 빈티지 등 정보들이 비교적 간단명료하게 잘 나타나 있는 경우가 많다. 대표 와인인 '몬테스 알파'(Montes Alpha)를 보면 쉽게 알 수 있다.

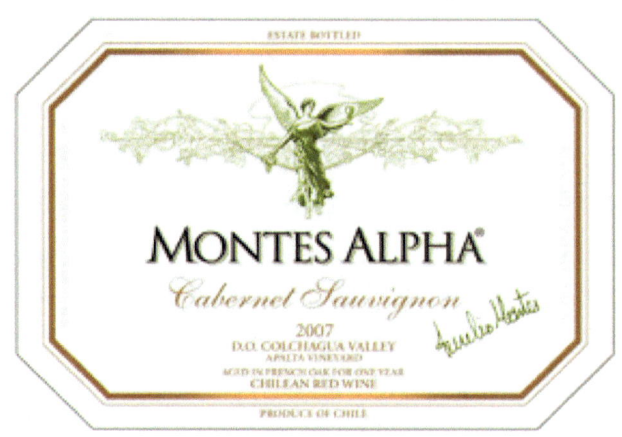

〈카베르네 소비뇽〉

카베르네 소비뇽 제일 위 'Montes Alpha'는 제품명이다. 이쯤 되면 국가를 막론하고 큰 글씨로 제일 위에 적힌 게 제품명이라는 사실을 눈치 챘을 거다. 'Cabernet Sauvignon'(카베르네 소비뇽)은 와인을 만든 포도 품종을 표시하고, '2007'은 빈티지이다. 'D.O Colghagua Valley Apalta Vineyard'는 등급과 산지를 알려준다. D.O는 칠레 와인 등급이다. 칠레는 등급 구분이 엄격하지 않아 비노 드 메사(테이블 와인)와 원산지를 통제하는 D.O 등급 정도로 구분하는데 이 와인은 D.O 와인으로 콜차구아 밸리 지역에 있는 아팔타 포도원에서 만든 포도로 만들었음을 표시한 것이다. 'Aged in French Oak for One Year'는 프렌치 오크통에서 1년간 숙성해 만들었음을 나타낸다. 옆에 필기체로 적힌 'Aulelio Montes'는 와이너리 설립자를 표시했다. 신대륙인 호주, 뉴질랜드, 남아공 와인은 칠레 와인 라벨을 읽는 법과 거의 대동소이하다.

2 독일

〈독일 뤼데스하임의 포도밭〉

독일은 추운 날씨와 잦은 비로 포도재배에 적합하지 않은 자연환경을 가지고 있지만 이러한 환경을 극복하고 품질 좋은 화이트 와인을 생산하고 있다. 독일은 다양한 화이트와인을 만들고 있으며 알코올 도수가 낮고 약간 단맛이 있는 와인이 특히 유명하다. 1980년대까지 독일에서 생산되는 와인의 약 90%가 화이트와인이었으나 프렌치 패러독스 이후 레드 와인이 선호되면서 생산비율이 증가하여 현재 약 30% 정도가 레드 와인이다.

독일 와인의 역사는 중세시대 수도원에서 포도원을 설립하여 포도나무를 재배하고 와인을 생산한 것으로 거슬러 올라간다. 이후 1803년 나폴레옹이 라인 지역을 정복할 때까지 교회의 소유로 있었다.

독일의 와인 생산지역으로는 아르(Ahr), 미텔라인(Mittelrhein), 모젤-자르-루버(Mosel-Saar-Ruwer), 라인가우(Rheingau), 나헤(Nahe), 팔츠(Pfalz), 라인헤센(Rheinhessen), 프랑켄(Franken), 뷔르템베르크(Wurttemberg), 바덴(Baden) 등이 있다. 이 중에서 라인 와인과 모젤 와인이 가장 유명하다. 라인은 독일의 가장 중심적인 와인 생산지역으로 가족 단위의 전통 있는 생산자가 많으며 리슬링(Riesling)의 원산지이기도 하다. 리슬링과 슈페트버건더(Spatburgunder)를 재배하며 생산되는 와인은 비교적 당 함량이 높고 갈색 병에 담겨 있다. 모젤은 고급 품질의 리슬링 와인이 생산되는 곳으로 100% 화이트 와인을 생산하며 생산되는 와인은 라인와인에 비해 드라이하고 신선한 과일 향이 나며 녹색 병에 담겨 있다.

독일에서 재배되는 포도는 당도가 적고 산도가 높아 와인 또한 알코올 함유량이 평균 8~10%로 낮고 신선한 맛이 있다. 독일은 포도의 당도는 다른 지역에 비해 낮지만 여러 다른 기술로 이러한 문제를 극복했다. '쥐스레제르베(Sussreserve)'라는 병입 직전의 와인에 발효 전의 포도과즙을 첨가하는 방법을 사용하여 신맛과 단맛의 조화가 있는 화이트 와인을 생산한다. 이외에도 발효가 80% 정도 진행될 때 뜨거운 물로 통을 씻거나 효모를 죽임으로써 당분이 남아있게 하기도 한다. 한편 여러 포도품종을 혼합하지 않고 한 품종의 고유한 맛을 내는 것도 특징이다.

독일은 포도의 품종을 교배시켜 새로운 품종을 만들어내기도 하는데 화이트 와인을 위해 가장 많이 재배되는 것이 리슬링과 뮐러 트루카우(Mueller Thurgau)이다. 그 중 가장 최고로 꼽는 것이 리슬링이며 향기가 다양하고 우아하면서도 상큼한 고급와인을 만든다. 뮐러 트루카우(Mueller Thurgau)는 1882년 개발된 리슬링(Riesling)과 구테델(Gutedel)이 접목된 품종으로 광범위하게 재배된다. 리슬링은 향기가 우수하지만 늦게 익기 때문에 독일의 추운 날씨에 견디기 어려웠다. 이에 더 빨리 익는 변종인 뮐러 트루카우를 개발하여 가을의 추위와 습기를 해결한 것이다. 이외에도 화이트와인 품종으로 실바너(Silvaner), 켈러(Kerner), 슈레베(Scheurebe), 그라우버건더(Grauburgunder), 바이스버건더(Weissburgunder) 등이 있다. 레드 와인 품종으로는 슈페트버건더(Spatburgunder), 포트기저(Portugieser), 트로링거(Trollinger), 램버거(Lemberger) 등이 있다.

1971년 독일 와인의 등급 관렵법이 제정되었고 차후 개정이 여러 번 있었다. 최상급을 프레디카츠바인이라고 하고 가당을 하지 않으며 포도의 성숙도에 따라 6단계로 나눈다. 카비네트, 슈페틀레제, 귀부병 포도가 섞인 아우슬레제, 베렌아우슬레제, 100% 귀부병 포도로 만드는 트로켄베렌아우슬레제 등으로 분류되며 뒤쪽으로 갈수록 당도가 높고 고급와인이다. 아이스바인은 12월 언 상태의 포도로 만든 와인으로 향보다는 매우 단맛을 지닌다. 다음 등급이 쿠베아이며 13개의 특정 지역의 고급 와인을 의미하며 가당을 허용한다. 다음으로 지역와인격인 란트바인이 있고 자유롭게 만든 테이블와인인 타펠바인이 있다. 그러나 독인은 이러한 란트, 타펠바인의 비율이 3.6% 정도로 매우 낮고 대부분이 고급 와인에 속한다.

[전설의 100대 와인]이라는 책을 보면 에곤 뮐러의 아이스와인이 실려 있는데, 샤토 디켐의 전 소유주인 알렉상드르 드 뤼르-살뤼스 백작의 시음 노트를 인용하고 있다. 샤토 디켐은 프랑스 소테른 지구에서 유일한 특1등급 샤토로 자타가 공인하는 세계 최고의 스위트 와인을 만든다. [존재 가치가 있는 것은 샤토 디켐 뿐]이라는 자신 만만한 말을 했을 정도의 뤼르-살뤼스 백작 조차도 에곤 뮐러의 아이스와인에 대해 이런 시음 노트를 남겼다고 전해진다[병을 따자마자 생강과자, 무화과, 건포도 뉘앙스를 강렬하게 풍긴다. 그러나 그것은 뒤이어 느낄 맛에 대한 예고에 불과하다. 한 모금 마시면 기대가 헛되지 않았음을 알 수 있으며 진짜 리슬링(포도품종)이 어떤 것인지 확실히 알 수 있다].

1. 화이트 품종

1) 리슬링(Riesling) : 독일의 세계적인 프리미엄 화이트 와인품종으로 리슬링에 대한 최초의 문서화된 기록은 15세기로 거슬러 올라간다. 오늘날 독일은 리슬링이 재배되는 전 세계 지역의 반 이상을 위해 노력을 쏟는 리슬링의 고향이다. 어떠한 화이트 와인 품종보다 리슬링은 그 출생지, 즉 '떼루아'를 아주 잘 표현한다.

2) 실바너(Silvaner) : 오랜 전통품종으로 신선한 과일 맛의 풀바디 와인을 만든다. 해산물이나 가벼운 육류 또는 화이트 아스파라거스의 섬세한 맛을 살릴 수 있는 무난한 와인으로 알려져 있다.

3) 리바너(Rivaner) : 유사종인 뮐러 투어가우(Muller Thurgau)보다 드라이하고 음식과 더 잘 어울리는 와인이다. 각종 허브로 맛을 낸 요리, 샐러드, 야채와 잘 어울린다. 꽃향기, 은은한 머스캣 톤이 감돌면서 신맛이 강하지 않아서 부담 없이 즐기기에 적합한 와인이다.

4) 그라우부르군더(Grauburgunder: Pinot Gris) : 유사종인 루랜더(Rurander)보다 세련되고 드라이한 맛을 낸다. 두 종류 모두 원만한 산미를 가진, 입안을 가득 메우는 강한 풍미의 화이트와인이다.

5) 바이쓰부르군더(WeiBbrugunder: Pinot Blanc) : 신선한 산미, 섬세한 과일 맛, 그리고 파인애플, 견과류, 살구와 감귤류를 연상시키는 부케가 복합적으로 융화된 훌륭한 화이트 와인.

6) 케르너(Kerner) : 가벼운 육류와 함께 하기에도 매우 좋다. 더욱 숙성된 케르너 와인

은 과일 소스와 함께 요리된 닭, 칠면조, 오리, 거위 등의 가금류와 육류에 어울린다.

7) 쇼아레베(Scheurebe) : 이 품종의 깊은 숙성도는 블랙베리나 자몽을 떠올리게 하는 부케, 섬세하고 매콤한 언더톤을 불러 일으키는데 매우 필수적인 요소이다. 드라이한 쇼아레베가 가지고 있는 약간의 달콤함이 와인의 효과를 상승시켜주기 때문에, 저녁에 사람들과 함께 어울리면서 한잔 마시기에 아주 좋은 와인이다.

2. 레드 품종

1) 슈페트부르군더(Spatburgunder) : 독일 최상급의 레드와인 품종으로서 입안 가득히 채우는 풍성함과 약간 달콤한 과일향을 살짝 풍기는 벨벳처럼 부드러운 와인이다.

2) 도른펠더(Dornfelder) : 진한 색을 내는 새로운 품종의 와인. 베리향이 풍부하여 차갑게 음미하는 '젊은'스타일의 와인으로 피크닉용으로 안성맞춤이다.

3) 포르투기저(Portugieser) : 포르투기저는 옅은 붉은색에 낮은 산도와 희미한 베리향과 같은 부케를 지닌 매력적이고 부담 없는 와인.

4) 트롤링어(Trollinger) : 꾸밈없이 수수한 이 레드 와인은 가볍고 과일향이 가득하며, 산뜻한 산도와 야생의 베리 혹은 레드커런트의 향기를 상기시킨다. 트롤링어는 뷔르템베르크 지역에 널리 퍼져있다.

5) 렘베르거(Lemberger) : 이 와인은 과일 향과 산도, 탄닌이 풍부하며 마치 피망처럼 베리류부터 식물류까지 넓은 범위의 부케를 가지고 있다.

3. 독일와인 등급체계

독일 와인법에 따른면 와인의 등급을 결정하는 기준은 수확한 포도즙의 당도이다. 독일어로 Mostgewicht(모스트 게비히트 must reading, renure in sugar)라 하는데, 이 당도를 재는 단위는 욉슬레(Oechsle)이다. 이 이름은 독일의 화학자인 크리스티안 페르디난트 욉슬레(Christian Ferdinand Oechsle. 1774-1852)에서 유래되었다. 원리를 알아보면, 포도즙 1리터의 무게를 재서 예를 들어 1080g의 무게가 나오면 그 포도즙은 80욉슬레가 된다. 이것은 대략 1리터에 약 160g의 당분이 들어있다고 보면 된다. 물론 이것은 일반 무게를 재는 것과는 다른 특수한 도구들이 있는데 이 또한 나라마다 조금씩 다르다. 사용하는 단위 또한 나라마다 조금씩 다른데, 예를 들면 오스트리아와 이탈리아 그리고 동유럽권에서는 KMW, 영어권 나라에서는 Bx, 프랑스에서는 Be라는 단위를 사용한다. 물론 이 단위는 일반적으로는 쓰이지 않으며, 귀부와인과 같이 높은 당도를 가진 와인의 경우에 그 수치가 언급되기도 한다.

와인의 등급은 아래의 표에서 보듯이 먼저 크게 "타펠바인(Tafelwein)"과 "란트바인(Landwein)"이라는 가장 낮은 등급에서, "크발리테츠바인(Qualitaetswein)" 그리고 "프레디카츠바인(Praedikatswein)"로 나뉘고 프레디카츠바인은 다시 여섯 개의 하부등급을 나뉘어진다. 참고로 "프레디카츠바인"은 원래 "크발리테츠바인 밀 프레디카트(Qualitaetswein mit Praedikat)"였다가 명칭을 간소화하는 정책에 따라서 2007년 9월부터 현재의 이름으로 바뀌었다. 각등급에는 해당되는 최소 윅슬레의 수치가 규정되어 있는데 이 수치는 지역의 기후조건과 품종에 따라서 차이가 있다. 예를 들면 리슬링(Rieseling) 슈페트레제(Spaetlese)의 경우 북쪽에 위치한 모젤(Mosel)r과 같은 지역에서는 76 윅슬레 이상을 가진 포도로 만든 와인에 이 등급을 부여할 수 있는 반면에 따뜻한 지역으로 구분되어 있는 바덴(Baden)과 같은 남부 지역에서는 포도가 90 윅슬레 이상을 가져야만 이 등급을 사용할 수 있다.

[표 2-4] 독일와인 등급체계

등급	
Praedikatswein(프레디카츠바인) = Qualitaetswein mit Praedikat (크발리테츠바인 밀 프레디카트)	Trockenbeerenauslese (트로큰베렌아우스레제)
	Beerenauslese(베렌아우스레제)
	Eiswein(아이스바인)
	Auslese(아우스레제)
	Spaetlese(슈페트레제)
	Kabinett(카비넬)
Qualitaetswein (크발리테츠바인 = QbA)	
란트바인 (Landwein)	
타펠바인 (Tafelwein)	

① 도이처 타펠바인(Deutschertaflwein) : 보통의 테이블와인
② 란트바인(Landwein) : 타벨바인보다 더 강하고 드라이한 상급타벨바인
③ Q.b.A (Qualitatswein bestimmter Anbaugebiete) : 특정지역에서 산출되는 중급 품질 와인
④ Q.m.P(Qualitatswein mit Pradikat) : 독일 와인 중에 가장 최상급의 등급으로 설탕을 첨가하지 않은 우수한 질 좋은 와인

위의 욐슬레 수치가 최소치라 함은 규정보다 더 높은 욐슬레를 가진 포도를 가지고 낮은 등급의 와인을 만드는 것은 법으로 금지 되어 있지 않다는 것을 의미하며, 이는 엄격한 검사과정을 통해서 증명되어진다. 반면에 반대의 경우에는 제한이 거의 없다. 예를 들어 생산자에 따라서 100욐슬레를 가진 포도를 가지고 아우스레제를 만들 수도 있고, 슈페트레제나 카비넷을 만들 수도 있다. 물론 극단적인 경우에 그 와인이 카비넷 등급의 특성에 맞지 아니하기 때문에 그 등급으로 판매하는 것을 금하거나 시정을 권고할 수 있는 가능성은 있지만, 흔한 일은 아니다. 이러한 등급의 임의적인 하향조정은 특히 와인의 품질을 중시하는 와인생산자들에 의해 이미 오래전부터 실행되어 왔었고, 최근에는 지구온난화의 영향으로 예전에는 이를 수 없었던 높은 욐슬레를 가진 포도를 얻는 것이 훨씬 쉬워졌다는 점도 중요한 역할을 한다. 실제로 통계를 보면 아주 뛰어난 해로 평가받는 2007년도에 수확한 포도의 약 45%가 프레디카츠 와인을 만들 수 있는 포도에 속했음에도 실제로 생산된 와인에서 이 등급으로 내놓은 와인은 30%에 불과했다. 이것은 그러한 하향조정이 매우 광범위하게 이루어지고 있음을 보여주며, 일반적으로 많은 양을 생산하는 기업형 와이너리보다는 소규모의 패밀리 와이너리에서 주로 이러한 경향을 많이 보여주고 있다.

가장 높은 등급에 해당되는 프레디카츠바인(Praedikatswein)에서 프레디카트(Praedikat)는 프리미엄이라는 뜻으로 이해하면 되고, 바인(Wein)은 와인의 독일말이며, 프레디카트와 바인사이의 "s"는 연결조사이다. 다음 등급은 품질이라는 의미의 크발리테트(Qualitaet)와 바인(Wein)이 결합되어서 크발리테츠바인(Qualitaetswein), 즉 퀄러티와인이다. 마지막으로 타펠바인(Tafelwein)의 Tafel은 Table에 해당되는 말인데, 왕이나 제후들이 사용했던 화려하고 넓은 식탁을 의미한다. 와인의 등급과 비교했을 때 꽤 거창한 말이다. 란트(Land)는 지방이나 지역이라는 말로 특정지역에서 생산되는 와인을 의미하는데, 이때 지역의 폭이 매우 넓다.

이 등급들의 차이는 각 등급에 해당되는 세부적인 규정에 있다. 테이블와인과 다른 등급의 가장 큰 차이점은 크발리테츠바인부터는 해당관청의 심사를 받아서 검사번호를 받아야 한다는 점이며, 크발리테츠바인과 프레디카츠바인의 차이는 포도주에 인위적으로 설탕을 넣어 알콜도수를 높이는 것이 금지되어 있다. 이것은 다른 나라와 차별되는 독일와인의 특징이기도 한데, 인위적인 첨가를 금지함으로서 와인생산국들 중에서 자연에 의해서 주어진 것만으로 만들어진 와인이 바로 이 프레디카츠등급에 해당되는 와인일 것이다. 이 프레디카츠와인은 다시 그 안에서 6개의 등급으로 나뉘는데 열거해 보면 카비넷(Kabinett),

슈페트레제(Spaetlese), 아우스레제(Auslese), 베레아우스레제(Berrenauslese = BA), 트로큰베렌아우스레제(Trockenbeerenauslese = TBA) 그리고 아이스바인(Eiswein)이다. 이때 마지막의 세 등급은 상하등급개념보다는 독특한 생산방식과 특성을 가진 예외적인 와인들로 구분하는 것이 옳다.

1) 카비넷(Kabinett) : 잘 익은 포도로 만든 부드러운 와인으로 깔끔하고 알코올 도수가 낮다.
2) 슈페트레제(Spatlese) : 단어 그대로 '늦게 수확한' 와인으로 완숙에 이른 포도의 깊은 풍미와 조화된 미감이 뛰어난 와인이다.
3) 아우스레제(Auslese) : 고귀한 와인으로 매우 잘 익은 포도송이 중에서 다시 선별하여 만들며, 향과 맛의 깊이가 뛰어나다.
4) 베렌아우스레제(Beerenauslese_BA) : 희귀하고 독특한 맛의 와인으로 보트리티스 특유의 꿀 향기를 지녔다. 과숙된 포도알을 손으로 일일이 수확하여 양조한다.
5) 트로켄베렌아우스레제(Trockenbeerenauslese_TBA) : 최고등급의 독일와인. 귀부현상에 걸린 낱개의 포도알을 건포도수준에서 수확하여 만든 와인으로 그 농축미와 복합미가 타의 추종을 불허한다. 한 사람이 하루 종일 포도 알을 수확하여 겨우 한 병의 TBA를 생산할 수 있다고 할 정도로 귀한 진품의 와인이다.
6) 아이스와인(Eiswein) : BA급의 포도를 언 상태에서 수확하여 즙을 내서 만든다. 과일의 산미와 당미의 농축도가 매우 뛰어난 독특한 와인이다

3 이탈리아

이탈리아는 길게 뻗은 국토의 모양으로 위도상 10도 차이가 나고 언덕과 산악지대가 많은데다 바다로 둘러싸여 있기 때문에 지역별로 와인의 특징이 강하고 다양하다. 대체적으로 일조량이 많은 지중해성 기후의 영향으로 당도가 높고 산미가 약한 것이 특징이다. 기후의 영향에 따라 대부분 레드 와인이 생산되며 각 와인별로 소량만 생산된다. 전 국토의 곳곳에 포도가 재배되고 있으며 연간 7천만 hl(약 8억병)를 생산하는 나라이다. 포도재배면적은 스페인과 프랑스에 이어 3위이고 와인 생산량, 소비량, 수출량은 1위인 프랑스에 이어 2위이다. 맛과 패션의 나라, 이탈리아는 와인의 요람이라고 불리 우는 나라다. 그만큼 와인의 역사가 깊을 뿐만 아니라 세계로 뻗어나간 포도품종도 많기 때문이다.

　이탈리아의 포도품종은 레드 와인용으로 300종류 이상이 생산되는데 키안티의 주요품종인 산지오베제, 장기숙성 와인에 사용되는 네비올로, 가벼운 와인에 사용되는 바르베라, 코르비나 등이 있다. 최근에는 프랑스 품종인 카베르네 소비뇽, 메를로 등 새로운 품종을 도입하고 실험을 통하여 품질개선에 노력을 기울이고 있다. 화이트 와인으로는 트레비아노, 스파클링 와인에 사용되는 말바시아, 신맛이 강한 코르테세, 드라이한 맛의 피노 그라지오가 대표 품종이지만, 최근 샤르도네, 소비뇽 블랑 등 고급 품종을 도입하였다

　이탈리아 와인은 크게 테이블 와인과 고급와인으로 양분되며 1963년 '와인용 포도과즙 및 와인의 원산지 명칭보호를 위한 규칙'을 제정하여 원산지 관리를 실시하고 등급을 제정하였고 1992년 개정되었다. 이탈리아에서 생산되는 와인의 13%만이 이 법의 규제를 받고 있는데 프랑스가 35%, 독일이 98%의 와인을 법률로 규제하는 것에 비해 적은 양으로 상당히 좋은 와인이 자국 내에서 마셔지고 있다고 볼 수 있다.

　이탈리아 와인은 프랑스보다 역사가 깊으며, 2000여 년 전 로마제국 시대로 거슬러 올

라간다. 로마 시대 이후 유럽의 중심지로서 좋은 와인을 다수 생산해왔으나 정치와 문화의 중심지가 북쪽으로 이동하면서, 와인의 중심지도 프랑스로 옮겨가게 되었다.

이탈리아는 남북으로 긴 국토 전역에서 와인을 생산하며 오늘날 세계 최대의 와인생산 국가이다. 이탈리아는 와인 산지로서 가장 이상적인 곳임에도 불구하고 최근까지는 주로 저가의 대중적인 와인들을 주로 생산해 왔다. 그러나 최근 들어 주요 산지의 일부 명망 있는 업자들의 과감한 기술 투자와 부단한 노력 덕분에 프랑스나 캘리포니아의 최고급 와인들에 견줄 수 있을 정도의 명성과 품질을 지닌 제품들이 속속 등장하고 있다.

1. 이탈리아의 와인등급

크게 4가지로 나눈다.

DOCG	Denominazione di Origine Controllata e Garantita
DOC	Denominazione di Origine Controllata
IGT	Indicazione Geografica Tipica
VDT	Vino de Tavola

1) DOCG(데노미나지오네 디 오리지네 콘트롤라타 에 가란티타 : Denominazione di Origine Controllata e Garantita) 생산통제법에 따라 관리되고 보장되는 원산지 와인 : 정부에서 보증(Garantita)한 최상급 와인을 의미한다. D.O.C 등급 중에서 이탈리아 농림성의 추천을 받고 정한 기준을 통과하여야 하며 병목에 레드와인의 경우 분홍색~보라색, 화이트 와인의 경우 연두색 주류납세필증을 두르고 있다. 2006년 기준으로 35개의 와인이 포함되어 있으며 아스티(Asti), 바르바레스코(Barbaresco, 바롤로(Barolo), 브루넬로 디 몬탈치노(Brunello di Montalcino), 키안티(Chianti), 키안티 클라시코(Chianti classico), 비노 노빌 디 몬테풀치아노(Vino Nobile di Montepulciano)가 잘 알려져 있다. 지역별 분포로는 피에몬테(Piemonte)지역이 9개의 D.O.C.G.급을 보유하고 있으며, 다음으로 토스카나(Toscana)지역이 7개의 D.O.C.G.로 우량 와인을 많이 보유하고 있다.

2) DOC(데노미나지오네 디 오리지네 콘트롤라타 : Denominazione di Origine Controllata) : 생산통제법에 의해 관리 받는 원산지표기 와인

원산지, 수확량, 숙성기간, 생산방법, 포도품종, 알코올 함량 등을 규정하고 있는 와인으로 2006년 기준으로 314개 와인이 포함되었다.

3) IGT(인디까지오네 지오그라피카 티피카: Indicazione Geografica Tipica) : 생산지표시 와인

1992년 신설된 등급 분류로 테이블와인과 D.O.C.급 정도 사이에 있는 것이지만 실험적인 시도를 하는 수준 높은 와인이 많이 포함되어 있다. 슈퍼 토스카나 와인으로 알려진 와인도 이 등급에 포함되며 상표에 지역명이 붙어있는 테이블 와인으로 프랑스의 뱅드뻬이(Vin de Pays)에 해당된다.

4) VDT(비노 다 타볼라: Vino da Tabla) : 테이블 와인

프랑스의 뱅 드 따블(Vin de Table)에 해당하는 와인으로 이탈리아 와인의 90%정도가 이 범주에 포함된다. 그러나 일반적인 테이블 와인으로 일상적으로 소비하는 와인 외에 D.O.C.에 신청을 하지 않은 우량 와인도 여기 포함된다. 일반적으로 라벨에 포도품종이나 만들어진 원산지, 수확년도 등을 표시하지 않고 상표와 와인의 색(로쏘, 비앙꼬)만 표시한다.

2. 주요 재배 지역

■ 피에몬테(Piemonte)

피에몬테는 이태리에서 가장 훌륭한 레드 와인을 생산하는 지역이다. 피에몬테라는 말은 "알프스의 기슭"이라는 뜻으로 알프스의 빙하가 흘러 내려와 아름다운 계곡을 이룬다. 피에몬테의 레드 와인은 거의 단일 품종으로 만들고 강건하고 진하며 숙성되면서 품질이 더 향상된다.

이탈리아의 북서쪽에 위치한 피에몬테 지역의 명품 적포도주로 바를로(네비올로 품종으로 양조)와 바르바레스코를 꼽으며, 스파클링 와인인 스푸만테 아스티, 백포도주인 모스카토 아스티를 들 수 있다. 바를로와 바르바레스코는 일반적으로 13.5도 이상의 강렬한 도수와 짙은 향으로 유명하다. 최하 3년 이상 오크통에서 숙성시켜야 출시 할 수 있도록 법으로 엄격하게 규제하고 있다. 스푸만테 역시 인공적으로 이산화탄소를 투입할 수 없게 규제 받으며, 모스카토 아스티는 풍부한 향과 맛으로 매우 귀족적인 백포도주이다.

■ 토스카나(Toscana)

토스카나는 이탈리아 와인의 본고장이며, 짚으로 싼 키안티는 세계인들의 뇌리 속에 이탈리아 레드와인을 생각나게 한다. 키안티는 서로 다른 여러 종류의 포도를 혼합하여 만든다.

주요 품종은 산지오베제(Sangiovese)로서 전체의 50-80%, 카나이올로 네로(Canaiolo Nero)가 10-30%, 화이트 트레비아노 토스카노(Trebbiano Toscano), 말바지아 델 키안티(Malvasia del Chianti)가 10-30%를 차지하며 나머지 5% 정도는 이 지역 토종 포도를 사용한다. 키안티의 대표적인 양조 방법은 발효가 끝난 후 감미가 있는 포도즙을 첨가함으로써 와인에 활력을 불어넣는 것이다.

토스카나는 피렌체를 중심으로 시에나, 피사를 연결하는 구릉지역으로 스트로베리 특성을 가진 끼안티(Chianti)의 본고장으로 오랫동안 알려져 왔다. 끼안티 클라시코 와 브루넬로 몬탈치노가 손꼽히는 명품이다. 특히 브루넬로 몬탈치노는 매년 세계 와인 랭킹 10위 안에 들어갈 정도로 명성이 높다. 피에몬테 지역의 명품들이 대개 한 품종으로만 생산해 혀에 깊게 감기는 묵직한 맛으로 와인의 왕이라는 프랑스의 부르고뉴에 비견된다면, 토스카나의 와인은 비교적 가벼운 맛을 지니고 있어 프랑스의 보르도에 비교되곤 한다.

▣ 베네토(Veneto)

"로미오와 줄리엣"의 무대가 있는 베로나를 끼고 있는 베네토는 생산량은 4위이지만 DOC와인의 생산에서는 단연 톱이다. 베네토지역은 베니스 근처 알프스 산맥의 산기슭에 위치하며, 이탈리아 북동쪽의 발포리첼라(Valpolicella), 바르돌리노(Bardolino), 소아베(Soave)를 포함하고 있다. 북부 소아베 지역의 백포도주역시 명품의 반열에 올라 있다. 11.5도 정도의 도수를 보이며, 기후 변화가 심하지만 활발한 와인 생산 실험이 이루어지는 곳이기도 하다.

소아베는 모젤 와인처럼 초록색 병에 들어 있는 엷은 색의 드라이 화이트 와인으로 생선 요리에 아주 잘 어울린다. 소아베는 덜 숙성되었을 때 마시며 일반적으로 소아베 클라시코를 선택하는 것이 좋다. 소아베 뿐만 아니라 바르돌리노와 발포리첼라도 클라시코가 맛이 더 좋다. 클라시코 지역은 베네토 지역의 노른자위라고 할 만큼 보다 높은 품질과 알코올 함유량을 지니고 있다. 비안코(Bianco)라고 불리는 화이트 와인들은 85%가 토카이(Tocai) 품종으로 만들어진다.

▣ 움브리아(Umbria)

토스카나 동쪽에 위치하였으며, 12세기 청빈한 성자 성 프란시스의 고향인 아시시(Assisi)와 백포도주로 유명한 오르비에또(Orvieto)가 있다. 전통적으로 이곳에는 백포도주의 산지로 명성을 떨쳐왔지만 현재는 훌륭한 적포도주도 다수 생산되고 있다. 이곳은 기후가 온화하고 배수가 잘 되는 토양 등의 양질의 포도를 대량 수확할 수 있는 자연적인 조건이 잘 갖추어져 있는 지역이다.

▣ 시칠리아(Sicilia)

마피아와 마르살라로 유명한 시칠리아는 이탈리아 반도 남서쪽에 위치한 큰 섬으로, 모든 유형의 와인이 이곳에서 생산된다. 평범한 테이블 와인에서부터 알코올 함유량의 많은 디저트 와인에 이르기까지 150여 종류에 이른다.

마르살라 와인 : 마르살라는 카타라토(Catarrato), 그릴로(Grillo), 인졸리아(Inzolia) 품종으로 만든 와인을 알코올 강화시킨 것이다. 마살라는 트라파니(Trapani), 팔레르모(Palermo), 아그리젠토(Agrigento) 지역에서 주로 생산된다. 이 와인은 드라이, 세미-드라이, 스위트, 매우 스위트하게 만들어진다. 이 지역의 화산토가 마르살라에게 마데라와 비슷한 산도를 준다.

알아두기 **이태리와인의 팁**

흔히 이태리와인의 라벨에는 클라시코, 리제르바, 돌체 등의 표기가 있다.
클라시코 : 역사가 깊은 특정 포도원에서 만들어진 와인이라는 뜻.
리제르바 : 최저숙성기간을 초과하는 규정을 만족시킨 와인
슈페리올 : 법률에 정해진 알코올 농도를 초과 하면서 각 규격에 맞는 것.
드라이 : 셋코->앗보카트->아마빌레->돌체 의 순서대로 당도가 높아진다.

레드(ROSSO)와인 : 이태리 레드와인은 약 3백 종류가 되며 대표적 품종은 산죠베제(끼안티를 만드는 이태리 대표품종)
네비올로(장기숙성 타입)
바르베라(가벼운 타입의 와인용)
코르비나(적은 타닌 함량)

4 스페인

스페인은 프랑스, 이탈리아와 함께 세계 3대 와인생산국이며 포도 경작 면적으로는 세계 1위인 국가이다. 하지만 날씨가 건조하고 고산지대가 많으며 관개가 법으로 금지되어 있어 재배면적당 생산량은 많지 않아 생산량으로는 세계 3위이다. 스페인은 로마시대 이전부터 포도를 재배하였고, 8세기경 스페인을 정복한 무어인들도 스페인에서 포도를 재배하였다. 한때 세계 문명의 중심지였던 스페인의 와인 산업은 그들의 역사와 고락을 함께 하였다. 1870년, 필록세라가 프랑스의 포도재배 지역을 강타하였을 때 많은 포도 재배 업자들이 스페인의 리오하 지역으로 이주하였는데 이때 스페인 포도 재배업자들은 프랑스의 앞선 양조기술을 전수 받을 수 있었다. 1950년대 후반 스페인의 가장 유명한 테이블 와인 산지인 리오하(Rioja)를 중심으로 품질을 향상시키려는 노력이 시작되어 72년부터는 정부에서 지정한 자체적인 와인 등급 기준을 가지게 되었고 그 결과 스페인 와인은 값싸고 평범하고 부담 없이 마시는 레드 와인이란 인식에서 벗어나서 이제는 세계 어디에 내놓아도 손색이 없는 와인을 내놓고 있다.

1. 기후, 지리적 배경 및 와인 생산량

스페인은 무더운 기후와 건조한 산악 지대 국가로, 세계의 어떤 나라보다도 포도 농장이 많은 나라이다. 포도 재배 면적이 40억평(160만ha) 정도로 세계에서 가장 넓은 지역에서 포도를 생산하고 있다. 그러나 주로 고산지대에서 생산되며, 포도나무의 수령이 오래되고 포도밭에 포도와 다른 작물을 혼합하여 재배하기 때문에 단위 면적당 포도주 생산량은 적다. 실제 와인 생산량은 이탈리아와 프랑스의 절반 정도로 세계 3위를 차지하고 있다. 벌크와인(bulk wine : 병에 담겨 있지 않은 와인. 원료로서 수입되고, 병에 담겨 있는 제품과 구별된다)을 많이 수출하고 있으며 연간 1인당 40리터 정도를 마시고 있다.

2. 품질 등급

① DOC(Denominacion de Origen Calificada, 데노미나시온 데 오리헨 깔리피카다)
'원산지 통제 명칭와인'으로 D.O급 와인보다 한 단계 위의 최상급 와인이다. 1991년 리오하 지역 와인들이 이 등급이 되었다.

② DO(Denominacion de Origen, 데노미나시온 데 오리헨)
'원산지 명칭 와인'으로 고급와인 등급이며, 생산 와인의 50% 이상에 DO 등급을 주고 있다.

③ VdlT(Vino de la Tierra, 비노 데 라 띠에라)
승인된 지역 내에서 생산되는 포도를 60% 이상 사용한 와인으로 프랑스 뱅드뻬이급 와인이다.

④ VdM(Vinos de Mesa, 비노 데 메사)
일상적으로 마시는 테이블급 와인이다.

원산지 표기법 이외에 스페인의 특히 리오하 지역에서는 '리세르바(Reserva)'라는 표기를 사용하는데, 레드 와인의 경우에는 3년 이상(오크통 속에서 최소한 1년 이상)을 숙성시킨 와인에, 화이트 와인은 2년 이상(오크통 속에서 6개월 이상) 숙성시킨 와인에 사용한다. 그 외에 오크통과 병 속에서 2년간 숙성 시킨 레드 와인(화이트나 로제는 1년 이상)은 '크리안짜(Crianza)', 특별히 5년 이상(오크통속에서 최소한 2년 이상) 숙성 시킨 레드 와인(화이트나 로제는 오크통 속의 6개월을 포함한 4년 이상)에는 '그란 리세르바(Gran Reserva)'라는 표기를 한다.

3. 포도 품종

스페인에는 200종에 이르는 포도 품종이 있지만 일반적으로 Airen(아이렌) 종 외에 7개 품종이 전체의 7할 가까이를 차지할 정도로 넓은 지역에서 재배되고 있다.

레드와인 포도 품종으로는 스페인 와인의 대표적인 토착 품종은 템프라닐로(Tempranillo)외에 가르나차 틴타(Garnacha Tinta), 그라시아노(Graciano), 모나스뜨렐(Monastrel) 등이 있다.

알아두기 템프라닐로(Tempranillo)

숙성이 충분히 이루어지지 않을 때는 짙은 향과 풍미가 다소 거칠게 느껴질 수 있지만, 오크통에서 오랜 숙성을 통해 생산되는 와인들은 오크 뉘앙스가 진하게 묻어나는 부드러움이 갖추어져 매혹적인 스타일이 만들어진다.

화이트 와인용 품종으로는 가장 수확량이 많은 Airen(아이렌) 외에 비우라(Viura), 말바시아(Malvasia), 가르나초 블랑코(Garnacho Blanco) 등이 있다.

4. 주요 와인 산지

▣ 리오하(Rioja)

스페인에서 훌륭한 적포도주를 생산하는 최고 산지는 자라고자(Zaragoza)의 서쪽에 위치한 에브로(Ebro)강 유역인 리오하(Rioja)이다. 인접 지역인 프랑스 보르도에 필록세라가 만연하여 상인들이 보르도를 대체할 만한 지역을 물색할 때 발견된 지역으로, 리오하의 레드 와인의 경우 스페인의 보르도 와인이라고 불릴 만큼 명성이 높다. 리오하는 넓이가 4만5천 헥타르에 이르며, 기후는 해양성으로 포도 재배에 이상적이다. 리오하 지역의 대표적인 포도 종은 템프라닐로(Tempranillo)이지만 항상 가르나차(Garnacha) 포도 등과 섞어 포도주를 빚는다. 리오하 와인은 지역에 따라 특성이 전혀 다르다. 리오하 바하(Rioja

Baja) 지역은 알코올 함량이 높고 맛이 밋밋하고, 리오하 알라베사(Rioja Alavesa) 지역의 와인은 숙성이 짧아 금방 마실 수 있고 과일 맛이 풍부하며, 리오하 알타(Rioja Alta) 지역은 고급 와인 생산의 중심이다. 리오하에서 생산되는 와인의75% 정도가 레드 와인이고 15%가 '로사도(rosado)'라 부르는 로제 와인이며 약10% 정도가 화이트 와인이다.

◼ 헤레즈(Jerez)

〈스페인의 쉐리와인 아몬틸라도〉

헤레즈는 스페인의 가장 남쪽 안달루시아(Andalucia) 지방에 위치하고 있는1만 5천 헥타르의 삼각주 지역이다. 백암토 토질로 포도주 생산에 훌륭한 여건을 가지고 있다. 그러나 무엇보다도 스페인을 대표하는 와인인 쉐리(Sherry)의 고장으로 유명하다. '쉐리(Sherry)'는 사실 헤레즈의 영어식 발음이다. 영어식 발음이 알려진 것은 이곳에서는 400여년 전부터 영국에 그들의 와인을 수출하였고, 그로 인해 술통에 상표를 붙였는데 스페인어를 할 줄 모르는 영국 사람들은 그들이 붙인 상표인 '비노 데 헤레즈(Vino de Jerez)'를 영어식으로 발음하기 시작했기 때문이다. 에르-레즈(Her-rehz), 헤리에즈(Jerres), 쉬리에스(Sherries)를 거쳐 마침내 '쉐리(Sherry)'라는 이름이 탄생하게 된 것이다. 그러므로 이 이름에는 '스페인 헤레스 지역에서 생산된 와인'이라는 의미가 담겨있다. 헤레스(Jerez) 지방에서 만들어지는 쉐리는 와인을 증류하여 만든 브랜디를 첨가하여 알코올 도수를 18~20% 정도로 높이고 산화 시켜서 만든 강화 와인이다. 이렇게 만들어진 쉐리는 주로 식전주와 디저트 와인으로 음용되며, 포르투갈의 포트 와인과 함께 디저트 와인으로 세계적인 명성을 가지고 있다.

◼ 뻬네데스(Penedes)

까탈로니아(Catalonia) 지방의 중심지인 바르셀로나에서 멀지 않으며 북으로 피레네 산맥이 둘러싸고 있고 동남쪽으로는 지중해 쪽에 면한 뻬네데스 지역은 스파클링 와인 까바(Cava)로 유명하다. 그러나 국제적으로 명성을 얻게 된 것은 이곳에서 나오는 레드와인으로, 그 가운데서도 와인 생산자인 미구엘 토레스(Miguel Torres)의 그랑 코로나스(Gran Coronas)가 이 지역을 리오하 지역과 동등하게 유명한 지역으로 만들었다.

▣ 리베라 델 두에로(Rivera del Duero)

마드리드 북쪽의 리베라 델 두에로는 스페인에서 가장 빠르게 와인 산업이 발달하고 있는 곳이다. 특히 신화적인 와인 생산자인 베가 시실리아(Vega Sicilia)가 만든 우니코(Unico)가 유명하다. 우니코는 주로 템프라닐로 포도와 20%의 까베르네 쇼비뇽 포도로 만드는데, 농도가 진하고 수명이 오래가므로 오크통 속에서만 10년 이상 숙성하는 등 오랜 기간 숙성해야 하는 아주 값비싼 와인이다.

> **알아두기**
>
> [전 세계에서 스페인을 대표하는 와인으로 알려진 베가 시실리아(Vega Scillia)에서 생산하는 최상급 와인인 우니꼬(UNICO)는 오늘날 전통과 품질, 그 어떤 척도를 갖다 대도 스페인 최고의 와인으로 평가받으며 또한 스페인 국왕도 고객이기도 하다]

▣ 갈리시아(Galicia)

콩드리웨(Condrieu) 포도 품종으로 만드는 꽃과 같은 향기가 나면서 맛있는 살구 맛을 내고 산도가 매우 높은 화이트 와인인 알바리노(Albarino)로 유명하다. Bodegas Morgadio가 만드는 알바리노가 특히 유명하다.

▣ 루에다(Rueda)

베르데호(Verdejo) 포도로 만드는 깨끗하고 우아하며 좋은 과일 성분이 느껴지는 좋은 와인이 생산되는 지역이다.

▣ 말라가(Malaga)

스페인의 가장 남쪽에 위치하고 있으며 한때 세계적으로 유명한 디저트 와인을 생산하였다.

5. 쉐리 와인(Sherry Wine)

- 쉐리(Sherry)란 화이트 와인에 브랜디를 첨가한 강화와인으로 쉐리 통을 3~4단으로 쌓고 윗단과 아랫단의 통들을 서로 연결하여 맨 아랫단에 있는 오래 숙성된 쉐리를 따라 내고 그만큼의 새 술을 맨 윗단의 통에 보충해 줌으로써, 양조장에서는 늘 균일한 품질의 쉐리를 생산한다. 그러나 항상 새 술과 숙성된 술이 혼합되는 관계로 생산한 포도원이나 수확 연도(vintage)를 표기할 수는 없다. 쉐리와인은 스페인의 남서부 지역의 안달루시아에서 생산되며 푸에르토 데 산타 마리아가 1등급 쉐리와인을 만드는 마을이며, 포도 품종은 팔로미노와 페드로 이메네스가 있는데 거의 대부분은 팔로미노이다. 강하면서도 쌉쌀한 드라이 쉐리
- 와인은 특히 남성에게 인기가 높은데, 유명 브랜드는 하베이스 브리스톨 크림(Harveys Bristol Cream), 드라이 색(Dry Sack) 등이 있다.

1) Sherry Wine

- ㉠ 스페인 와인 : 가장 대표적인 와인으로 Dry Sherry Wine은 가장 유명한 식전용 Aperitif Wine이다.
- ㉡ Sherry란 : 이름은 헤레스 델라 흐론떼라(Jerez de la Frontera) 도시이름에서 헤레스(Jerez)가 세에르스가 돼 쉐리(Sherry)라 부른 것이다. 현재 쉐리가 생산되는 지역은 리오하(Rioja)와 뻬네데스(Penedes) 지역이며, 비교적 생산량이 많다.
- ㉢ 제조의 특성 : 포도주 발효 중 브랜디를 1~5%정도 첨가시켜 오크통(Oak)속에서 저장, 숙성시킨 것으로 도수를 18~21%정도로 높인 술이다.
- ㉣ 주요 생산지역 : 후론테라(Frontera), 말라가(Malaga), 몬띠야(Montilla)이다.

2) 쉐리의 분류

- ㉠ 휘노(Fino) : 가장 품질이 좋은 쉐리로서 맛이 정교하고 뛰어난 와인으로 블렌딩이나 당도 등을 아주 최소한으로 유지한다.
- ㉡ 아몬띠야도(Amontillado) : 미디엄 쉐리(Medium Sherry)에 해당하며 좀더 부드럽고 드라이하고 톡 쏘는 향이 있으며, 색깔이 짙다. Fino다음 등급에 해당한다.
- ㉢ 올로로소(Oloroso) : 3등급의 쉐리이다. 숙성되었을 때 Fino보다 무겁고 숙성이 되면서 진하고 원숙해진다.
- ㉣ 크림쉐리(Cream Sherry) : Sweet 쉐리로서 식후용으로 어울린다.

5 포르투갈

이베리아 반도 서쪽 끝에 위치한 포르투갈은 일찍이 항해술의 발달로 15세기 말부터 많은 신세계를 발견하고 점령해서 오랫동안 지배해 왔다. 그러다가 10세기 초 브라질이 독립하고 그 이후 아프리카의 여러 식민지들도 독립하게 되었다. 1986년 EU에 가입 후 포도주 산업의 현대화 및 품질향상에 노력하고 있다. 포르투갈은 와인 생산국으로서 기후 조건이 포도 재배에 이상적이며, 전체인구의 약 15%가 와인 산업에 종사하고 있다. 대표적인 와인으로 주정강화 와인인 포트 와인(Port Wine), 식전 와인으로 유명한 마데이라(Madeira)가 있으며 마테우스 로제와인, 비뉴 베르데 등 독특한 와인도 생산된다.

〈오크통 숙성장면〉

〈포도 으깨는 장면〉

1. 포도품종

현재 대표적인 품종으로는,
화이트 : Alvarinho(알바리뉴), Arinto(아린뚜), Bical(Bairrada), Moscatel(모스카텔)
레드 : Touriga Nacional(또우리가 나씨오날), Touriga Francesa(또우리가 프란세자), Tinta Rotiz(띤따 호리스)

2. 도우루지방

포트와인의 명산지이다. 포트와인은 크게 토우니 포트와 빈티지포트 그리고 루비 포트로 나뉜다. 빈티지 포트는 작황이 좋은 해에만 만드는데 수확한 포도가운데 상태가 좋은 포도송이만을 골라 만든다. 반면 토우니 포트와 루비 포트는 특별한 의미가 있다기보다는 와인의 색인 황갈색과 루비 색을 뜻하는 것이다.

3. 마데이라 지방

서아프리카에 위치한 섬 마데이라. 이곳에서 만든 주정강화 와인 마데이라는 포트와 함께 포르투칼 디저트와인으로 유명하다.

4. 포르투칼 와인 품질등급

DOC(원산지 통제 명칭와인) : 최상급 와인으로 24개 지역이 있다.
IPR(우수품질제한 와인) : 4개 지방과 9개 지역으로 구분된 우수 와인 등급이다.
Vinho da Regional(지방명칭와인)
Vinho da Mesa(Table Wine)

5. 포트와인의 종류

포트와인은 타닌이 많고 산도가 높은 또오리가 나씨오날 (Touriga Nacional)을 중심으로 하는 48개의 레드품종과 베르데유(Verdelho)등 50여 개의 화이트품종으로 만들어지고 있는데, 스타일별로는 다음과 같이 몇 가지로 구분되고 있다.

1) 루비포트(Ruby Port)

2가지 이상의 품종을 블렌딩한 가장 일반적이고 많이 판매되는 저가의 포트와인이다. 최소 2년 이상의 오크통 숙성을 거치며 단맛이 난다. 좀 더 숙성시켜서 Reserve 혹은 Special Reserve를 붙이기도 한다. 루비포트는 일정기간 오크통에서 숙성시켜 블렌딩하는 와인으로서 병 속에서 숙성시키는 빈티지 포트와인과는 달리 오크통에서 숙성되기 때문에 우디드 포트(Wooded Port)라고 불리기도 한다. 블렌딩과 숙성은 포트회사가 갖고 있는 각 브랜드의 일정한 스타일과 질을 유지시키기 위해서 포트구역에서 이루어진다. 포트회사는 블렌딩 할 때 30개가 넘는 와인을 사용한다. 각각의 와인들은 숙성된 연수도 다르고 순도나 맛, 농도 등이 모두 다르다.

루비포트는 이름 그대로 밝은 루비색을 띠고 있으며 병입 후 바로 마실 수 있다. 또한 식후 소화를 촉진시켜주며, 디저트와 함께 시가와 함께 음미하면 더욱 분위기와 맛을 한층 느낄 수 있을 것이다.

2) 타우니 포트(Tawny Port)

레드와인과 화이트와인을 블렌딩해서 만들어지는 것이 바로 타우니 포트이다. 루비포트보다 더 오랜 기간인 5~6년 동안 숙성시키는 타우니 포트는 황갈색을 띄고 있으며 맛도 더 드라이한 편이다. 와인이 오크통에서 오래 숙성되면 정제도 많이 이루어지고 그에 따라 빛깔도 엷어지게 된다. 이 때문에 황갈색을 띄게 되는 것이다. 타우니 포트는 루비보다는 좋은 품종의 포도를 사용하게 된다.

3) 에이지드 타우니(Aged Towny)

에이지드 타우니는 장기간 숙성된 고급 타우니 포트를 지칭하는 제품이다. 10년, 20년, 30년, 40년 등의 종류가 있으며, 오크통에서 해당 숙성기간을 채운 후 병입 하여 판매가 이루어진다. 오크통에서 장기숙성 하다 보니 빛깔도 바래지고 과일향도 많이 없어지지만 대신 오크통에서 우러나오는 오묘하고 복합적인 향이 매력적인 와인이다.

4) 빈티지 포트(Vintage Port)

포트와인의 최고급 종에 해당하는 것이 바로 빈티지 포트이다. 수확이 좋은 해에 최고 품종의 잘 익은 포도밭만을 골라서 양조한 후 오크통에서 2년 이상 숙성한 뒤 병입 후에도 천천히 숙성시키는 제품이다. 10년, 20년 보관 후에 개봉해야 부드러운 제맛을 즐길 수 있는게 빈티지 포트의 특징이다. 빈티지 포트는 전체 포트 생산량의 2%정도이며, 다른 포트와인과 달리 레이블에 빈티지 가 표시된다. 최고의 빈티지 포트는 1994년, 1992년, 1991년, 1985년, 1977년, 1970년, 1963년, 1955년, 1948년, 1945년생 등이 있다. 검은 병에 담겨 있는 빈티지 포트는 필터링하지 않아 찌꺼기가 있을 수 있기 때문에 마시기 전 디캔팅(decanting)을 통해 걸러줄 필요가 있다. 디캔팅은 와인의 침전물을 거르거나 산소에 접촉시켜 맛과 향을 풍부하게 하는 것을 말한다. 포트와인은 침전물이 많이 생겨 그것들을 제거하기 위해 디캔팅을 한다.

5) LBV (Late Bottled Vintage)

동일연도의 포도로 양조하지만 빈티지 포트로 만들기엔 다소 품질이 떨어지는 경우 4~6년 정도 통숙성을 시켜서 만들어지는 와인이 바로 LBV포트이다. 와인은 병에 있을 때보다 통에 있을 때 더 빨리 숙성되기 때문에 빈티지 포트보다 숙성이 빠르며 오크통에서의 산화로 인해 빈티지 포트보다는 엷은 색을 띤다. 라벨에 수확연도를 나타내긴 하지만 가격은 빈티지 포트의 절반수준이다. 찌꺼기와 같은 침전물은 대부분 통에 남게 되기 때문에 디켄팅 과정은 필요가 없다.

6) 화이트포트(White Port)

화이트포트는 도우루 지역에서 만들어지는 또 다른 형태의 포트와인이다. 포트와인은 대부분 레드 와인형태로 만들어지는데 반해 화이트포트는 예외적으로 청포도로 만들어지는 화이트와인이다. 오크통에서 숙성되며 맛은 부드럽고 다른 포트보다 약간 드라이 하며, 색은 황금색을 띤다. 때로 단시간에 색을 엷게 하고 부드럽게 만들기 위하여 좀 덜 비싼 타우니 포트와 혼합하기도 한다.

> **알아두기**
>
> 주요 포도품종은 포르투갈의 전통품종인 Trincadeira(뜨링까데라), Aragones(아라고네즈), Bastardo(바스타도), Touriga Nacional(뜨링까 나시오날), Roupeiro(호우뻬이로), Antao Vaz(안타오 바즈), Arinto(아린또), Perrum(페룸), Rabo De Ovelha(라보 드 오벨하)와 국제품종인 Cabernet Sauvignon(까베르네 소비뇽), Syrah(쉬라) 등이다.

6 기타 지역

1. 미국와인

미국에서 와인이 처음 소개되었던 해는, 18세기 멕시코에서 교회 미사용 포도나무를 캘리포니아에 들여오기 시작했을 때부터이다. 와인산업은 황금을 찾아 서부로 대이동하던 즈음 크게 발전하게 되었으나 포도나무 전염병인 "필록세라"와 금주법(1919년)으로 잠시 침체 되다가 1933년 금주법이 폐지되면서 다시 활기를 뛰게 되었다. 1920년-1930년대에만 해도 캘리포니아에서는, 값싸고 대량으로 판매되는 저그 와인을 주로 생산 해왔지만, '캘리포니아 와인의 아버지'라고 불리는, 로버트 몬다비(Robert Mondavi)와 마이크 거기쉬(Mike Grgich), 워렌 위니아스키(Warren Winiaski) 같이, 뛰어난 와인메이커들의 노력으로, 1970년대에 신세계 와인 생산국 중에서, 최초로 세계시장에 진입을 하게 되었다.

캘리포니아에 위치한, U.C.Davis 대학은 유럽에서도 유학 올 정도로, 수준 높은 와인 양조 학을 가르치고 있으며, 캘리포니아의 고급 와인들은 가격 면에서 프랑스 다음으로 비싸다. 현재 미국은, 세계 와인 생산량 4위, 세계 와인 소비량 3위, 세계 포도재배 면적 6위에 위치해 있다.

1976년 5월 24일 파리에서 열린 '파리의 심판' 사건은 미국 와인을 더욱 발전할 수 있게 만들었다. 레드와인과 화이트와인을 두고 와인 전문가로 이루어진 심사위원단이 프랑스와 캘리포니아 와인으로 블라인드 테스트를 하였는데, 예상과는 반대로 1위를 모두 캘리포니아 와인이 차지했다. 숙성이 안 된 어린와인을 대상으로 하여 제대로 평가되지 않았다는 프랑스 측의 주장으로 30년 뒤 2006년 숙성과정을 거친 보르도산 레드 와인의 자존심을 걸고 같은 와인으로 다시 블라인드 테스트를 가졌지만 결과는 캘리포니아 와인의 완승이었다. 재대결에서 1위는 릿지 몬테 벨로 카베르네 1971년 산(産)으로 30년 전 5위를 한 와인이었고 2위는 스테그스 리프 와인 샐러스 카베르네 1973년산으로 30년 전 2위를 한 와인이었다. 보르드 와인 중 최고가를 구가하는 샤토 무통 로칠드는 30년 전 2위를 하였지만 오히려 6위로 밀려나는 불명예를 안게 되었다. 이 사건으로 미국 와인은 물론, 신세계 와인으로 불리는 칠레, 호주, 남아공 와인의 품질투자와 기술개발에 원동력이 되었다.

1) 미국의 와인 분류

① 버라이어털(Varietal) 와인 : 원료가 된 포도 품종 자체를 상표로 사용하는 고급와인이다. 다만 그 품종이 반드시 75%(1983년 이전에는 51%)이상 와인 생산에 사용 되어야 한다.

② 메리티지(Meritage) 와인 : 카베르네 쇼비뇽이나 메를로 같은 프랑스 보르도 지방산 품종만을 적당한 비율로 섞어 만든다. 한 품종의 사용 비율이 75%를 넘지 않기 때문에 포도 품종을 상표로 사용하지 못한다. 버라이어털 와인과 구별되는 미국 내 또 하나의 고급와인이다.

③ 제네릭(Generic) 와인 : 포도품종 명을 기재하지 않은 일상적인 와인이다.

유럽은 전통적으로 포도밭에 등급이 있고 제조방법 또한 법으로 규제하고 있어 새로운 시도가 불가능하다. 하지만 미국은 현대적인 포도 재배 및 양조 기술을 최대한 활용, 다양한 실험을 통해서 품질 좋은 와인을 생산하고 있다.

미국은 1983년 포도재배지역의 지리적, 기후적 특성과 토양을 나타내는, AVA(American Viticultural Areas)라는 제도를 도입했다. 하지만 이제도는 다른 국가제도와는 달리, 품질을 규제하지 않으며, 생산지와 포도품종만을 표기하고 있다. 따라서 AVA의 의미는, '공인된 전문 포도재배지역', '최소 단위의 와인산지' 정도로만 이해하면 된다. 2007년 기준으로, 전국적으로 187개, 캘리포니아에 108개 지역이 AVA로 지정 되어있다.

미국에서는 기후가 고르고 일정하기 때문에, 빈티지보다는 포도품종과 재배지역을 더 중요시 여긴다. 레이블에 표기되는 생산지 명칭은, 주 이름, 카운티 이름, 또는 AVA의 이름 중 하나가 사용이 되는데, 주(예; 캘리포니아) 이름을 쓰려면 해당 주에서 재배된 포도가 100% 사용되어야 하고, 카운티(예; 나파 밸리) 이름을 쓰려면 해당 카운티에서 재배된 포도가 75% 이상 사용되어야 하며, AVA의 이름을 쓰려면 해당 지역의 포도가 85% 이상 사용되어야 한다. 세 가지 와인 중에서도 AVA의 이름이 사용될수록 더 좋다. 미국 와인을 구입하려면 등급 보다는, 유명 지역의 유명 와이너리를 고르면 되며, 주요 산지로는 캘리포니아 주, 오리건 주, 워싱턴 주, 뉴욕 주가 있다.

2) 유명 와인과 포도지역

보통 미국 와인의 이름은 사용되는 포도 품종에 따라 정해지지만 최근에는 유럽식 블렌딩 와인의 생산도 늘고 있다. 유명한 와인으로는 농도가 짙고 강한 맛을 풍기는 까베르네 소비뇽을 비롯해 풍성한 과일향의 메를로, 다양한 스타일의 토착 품종인 진판델 등이 있다. 순한 과일 향을 풍기는 피노 누아나 열대 과일의 풍미를 지닌 샤르도네, 풋풋한 향의 소비뇽 블랑 등도 인기 있는 와인이다.

일조량이 풍부하고 기후가 온화한 캘리포니아 지역은 포도 재배에 최적의 조건을 갖추고 있다. 세계적으로 명성이 높은 와인 생산지로는 샌프란시스코 북부의 멘도치노, 나파, 소노마 카운티 등이 있다. 그 중에서 나파 벨리산 포도는 '보라색 황금'이라는 별명을 가졌을 만큼 뛰어난 맛과 향을 자랑한다. 특히 나파 벨리에서는 컬트 와인(cult wine: 캘리포니아에서 소량 생산, 한정 판매하는 고품질 와인)을 비롯한 값비싼 와인들이 생산되고 있다.

2. 칠레 와인

칠레는 "일부러 노력하지만 않으면, 품질이 나쁜 와인이 만들어 질 수 없다"고 할 정도로 어떠한 병균도 살기 힘든 구리가 많이 포함된 토양에, 안데스 산맥의 빙하에서 녹아내려온 맑고 깨끗한 물 그리고 심한 일교차로 와인을 생산하기에 최적의 자연환경을 가지고 있다. 또한 땅값이나 노동력이 저렴하여 가격대비 훌륭한 와인이 생산되는 곳이다. 16세기 중반 스페인 사람들에 의해 최초로 포도농장이 들어선 이후 파이스(Pais) 포도로 대중적인 와인이 만들어져 왔다. 1980년 이후 선진기술을 도입하고 프랑스의 양조 기술자들을 대거 초청하여 와인 산업에 발전을 가져왔다. 칠레 와인의 품질은 계속 성장하여 일본, 미국, 유럽 등지로 계속 세력을 확장하고 있다. 1990년대부터 세계시장에 등장하여 생산량 대비 수출 점유율 1위인 수출 주도형 와인 생산국이다.

칠레의 자연환경은 일교차가 크고 안데스 산맥의 빙하에서 녹아내리는 청정수, 구리성분이 많아 병균에 강한 토양 등으로 포도재배에 매우 적합한 환경이다. 한편 아르헨티나와 경계선이 되는 동쪽의 안데스산맥, 북쪽의 사막, 남극의 빙하, 서쪽의 남태평양 바다 등으로 외부와 단절되어 있는 환경과 독특한 토양 때문에 필록세라의 영향을 받지 않은 유일한 나라이다. 따라서 세계적으로 유일하게 필록세라의 피해를 입지 않은 포도로 와인을 만들고 있는 나라이며 유럽의 고유 와인, 1860년 이전의 고전 와인의 맛이 남아있는 곳이다.

〈산티아고 와인농장 와인 투어〉

3. 칠레 와인의 법률 및 분류

칠레와인은 다음과 같이 3 가지로 분류할 수 있다.

1) 원산지 표시 와인(Denominacion de Origen,데노미나시온 데 오리헨)
  • 칠레에서 병입된 것으로 원산지 표시할 경우; 그 지역 포도 75% 이상 사용
  • 상표에 품종을 표시할 경우; 그 품종을 75% 이상 사용
  • 여러 가지 품종 섞는 경우; 비율이 큰 순서대로 3가지만 표시
  • 수확연도를 표시할 경우; 그 해 포도가 75% 이상 사용

- 생산자 병입(Estate bottled)란 용어 표시할 경우; 포도의 수확, 양조, 병입, 보관이 자기 소유의 시설에서 일관적으로 이루어져야함
  2) 원산지 없는 와인 : 원산지 표시만 없고, 품종 및 생산연도에 대한 규정은 원산지표시와 인과 동일
  3) 비노 데 메사(Vino de Mesa) : 식용포도로 만드는 경우가 많고, 포도품종, 생산연도 표시 안함

4. 칠레 와인 등급(명칭 & 내용)

현재 공식적인 등급 분류나 규제가 없는 칠레 와인은 1995년부터 시행 된 일종의 원산지 호칭 제도는 "DO(Denominacion de Origen)제도"를 실시하고는 있지만 그다지 엄격하진 않으며 숙성기간 표시를 통해 와인의 품질을 알려주고 있다.

- 레제르바 에스파샬(Reserva Especial) : 2년 이상 숙성된 와인
- 레제르바(Reserva) : 4년 이상 숙성된 와인
- 그란비노(Gran Vino) : 6년 이상 숙성된 와인
- 돈(Don, Dona) : 아주 오래된 와이너리에서 생산된 고급와인에 표기
- Finas : 정부 인정하의 포도품종에 근거한 와인

5. 주요 포도 품종

칠레에서 생산되는 포도품종은 다양하다. 칠레의 와인용 포도 경작지의 절반 정도는 여전히 파이스 포도를 재배하지만 외국 자본의 투자로 생긴 포도 농장들은 대게 프랑스 포도 품종을 많이 심는다.

레드와인 : 까베르네 소비뇽(Cabernet Sauvignon), 피노누아,(Pinot Noir), 까베르네 프랑, 말벡, 쁘띠 베르도, 멜로
화이트 와인 : 세미용(Semillon), 소비뇽 블랑(Sauvignon Blanc), 리즐링(Riesling), 로카 블랑카(Loca Blanca), 샤도네, 삐노블랑, 트레비아노, 트라미너

6. 주요 생산지

- 센트랄 밸리(Central Valley) : 와인의 주 생산 지역이다.
- 아타카마(Atacama), 코퀸보(Coquimbo) : 알코올 함유량이 높으며, 대부분 스위트한 알코올 강화와인 생산
- 아콩카구아(Aconcagua) : 산티아고 북부, 고급 와인을 만드는 곳 중에서 가장 덥다.
- 마이포(Maipo) : 주요 양조장들이 많이 있는 작은 지방
- 라펠(Rapel) : 마이포 지방보다 기후가 선선하고, 일부 지역에서는 파이스 포도를 재배함
- 마울레(Maule), 비오-비오(Bio-Bio) : 벌크와인 생산지

7. 주요 생산자

- 콘차이 토로(Conchy Toro) : 바론 필립 로쉴드와 제휴해서 만든 알마비바(Almaviva), 돈 멜초(DonMelchor) 등 최고급 와인 외에 마르케스, 트리오, 선라이즈 등 다양한 가격대의 와인들 생산
- 쿠시뇨 마쿨(Cousino Macul) : 18세기에 출발한 와인 회사 중에서 유일하게 주인이 바뀌지 않은 곳으로 마이포 밸리에 자리 잡고 있다. 고전적인 보르도 스타일의 와인 제조. 최고급 와인인 피니스 테라에(Finis Terrae)와 그 아래로 안티구아 리제르바(Antiguas Reserva) 제조
- 몬테스(Montes) : 창업주인 아우렐리오 몬테스가 프랑스에서 선진적인 와인 기술을 도입해 와인의 품질향상을 도모. 쿠리코(Curico) 및 아팔타(Apalta) 지역에 위치. 프리미엄 와인 몬테스 알파 M(Montes Alpha M)이 유명
- 카사 라포스톨레(Casa Lapostolle) : 아팔타 지역을 대표하는 와이너리.
- 에라주리즈(Errazuriz) : 미국의 로버트 몬다비와 제휴해서 만든 세냐가 유명. 저렴한 가격대의 칼리테라(Caliterra) 와인도 생산한다.
- 운두라가(Undurrga) : 마이포 벨리에 위치, 오랜 시간에 걸쳐 칠레 와인의 전통을 다져온 회사

8. 호주와인

호주 와인의 역사가 본격적으로 시작된 계기는, '호주 포도재배의 아버지'라고도 불리는, 스코틀랜드 출신인 제임스 버스비(James Busby)가 1824년 호주로 이주하여, New Souths Wales의 Hunter Valley 지역 주민들에게, 포도재배와 와인양조 방법을 알려주면서 시작 되었다. 1800년대 유럽에서 온 정착민들은 남부 호주 전역에 걸쳐 영역을 넓혀 가면서 포도를 재배했다. 1800년대부터 1960년대까지 생산된 대부분의 호주 와인은 가정에서 마시거나 영국에 수출하기 위해 만든 포트와 같은 알코올 강화 와인이었다. 호주는 1960년대부터 와인산업 발전을 위해 힘을 썼고, 1970년대 이후에는 드라이 레드 와인의 시대로 접어들었다. 1980년대에는 독창적인 마케팅으로 세계 수출시장에 진입하였다. 세계 6위의 와인 생산국이기도한 호주는, 세계 4위의 수출을 하는 수출 주도형 와인 생산국(수출 시장 전체의 40%가 영국)이다. 최근 여러 선진 기술이 도입되고 생산설비가 향상되었음은 물론이고, 독창적인 마케팅으로 세계시장에서 빠르게 성장 하고 있다.

* 호주의 제이콥스 크릭(Jacob's Creek)이라는 와인은, 세계 판매 1위의 브랜드이며, 엘로우 테일(Yellow Tail)은 미국 판매 1위를 기록하기도 했다.

〈호주의 제이콥스 크릭(Jacob's Creek) 와인〉

〈호주의 엘로우 테일(Yellow Tail) 와인〉

1) 주요 품종

적 포도에 까베르네소비뇽, 쉬라즈, 말벡 등이 있고 백 포도에는 라인 리슬링, 샤르도네, 트라미너, 뮈스카, 세비용, 트레비아노, 쏘비뇽 블랑 등이 있다. 이들 포도 품종들이 전체 생산량의 반을 차지하고 있다. 이들 포도 품종들은 유럽에서 건너 왔으나 호주의 자연 환경에 융화되어 독특한 개성을 지닌 새로운 품종으로 재탄생되고 있다.

2) 특징

호주산 라인 리슬링은 독일산과는 매우 다른, 세계에서도 정상급에 속하는 오리지널 포도 품종의 하나로 인정받고 있다. 쉬라즈는 프랑스 론(RhOne)의 쉬라(Syrah) 품종에서 파생된 것으로 호주에서는 까베르네소비뇽과 더불어 적포도 품종의 양대 산맥을 이루고 있다. 호주에는 까베르네소비뇽과 쉬라즈는 서로 혼합되거나 다른 품종과 결합되어 독특한 맛을 창출해 낸다.

호주에는 약 300여개의 개인 소유와 네 개의 큰 그룹이 운영하는 와인 양조장이 있다. 그러나 이들 메이저 그룹이 전체 생산량의 77%(1993년 기준)를 차지하고 있으며 수출을 주도하고 있다. 선두는 SA 브루잉(SA Brewing)으로 펜폴드(Penfolds), 비알엘 하디(BRL

Hardy), 휴톤(Houghton), 노티지 힐(Nottage Hill), 리징함(Leasingham), 스텐리(Stanley), 올란도(Orlando)등을 꼽을 수 있다. 호주 와인의 급성장 요인을 몇 가지로 요약해 볼 수 있는데 품질 향상, 저렴한 땅값, 고도의 최신식 양조 기술, 양조장 규모의 경제성, 세계 시장을 겨냥한 와인 산업의 통합 등을 들 수 있다.

3) 호주 와인 산지

호주는 남한의 77배에 이르는 거대한 대륙을 지닌 곳으로 넓은 땅 덩어리 만큼 다양한 기후 요소들을 가지고 있으며 유럽, 아메리카처럼 특정 지역에서만 와인을 생산하는 국가와 달리 호주는 거의 모든 주에서 와인을 생산하고 있다. 이유는 호주가 지닌 적합한 기후와 토양, 지역적으로 차이가 있으나 대체로 여름은 덥고 겨울은 온화한 기후에 강수량이 많지 않아 포도 재배에 적당한 조건이다. 토질도 지역에 따라 다르지만 대부분 와인을 재배하기에 적합하다. 전국적으로 6개주 60여 곳의 세부 와인 산지가 있다. 6개주는 사우스 오스트레일리아(South Australia), 뉴사우스웨일즈(New South Wales), 빅토리아(Victoria), 웨스턴 오스트레일리아(Western Australia), 퀸즐랜드(Queensland), 타스미니아(Tasmania)섬이며 이들 중에서 남부의 3개 주인 사우스 오스트레일리아 (60%), 뉴사우스 웨일즈, 그리고 빅토리아주가 대표적인 와인산지이다.

세부 산지 중에서는, 사우스 오스트레일리아주의 바로사 밸리(Barossa Valley), 쿠나와라(Coonawarra), 맥라렌 베일(McLaren Vale), 아들레이드 힐스(Adelaide Hills), 뉴사우스웨일즈주의 헌터밸리(Hunter Valley) 빅토리아주의 야라밸리(Yarra Valley)가 유명하다.

특히 바로사 밸리 지역은 전세계 포도밭을 황폐화시켰던 필록세라의 영향을 거의 받지 않아, 세계에서 가장 오래된 포도나무들이 남아있는 호주의 명산지이다.

4) 주요 와인 생산 지역

▣ 남부 호주(South Australia)

호주와인의 60%이상이 생산되는 곳으로 160 여 개 이상의 와이너리가 산재해 있으며 주로 레드 와인을 생산하는 지역이다.애들레이드(Adelaide)를 중심으로 하여 북으로 바로사 밸(Barossa Valley), 클레어 밸리(Clare Valley), 리버랜드(Riverland), 남으로 쿠나와라(Coonawarra), 맥라렌 밸리(McLaren Valley), 패써웨이(Padthaway) 등 유수의 산지가 몰려 있다. 특히 쿠나와라는 호주에서 가장 훌륭한 레드 와인 산지로 인정받고 있으며, 패써웨이는 가장 훌륭한 화이트 와인을 생산하는 곳으로 평가받고 있다. 하디(Hardy), 펜폴즈(Penfolds), 울프 블라스(Wolf Blass), 세펠트(Seppelt) 등의 생산자가 대표적이다.

바로사 밸리(Barossa Valley)

이곳은 호주의 와인 생산지역 중 가장 유명한 지역의 하나다. 애들레이드의 북쪽에 위치하고 있으며, Orlando나 Penfolds등의 거대한 와이너리의 발산지이기도 하다. 1847년으로 거슬러 올라가는 역사와, 독일의 영향도 받았다. 화이트 와인 중, Riesling이나

Semillon이 사랑받고 있으며, Shiraz나 Cabernet Sauvignon의 생산이 가장 확립되어 있다.

애들레이드 힐즈(Adelaide Hills)

애들레이드의 바깥쪽으로 약간 벗어나 해발 400m 위에 위치한 이곳은 화이트 와인과 스파클링 와인으로 유명한 곳이다. 다른 곳보다 서늘한 기후 조건은 Chardonnay나 Rhine Riesling 재배에 있어서 최적의 조건을 주며, Pinot Noir같은 레드 품종 또한 점점 향상되고 있다.

쿠나와라(Coonawarra)

1890년에 최초로 재배가 시작되고 그 이후로 계속 fortified wine에서부터 table wine, premium wine 까지 계속 발전되고 있다. 이 지역은 전 호주의 가장 값나가는 토양을 가지고 있다. 그리하여 호주의 유명한 레드 와인 생산의 한 몫을 하고 있다. 남부 호주의 가장 남쪽에 위치하여 기후가 서늘하고 질 좋은 토양(terra rossa soil)이 있어, 고품질의 와인이 생산된다.

맥레런 베일(McLaren Vale)

1838년 John Reynell 은 Thomas Hardy의 도움으로 처음 포도를 재배하여, 다음 한 세기동안 그 지역의 와인생산을 점령하였다. 애들레이드의 정남쪽에 위치하여 Chardonnay와 Cabernet Sauvignon은 물론 질 좋은 Shiraz와 Grenache를 생산하고 있다.

■ 뉴 사우스 웨일즈(New South Wales)

뉴사우스 웨일즈는 호주에서 가장 오래된 와인 생산지역이기는 하지만, 점점 커나가는 남부호주나 빅토리아 주에 비해 그 중요성은 점점 떨어지고 있다. 조금 열악한 기후조건 때문이기는 하지만, 역사적 명성의 뒷받침으로, 호주의 유명한 와인 중 대부분은 이곳에서 생산되고 있다. 호주 남동부 시드니를 중심으로 한 지역으로 전체 생산량 25%를 생산한다. 시드니로부터 북으로 160km 떨어진 헌터 밸리(Hunter Valley)가 최고의 산지며, 맛과 향이 진한 세미용과 강한 쉬라즈가 유명하다. 피노 누아와 쉬라즈의 블렌딩도 유명하다. 헌터 밸리 외에도 머지(Mudgee), 리베리나(Riverina) 등의 산지에서도 양질의 와인을 생산하고 있다. 브로큰우드(Brokenwood), 린드만(Lindemans), 윈드햄(Wyndham) 같은 생산업체가 있다.

헌터벨리하부(Lower Hunter Valley)

기후의 악조건에도 불구하고, 이 지역은 호주에서 가장 유명하고 방문객이 해마다 늘어가는 곳이다. Tyrrells, Rothbury, Brokenwood, McWilliams 등의 유명 와이너리 등의 출산지이기도 하며 Shiraz와 Chardonnay도 재배되지만, 훌륭한 Cabernet Sauvignon과 Semillon의 생산지이기도 하다. 헌터밸리상부(Upper Hunter Valley)- 하부보다는 조금 건조한 기후로 레드보다는 화이트 종의 생산이 이루어지지만, 역시 기후조건으로 인하여, 좋은 와이너리를 만드는 것을 어렵게 한다.

◼ 빅토리아(Victoria)

호주 남동부 멜버른근처에 위치한 오랜 전통을 이어온 지역으로 자랑하는 기후와 토양이 유럽과 비슷한데 이러한 자연조건이 유럽에 서 건너온 이주자들을 정착시킨 요인이 되었다. 15% 정도를 생산한다. 호주에서 두 번째로 많은 126개소의 양조장이 있으며 정상급의 레드, 화이트, 발포성, 포트와인을 생산한다. 머레이(Murray) 강과 야라 밸리(Yarra Valley)에서 좋은 와인이 생산된다. 멜버른 북서쪽에 위치한 야라 밸리에는 소규모 포도원들이 군락을 이루고 있다. 윈즈(Wynns), 밀데라(Mildara) 등의 와이너리가 이 지역에서 양조를 하고 있다.

야라 벨리(Yarra Valley)

엄청난 인기를 누리는 와인 중 대부분이 이곳에서 생산되었다. 선선한 기후가 Pinot Noir나 Chardonnay, Cabernet Sauvignon등이 재배되는 데 최고의 조건이 되어준다. 생산량이 제한되어 있기는 하지만, 그 품질은 비교적 높은 편이다. 그리하여, 이곳에서 생산 된 와인은 어느 정도 안심할 수 있다는 평을 듣고 있다.

◼ 서부 호주(Western Australia)

호주와인의 신흥지역으로 10% 정도가 이 지역에서 생산되고 있다. 사실 서부 호주의 와인 산업은 남부보다 몇 년 앞서 시작되었다. 1829년, Thomas Waters라는 개척자에 의해 스완 밸리에서 와인 양조가 시작되었던 것이다. 마가렛 리버(Margaret River)와 스완 밸리(Swan Valley)에서 품질 좋은 레드, 화이트 와인이 만들어지며, 유명 생산 업체로는 호우튼(Houghton), 케이프 멘텔(Cape Mentelle), 모스(Moss) 등이 있다.

마가렛 리버(Margaret River)

호주의 가장 유명한 지역 중 하나이다. 해양에 가깝게 위치하고, 훌륭하고 섬세한 Cabernet Sauvignon과 Pinot Noir, 그리고 유명하지는 않지만 어느 정도의 수준을 가진 Chardonnay나 Semillon도 생산된다. 그리 높은 수준의 와인이 아니더라도, 적은 공급량 때문에 가격은 높은 편이다.

스완 지역(Swan District)

스완벨리 지역은 포도재배의 역사로 따지자면 빅토리아나 남부호주를 150여년 정도를 앞선다. 이곳의 토양은 검붉은 점토에 사토가 섞여 있으며 기후는 덥고 건조하며 때때로 매우 뜨거운 날씨가 계속 되기도 한다. 포도가 성숙되는 이른 봄 이후에는 비가 거의 내리지 않는다. 휴튼의 부르고뉴는 호주 화이트 와인 판매 시장에서 제 2위를 차지하는 유명한 와인이다. 상표에 독특한 줄무늬가 있는 이 와인은 서부 호주 와인의 대명사라고 할 수 있다.

알아두기 **호주의 와인 스타일 3가지**

◎ **제너릭 와인(Generic Wine)**
유럽의 유명한 와인산지(Burgundy, Chablis 등)를 이용해 스타일을 표시하지만 품종은 유럽과 관계없는 것으로 점차 사라지고 있는 추세다. 주로 국내용으로 소비되고 수출용은 Dry White, Dry Red 등으로 표시된다.

◎ **버라이어탈 와인(Varietal wine)**
상표에 포도 품종을 표시 하는 와인.

◎ **버라이어탈 블랜드 와인(Varietal Blend wine)**
고급 포도 품종을 섞은 와인을 버라이어탈 블랜드 와인이라고 하고, 배합 비율이 많은 것부터 상표에 포도 품종을 표시한다. 품종을 상표에 표시할 때는 표시한 품종을 80%이상 사용해야 하고, 산지명과 빈티지를 나타낼 때도 85% 이상이어야 표시할 수 있다.

호주 와인을 이야기할 때 빼놓을 수 없는 것 하나. 시라즈라는 포도품종이다. 뉴질랜드 와인이 소비뇽 블랑(화이트와인용 포도), 남아공 와인이 피노타주로 월드와인에 출사표를

던졌다면 호주는 단연 시라즈다. 이 포도는 본디 프랑스 남부 론 지방의 '시라'가 원종. 호주로 건너오면서 이름이 '시라즈'로 변했다. 시라즈는 통상 거친 맛에 강한 타닌, 특유의 향신료 향으로 표현된다. 하지만 시음하다 보면 와인메이커의 손길에 따라 의외로 부드럽고 여성적인 풍미를 갖춘 시라즈도 만나게 된다.

◼ 호주 등급분류

호주는 프랑스와는 달리 특별한 규제를 하고 있지 않다. 하지만 레이블에 포도품종을 표시할 경우, 1994년에 마련된 GIS (Geographic Indication System)의 규제에 따라, 해당 품종 비율이 85% 이상이어야 하며, 두 가지 품종이 블렌딩 되었을 경우에는, 더 많은 비율의 품종을 앞에 적어야 한다.(예를 들면 : 쉬라즈-말벡-까베르네와 같이 세 품종이 블렌딩 되기도 한다)

생산지역이 표시될 경우에는, 그 지역의 포도품종이 85% 이상이어야 하며, 빈티지 표시는 해당 빈티지가 95% 이상이어야 가능하다. 호주는 특별한 등급도 없지만, 'Langton'이라는 와인경매회사가 5년에 한번씩, 호주의 고급 와인들을 대상으로 등급을 분류하고 있다. 이것을 호주 랭턴 경매 분류(Langton's Classification)이라고 한다.

◼ 레이블 읽기

대부분 포도품종, 생산회사, 생산지역이 적혀있어 읽기가 쉽다.
Show Reserve : 각종 와인대회에서 메달을 수상한 와인
Limited Release : 엄선해서 출시되어 수량이 한정되어 있다.
Bin : 이미 병입된 와인들을 저장해놓는 창고

7 구세계와 신세계 와인의 이해

1. 구세계와 신세계 와인

　구세계 와인은 주로 유럽에서 생산되는 와인을 말한다. 전통적 와인 생산국으로 유명한 프랑스, 이탈리아, 스페인, 독일 외에도 그리스, 헝가리, 오스트리아, 스위스 등의 국가들이 구세계에 포함된다. 반면, 신세계는 미국을 비롯해서 호주와 칠레가 주축이 되고, 뉴질랜드와 남아프리카 공화국이 새로이 가세를 하였다.

1) 일반적 의미

　구세계(구대륙)/신세계(신대륙) 구분은 콜럼버스의 아메리카 신대륙 발견 전과 후(1492년)를 말하며, 와인산지를 지칭할 때의 구분은 Old World vs New World로 나눈다.

2) 구세계 와인이 걸어온 길

　신이 내린 선물이며, 와인의 탄생은 '발명'이 아닌 '발견'이다. 기원전 6000년경에 메소포타미아(Mesopotamia) 평원인 티그리스 유프라테스 강 유역에서 와인을 만들어 먹었고, 기원전 2200년경에는 이 지방의 중요한 교역상품이 되었다고 한다. 시리아의 수도 다마스쿠스의 남서쪽에 발견된 유물 중에는 기원전 6000년경에 사용되었던 과일과 포도를 압착하는데 사용했던 곳으로 추측되는 압착기가 발굴되었고, 메소포타미아 지역에서는 기원전 4000년경에 와인을 담는 데 쓰인 항아리의 마개로 사용된 것으로 추측되는 유물이 발견되기도 했다. 이러한 유물들을 보아 와인은 메소포타미아 문명의 요람이며, 다시 이집트(BC 3000년) ⇒ 고대 그리스(BC 300년) ⇒ 로마제국 ⇒ 유럽으로 확대(AD1세기 이후)

되었다. 그리고 중세에서 근대로(수도원과 교회의 역할/이슬람 문화의 등장) 이어서 11세기 이후 유럽 와인생산이 확대되었다. 이후 20세기 후반에 와인의 '품질혁명'(quality revolution)이 일어나면서 포도재배와 와인양조 분야의 눈부신 기술발전이 이루어졌다.

3) 신세계 와인의 태동과 전개

신대륙 발견 이후 유럽 각국의 식민지 개척이 일어나면서 종교의식 및 의료 목적으로 포도나무 재배가 번창하기 시작했다.

[멕시코(1522), 페루(1530년대/1550년대), 칠레(1548-1554년), 호주(1788), 아르헨티나(1554-1556) 등 라틴 아메리카로 포도재배 전파, 남아공(1655), 미국(버지니아 1619년: 캘리포니아 남부 1670년대), 캐나다(1860) 뉴질랜드(1819)]

4) 신세계 와인의 세계적 부상(New World Wine Revolution)

① 로버트 몬다비(Robert Mondavi) : 미국 캘리포니아 와인산업의 발전에 선구적인 역할은 바로 와인, 문화, 예술의 결합과 함께 캘리포니아 와인을 세계적 수준으로 끌어 올리는 데 가장 큰 공헌을 한 로버트 몬다비(Robert Mondavi)을 빼놓을 수 없다.

 어니스트 갤로(Ernest Gallo)

가문의 상처에도 불구하고 갤로 와인왕국을 건설하여 현대적 와인 마케팅의 기반 구축과 함께 가족경영의 와이너리로는 세계 최대 규모를 만들었다.

② 파리의 심판(The Judgment of Paris)의 역사적 의미 : 1976년 5월 24일 파리 인터콘티넨탈 호텔에서 미국과 프랑스 레드 및 화이트 와인 각각 10종류를 블라인드 테이스팅 평가를 가졌다. 심사위원은 전원 프랑스 전문가로만 구성 하였는데, 결과는 캘리포니아 와인이 우수하다는 결과로 판명 되었으며, 나아가 신세계 와인 역사의 새로운 이정표가 제시되었다. ("파리 시음회는 프랑스 와인만이 최고라는 신화를 무너뜨렸으며, 와인세계의 민주화를 알리는 계기가 되었다. 그것은 와인역사에서 중요한 분수령이었다."- 로버트 파커)

2006년의 30주년 기념 시음회

2006년 5월 24일 유럽(영국 런던)과 미국(나파 밸리)에서 동시 개최한 시음회에서 30년 전 와인과 동일 빈티지 레드 와인의 재대결에서 다시 미국이 승리 하였다.

③ 글로벌 시장에서 호주, 칠레 등 신세계 와인의 약진
    * 호주 : 신세계 와인생산국 가운데 수출 1위
    * 칠레 : 자국의 와인생산량 대비 수출 점유율 세계 1위
④ 진단과 전망
 * 전통과 현대의 이분법을 넘어 : 예술적 경지로의 발돋움
  * 명품 와인의 조건 : 떼루아 + 장인정신

2. 구세계와 신세계 와인의 특징

1) 구세계 와인(old world wine)

① 법 규정이 까다롭다 : 오랜 역사와 전통적인 양조 기술을 바탕으로 일찍부터 와인시장에 진출해 있으며, 법이 제도적으로 잘 정비 되어 체계적인 생산 관리가 이루어지고 있다.
(예: 프랑스 와인 : 유럽의 통합으로 와인 법 또한 통합하였는데, 프랑스의 와인 법이 EU의 와인법의 모태가 되었다. 와인 레이블에 산지를 표기 할 수 있는 범위도 품질에 따라 달리해야 한다는 규정. 특정 지역에서는 특정포도 품종만을 재배해야 한다는 규정. 와인을 블랜딩 할 때 품종의 범위를 지정해 놓는 규정 등)
② 숙성기간이 길다 : 숙성 기간이 길며, 숙성기간에 따라 가격이 상승하여 고가의 와인이 많기 때문에 마니아들이 즐겨 찾는다.
③ 포도의 작황이 해마다 일정치 못하다 : 일조량 강우시기 등에 따라 포도의 작황상태가 달라 어느 해의 포도로 와인을 양조 하였는지 알 수 있는 빈티지를 중요시 여긴다. 이는 와인의 품질과 직결되기 때문이며 이로 인해 구세계와인은 빈티지의 중요성이 강조된다.

2) 신세계와인(new world wine)

① 법체계가 자유롭다 : 신세계와인은 각 나라별 와인법이 구세계처럼 통제적이지 않고 자유롭게 생산된다.

② 창의적이다 : 와인법이 통제적이지 않기 때문에 양조자의 의지에 따라 창의적인 와인을 생산해 낼 수 있다.

③ 비교적 숙성기간이 짧다 : 구세계와인에 비해 숙성기간이 짧기 때문에 구세계와인에 비해 상대적으로 과일 자체의 맛이 느낄 수 있다.

④ 대중화가 쉽다 : 안정된 기후와 넓은 토지에서 대규모의 생산이 가능하여 가격경쟁력을 확보할 수 있고, 포도나무의 개종과 블랜딩의 다양화가 쉬워 와이너리가 가지고 있는 특징들을 소비자의 트랜드에 맞게 전환하기 용이한 특징을 가진다.

⑤ 와인레이블이 쉽다 : 와인 레이블이 심플하며 쉬워 소비자의 선택에 도움을 준다.

3. 구세계와인과 신세계 와인의 맛의 차이

와인의 색과 탄닌, 알코올 수준은 근본적으로 포도의 품종에 기인하지만 각 지역의 토양과 기후적인 조건에 따라 좌우 되며 이에 따라 맛의 차이가 있다.

예) 까베르네 소비뇽
- 프랑스 : 상당히 높은 탄닌과 무거운 느낌
- 캘리포니아 : 프랑스의 것에 비해 스무스하고 마일드 한 느낌
- 칠레 : 색이 진하고 약간의 감미
➡ 신세계 와인산지는 기온이 높고 공기의 순환이 잘되며 일기의 변화가 해마다 큰 변화 없이 일정하다. 높은 기온에서의 포도는 잘 익어 색소가 풍부하고, 당이 높아 알코올은 높고 탄닌은 약화된다. 따라서 캘리포니아 와인은 일반적으로 스무스하고 칠레와인은 짙고 탄닌이 적어 마시기에 무리가 없어 국내 시장에서 큰 반응을 얻고 있다.

4. 와인레이블의 차이

① 프랑스 와인 : 대부분 레이블에 포도 품종이 표기 되지 않는다. 이는 특정지역은 특정 포도만을 사용하기 때문이다.
② 이태리 와인 : 대부분 포도품종과 지역 명을 같이 표기하는데 품종이 몇 백 종에 이르

러 이해의 어려움이 있다.

③ 독일와인 : 등급, 지역, 품종 등의 정보를 레이블에 주는데 와인을 처음 대하는 사람은 이해하기가 무척 힘들다.

④ 신세계와인 : 포도품종 회사이름(OR 지역 명) 정도가 표기 되어 매우 심플하다. 그만큼 규제가 따르지 않는다는 것을 역설하는 부분도 된다.

5. 구세계와 신세계 와인의 비교

구세계 와인은 대체적으로 절제되고 우아한 맛으로 그 차이가 매우 미묘하며, 신세계 와인은 그에 비해 대체적으로 맛이 강하고 진하다. 그 이유로는 첫째로 구세계와 신세계의 기온의 차이를 꼽을 수 있다. 구세계 와인은 주로 약간 쌀쌀하거나 온건한 기후에서 재배된 포도로 빚어지는데 비하여 신세계 와인은 따뜻하거나 무덥고 일조량이 훨씬 더 많은 기후에서 재배된 포도로 빚어지는 경우가 많기 때문이다. 차가운 날씨에서 자란 포도는 좀더 절제된 맛을 갖게 되고 더운 날씨에서 자란 포도는 진한 맛을 갖게 되기 마련이다. 백포도주의 경우 차가운 날씨는 사과와 배의 향을 나게 해주고, 더운 날씨는 망고와 파인애플 향을 나게 하며, 적포도주의 경우 차가운 날씨는 크랜베리와 체리 향을 나게 하고 더운 날씨는 무화과와 말린 자두 향을 나게 한다.

두 번째 이유로는 토질을 들 수 있다. 구세계에서는 수세기 전부터 포도를 재배하고 와인을 빚어왔는데, 와인 생산은 어찌 보면 우연히 생겨난 결과였다. 비옥한 땅에는 곡물을 재배하고, 다른 것은 아무 것도 재배할 수 없는 척박한 땅에 포도나무를 심게 되었는데, 포도나무는 척박한 땅일수록 더 맛있고 훌륭한 품질의 포도를 생산했던 것이다. 지금도 구세계의 포도밭은 그 토질이 매우 척박하고 돌과 자갈투성이인 경우가 대부분이다. 보르도의 경우 최상품 와인을 생산하는 포도밭은 흙이라고는 찾을 수 없는 자갈밭이 많고, 돌의 크기 또한 주먹크기 만한 경우가 많다. 이에 비해 토지가 넉넉한 신세계의 경우 포도밭의 토질 또한 구세계에 비해 비옥한 편이어서 와인의 맛이 다를 수밖에 없다.

세 번째 이유로는 구세계 와인은 전통적으로 음식과 함께 마시는 와인으로, 음식의 맛을 더 좋게 해주는, 영화의 조연과 같은 역할을 하는 경우가 대부분이었기 때문에, 음식의 맛을 위압 할 만큼 진하고 강한 맛의 와인을 찾기가 힘들다는 점이다. 여러 가지 미묘한 맛의 차이를 내는 프랑스 음식의 소스라던가 이탈리아 음식 중 파스타나 리조토에 비해 미국의 바베큐와 버팔로 윙즈, 남미의 칠리와 살사 등은 훨씬 더 맛이 자극적이고 강하기 때문에 신세계의 와인 또한 맛이 더 진하고 강할 수밖에 없다.

네 번째로 구세계와 신세계는 와인을 만드는 스타일에서부터 차이가 난다. 유럽에서는 실패를 거듭하며 얻은 경험을 바탕으로 수세기에 걸쳐서 전해져 내려오는 노하우를 중시하는 반면, 신세계는 짧은 시간 내에 좀 더 많은 정보를 수집하여 좋은 결과를 내고자 노력한다. 때문에 유럽에서는 수세기에 걸쳐 축적된 정보와 지식으로 그 지역과 포도밭의 조건에 가장 적합한 와인 제조법을 알아내서 대대손손 그 방법으로 와인을 빚기 때문에, 포도주 레벨에 포도 품종보다는 지역(예: 샴페인)이나 마을(예: 마고) 등을 기입하는 것이다. 키안티, 샤블리, 보졸레 등 지방의 이름이 구세계에서 생산되는 와인을 규정지을 수 있는 것에 반해서, '나파'나 '소노마'라고 한다면 어떤 와인을 말하는 건지 확실히 알기 힘들다.

6. 구세계와 신세계 와인을 즐기자!

오늘날 세계의 와인산업은 급속도로 발전하고 있다. 포도 재배기술의 발달과 양조의 발달, 과감한 투자와 다양하고 과학적인 실험적 연구의 결과로 와인의 깊은 맛을 최대한 살리면서 변해가는 소비자의 트랜드도 충족해 가고 있다.

과거 와인하면 프랑스, 이태리, 스페인 정도의 구세계와인을 떠올리는 것이 보편적이었으나 지금은 신세계와인이라 일컬어지는 미국 호주 칠레 아르헨티나 남아공 뉴질랜드 등의 와인이 급부상하고 있는 현실이다. 이 두 종류의 와인은 전통과 합리라는 각각의 장점을 부각 시키며 오늘날의 와인 시장을 이끌어 나가고 있다. 이러한 다양한 와인들은 블라인드 테이스팅이라는 명목 아래 평가되고 순위가 매겨지고 있다. 이를 통해 신세계와인인 캘리포니아 와인이 일등을 거머쥐어 파리의 심판이라는 전 세계의 와인 마니아들을 놀라게 한 사건도 있었다.

그러나 더 우수한 와인이란 없다. 각각이 가진 특성에 따라 서로 다른 즐거움을 느낄 수 있는 것이 와인을 진정으로 즐길 수 있는 자세이며, 개인의 기호에 따른 좋고 싫음이 있을 지언정 와인의 좋고 나쁨은 없다. 기후와 토양의 차이에 따라 와인의 성격이 다르듯 세계 곳곳의 다양한 와인을 마시며 그 지역을 간접적으로 느낄 수 있는 기회를 가져보자. 균형 잡히고 우아하며 섬세한 와인을 대표하는 구세계의 보르도 레드 와인과, 가벼우면서도 과일의 자체의 풍성한 맛을 느낄 수 있는 신세계와인은 와인을 즐기는 시간과 장소에 따라, 혹은 모임의 종류와 깊이에 따라 음식과의 조화 속에 자유로이 선택 될 수 있을 것이다.

1   각 국가별로 부르는 와인 이름

한국어	적포도주	백포도주	로제와인
영어	Red Wine (레드 와인)	White Wine (화이트 와인)	Rose Wine) 로제 와인)
프랑스어	Vin Rouge (벵 루즈)	Vin Blance (벵 블랑)	Vin Rose (벵 로제)
이태리어	Vino Rosso (비노 로쏘)	Vino Bianco (비노 비앙코)	Vino Rosato (비노 로자토)
스펜인어	Vino Tinto (비노 틴토)	Vino Blance (비노 블랑코)	Vino Rosado (비노 로자도)
독일어	Rotwein (로트바인)	Weiswein (바이스바인)	Rosewein (로제바인)

2   빈티지(Vintage)

포도를 수확한 연도를 말하며, 프랑스어로는 밀레짐(millesime)이라고 한다. 미국 캘리포니아, 호주 등에서는 기후 변화가 별로 없기 때문에 빈티지가 별로 중요시 되지 않고 있다.

> **알아 두기**   **당도가 높고 각종 유기산을 충분히 함유하기 위한 포도의 조건**
>
> (1) 일조시간이 풍부해야 하고, 강우량이 비교적 적어야 한다.
> (2) 포도의 생육기간에는 온화한 날씨가 계속돼야 하다.
> (3) 수확기 무렵에는 비가오지 말아야 한다.

빈티지 차트 작성 기준

빈티지 차트는 각 와인 산지에서 기온과 일조시간, 강우량 등 그 해 모든 기상조건을 기준으로 작성한다.(프랑스의 경우 빈약한 해, 평균해, 좋은 해, 우수한 해, 예외적으로 좋은 해 등으로 분류)

3 와인의 기초용어

- 뱅(Vin) : 프랑스어로 와인이라는 뜻.
- 샤토(Chateau) : 포도원
- 테이블 와인(Table Wine) : 싸고 가볍게 즐길 수 있는 하우스 와인의 의미
- 글뤼바인(Gluhwein) : 와인을 데워서 마시는 것(따뜻한 와인)
- 탄닌(Tannin) : 떫은맛을 느끼게 하는 성분
- 아로마(Aroma) 또는 부케(Bouquet) : 와인의 향기, 아로마는 와인이 발효되면서 나는 향(주로 과일, 꽃 향). 부케는 와인이 숙성되어 감에 따라 일어나는 냄새이며 포도주를 마실 때 혀와 목구멍으로 느끼는 향기. (복합적이고 미묘한 향)
- 크리습(Crisp) : 상큼한 신맛을 가진 와인
- 드라이(Dry) : 맛이 달지 않은, 쌉쌀한 와인
- 피니쉬(Finish) : 와인을 마시고 났을 때 남는 여운
- 플래이버 인텐서티(Flavor intersity) : 와인이 가진 향기의 강약
- 프루티(Fruity) : 과일 맛이나 향기가 나는 와인
- 오키(Oaky) : 오크(참나무향) 맛이 나는 와인
- 디켄팅(Decanting) : 와인에 공기를 통하게 해주거나, 와인 밑에 가라앉은 침전물을 걸러내기 위해 병에 있는 와인을 다른 깨끗한 용기 (디켄트-decant)에 따르는 것.
- 귀부병(Noble Rot) : 포도가 무르익을 때 포도 껍질에 생성되는 일종의 곰팡이로 양질의 디저트 와인에 도움을 주기도 한다.
- 산도(acid) : 와인이나 음식에서 느끼는 시큼한 맛의 정도.
- 균형(balance) : 와인의 경우 알코올, 신맛, 잔류 당분, 탄닌 등이 서로 보완을 하며, 그 중의 어느 한가지라도 두드러지는 맛을 내지 않을 때 균형이 잡혔다거나 균형을 이루고 있다고 표현한다.

- BYOB(Bring Your Own Bottle) : 자기가 장만한 와인을 레스토랑에 들고 가는 것을 일컫는다. 즉 BYOB를 하면 코키지(Corkage)를 지불해야 한다.
- 떼루아(Terroir : 프랑스어)- 와인이 만들어지는 데 필요한 모든 전제조건을 일컫는 말로 기후, 토양, 지질, 습도 등이 이에 해당된다.
- 부쇼네(bouchonne) : 와인을 막고 있는 코르크가 곰팡이에 오염돼서 와인 맛이 변하는 현상. 와인에서 종이 박스향, 젖은 신문지나 곰팡이 냄새가 난다.
- 로컬와인(Local wine) : 와인산지에서 생산되는 그 지방의 와인
- 네고시앙(Negociant) : 와인전문 중간 상인
- 코르크(Cork) : 수분공급과 산소차단 역할을 하는 와인 마개

4 소믈리에(Sommelier)의 역할

소믈리에란 호텔이나 레스토랑에서 와인을 전문적으로 서비스하는 사람을 말한다.
① 손님의 취향과 주문한 음식과의 조화도, 예산 등에 따라서 와인을 추천한다.
② 주문한 와인을 먼저 주빈에게 와인 병의 라벨을 보여주며 주문한 와인임을 확인 시켜 준다. 주로 빈티지(원료인 포도 수확년도)가 맞는지 등을 확인시킨다.
③ 코르크 마개를 열고 주빈에게 코르크마개를 보여주면서 시큼하고 이상한 냄새가 나지 않는지, 코르크가 잘 젖어있는지를 확인시킨다.
④ 확인이 끝나면 소믈리에는 와인 맛을 볼 수 있도록 잔에 와인을 조금 따라 주빈에게 준다.
⑤ 주빈이 Ok하면 소믈리에는 여성부터 차례로 와인을 따르고 마지막에 그 날의 호스트에게 와인을 따라 준다.
⑥ 식사가 끝날 때까지 손님이 포도주가 부족하지 않는 지를 살핀다.

5 와인테스트

주문한 와인이 온 뒤 호스트의 와인 테스트라는 의식이 시작된다. 먼저 호스트는 그 모임을 주선한 사람이나 그 자리에서 최고 연장자가 맡는 게 보통이지만, 해당되는 사람이 사양할 경우 즉석에서 지명되는 사람이 호스트를 맡는 것도 자리를 부드럽게 하는 요령이다. 호스트 테스트는 웨이터가 주문한 와인이 맞는지를 확인시키기 위해 라벨을 보여주는

것으로 시작한다. 확인이 끝나면 웨이터가 마개를 뽑은 뒤 호스트에게 건네주기도 하는데 이때 코르크의 냄새를 맡아보면 된다. 코르크의 냄새를 통해 와인이 변질 되었는지, 젖어 있는지 여부를 확인한다. 코르크가 말라있다면 와인을 세워 보관했다는 뜻이다.

6 와인 마시는 순서

① 와인 레이블을 확인한다.
② 코르크를 제거한다.
③ 색깔을 본다. (잔을 눕혀서 위에서 아래로 보고 있다)
④ 와인을 빙빙 돌린다. (잘못 돌리면 쏟아진다. 오른손잡이는 시계 반대 방향으로 왼손 잡이의 경우시계 방향으로 돌려준다)
⑤ 냄새를 맡는다. (코를 깊숙이 들이댄다)
⑥ 한 모금을 마신다. (조금보다 약간 많은 한 모금이다)
⑦ 입안에서 맛을 느낀다. (빙글빙글 또 돌린다)
⑧ 한 모금을 삼킨다.
⑨ 느낌을 정리한다.

7 와인을 최상으로 고르는 방법

① 오래 되었다고 해서 반드시 좋은 와인은 아니다. 와인의 Vintage나 Quality를 따져 보아야 한다.
② 특히 레드 와인의 경우에는 복합적이고 풍부한 맛을 가진 와인일수록 좋은 와인이다.
③ 가벼운 맛을 가진 와인이라고 해서 질이 나쁜 와인이라고 할 수는 없다. 왜냐하면 와 인을 즐기는 사람의 취향, 그리고 같이 즐기는 음식에 따라 다르기 때문이다.
④ 좋은 와인은 맛의 조화가 잘 이루어져 있으며, 부케(Bouquet-숙성향)를 많이 가지고 있고, 마시고 난 후에도 뒷맛이 길게 느껴진다.
⑤ 와인 레이블(wine label)에 포도 재배 지역이 작게 표시된 것이 좋은 와인인 경우가 많다.

8 와인의 보관 방법

① 와인이 들어있는 병은 눕혀서 보관한다. 세워서 오래 두면 코르크 마개가 건조해지고 그 틈새로 공기가 침입, 와인을 산화시키기 때문이다.
② 이상적인 온도로 저장한다. 이상적인 온도는 10℃에서 20℃사이
③ 햇빛을 포함한 강한 광선이 없는 곳에서 보관한다.
④ 심한 진동이 없는 곳에서 보관한다.
⑤ 한번 마개 딴 와인은 수일 내에 소비해야 한다. 오래되어 맛이 간(초산발효) 와인은 조리용으로 쓸 수 있다.

9 와인 에티켓

- 따라 줄 때 잔을 들어 올리지 않는다.
- 마시기 전에 냅킨으로 입을 닦는다.
- 시음은 남성이 한다.
- 와인 잔은 다리부분을 든다.
- 앙금이 일어나지 않게 따른다.
- 대개 레드 와인은 실온에서 화이트와인은 차게 해서 마시는 것이 상식, 와인 잔에 얼음을 넣어서는 안 된다.

10 와인에 대한 기본상식

① 스위트 와인(포트 와인 류)을 메인 요리에 곁들이지 말 것
② 생선 요리에 붉은 포도주를 곁들이지 말 것
③ 백포도주와 식전에 마시는 술은 차게 할 것
④ 붉은 포도주는 실내 온도와 맞게 할 것
⑤ 가능하면 적어도 1시간 전에 병마개를 딸 것(포도주도 숨을 쉬어야 맛이 나아진다)
⑥ 튤립형 굽이 달린 깨끗한 글라스를 쓸 것
⑦ 조용히 알맞게 따르고 마시기 전에 향기부터 맡을 것
⑧ 와인이 잘된 해를 기억해 둘 것
⑨ 와인 잔을 앞에 놓고 담배를 피우지 말 것

제 3 장

증류주

●

제1절 위스키(Whisky)

1 위스키의 의미

위스키의 원형이 등장하는 것은 12세기 전후로 역사적 사건에 의해 조명되고 우연한 기회에 예기치 않는 방법에 의해 비약적인 기술발전을 가져왔다. 십자군 전쟁에 참여했던 카톨릭의 수사들은 아랍의 연금술사로부터 증류주의 비법을 전수받고 돌아왔다. 아랍의 연금술사들로부터 수사들에게로 전수된 알코올 증류비법은 순식간에 유럽 각지로 퍼져 나갔고, 서로 앞 다투어 자신들만의 비밀스러운 방법으로 증류를 해서 이 신비의 묘약이자 무병장수의 명약 혹은 염색한 약초의 방부제로 사용했다. 이후 이들에 의해서 증류주가 탄생하였는데 오늘날의 우리가 주로 마시는 위스키, 브랜디 등 고급증류주의 시초가 된다. 영국으로 전수된 증류기술은 맥주를 증류해 위스키로 발전하였고, 프랑스 등에 전래되어 브랜디로 발전하고 러시아 보드카, 럼, 진 등의 술로 발전하게 된다.

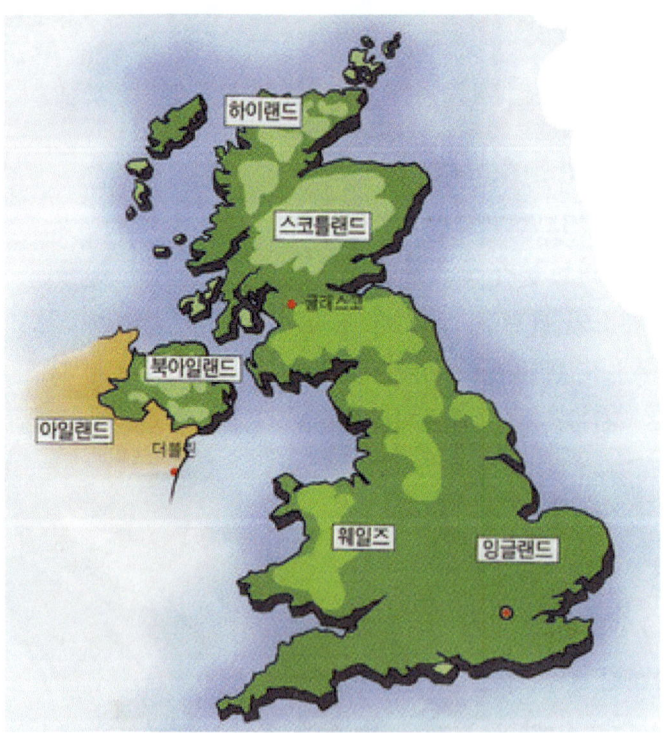

1172년 영국의 헨리 2세가 아일랜드를 정복했을 때 이미 아일랜드 사람들은 증류한 술을 마시고 있었다고 전해진다. 아일랜드 토속 증류주는 15세기경 스코틀랜드에 전해지고 스코틀랜드인들은 각 지방에서 만들어지는 맥주를 증류하여 지역적 특색이 있는 독한 증류주를 만들어 마셨다. 위스키의 역사를 살펴보면, 위스키[2]는 12세기경 처음으로 아일랜드에서 보리를 발효하여 증류시킨 술이다. 그 후 스코틀랜드(Scotland)에 유입되어 품질 개발과 함께 전 세계로 많이 알려지게 되었다.

위스키의 맛이 비약적으로 발전한 또 하나의 사건은 1707년 잉글랜드와 스코틀랜드의 합병으로 대영제국이 탄생한 후 정부가 재원을 확보하기 위해 술에다 높은 주세를 물리기 시작하였다. 이에 불만을 품은 증류업자들이 스코틀랜드의 산속에 숨어 밤에 몰래 증류하여 위스키를 밀제조 했다. 그 바람에 이들을 '달빛치기(Moon shiner)'라는 별명을 얻게 되었다. 이 밀조자들은 맥아의 건조를 위해 이탄(泥炭, peat)을 사용했는데 이 건조방법이 훈연취(熏煙臭)가 있는 맥아를 사용하여 스카치위스키를 만들게 된 시발이 되었다.

〈위스키를 보관해 숙성시키는 오크통을 만들고 있는 모습〉

---

2) 위스키를 스트레이트(straight)로 제공시 1온스(Ounce), 1포니(Pony), 미국에서는 1샷(Shot), 영국에서는 1핑거(Finger)라고 하며, 양은 모두 30㎖에 해당된다.
   ※ Single은 스트레이트로 1인분(30㎖) 1잔 분량을 제공하는 것을 말하며, Double은 스트레이트로 2인분(60㎖) 1잔으로 제공되는 것을 말한다.

또한 증류한 술을 은폐하려고 쉐리주(sherry)의 빈 통에 담아 산속에 숨겨 두었는데 나중에 통을 열어 보았더니 증류 당시에는 무색이었던 술이 투명한 호박색에 짙은 향취가 풍기는 술로 변해 있었다. 이것이 바로 목통(오크통) 저장의 동기가 되었다. 밀조자들이 궁여지책으로 강구한 수단들이 위스키의 주질 향상에 획기적인 기여를 하는데 일조한 것이다.

〈더 좋은 맛과 향을 만들기 위해 수많은 오크통들이 잠들어 있다〉

그 후 19세기 중반 유럽의 포도나무가 필록세라 기생충에 의해 전멸되었는데 그 여파로 당시 명성을 떨치는 브랜디(코냑)을 생산할 수 없게 되자 그 대체수요로 위스키는 전 유럽에 소비되었고, 비약적인 품질의 향상을 통한 세계적인 술로 발돋움하게 되었다.

한편 미국에서는 켄터키를 중심으로 아메리칸 위스키가 만들어지고 있으며 그중에서도 버번(bourbon)은 세계적인 술로 성장했다. 또한 캐나다에서는 캐나디안(Canadian) 위스키로 독특한 발전을 이루었다. 위스키란 말은 라틴어의 아쿠아 바이티(Aqua-Vitae ; 생명의 물)에서 유래되어 위스게 바하(Uisge-beatha) → Uis-baughusky → 위스키(Whiskey)로 된 것이다. 위스키는 51~66%정도의 주원료를 사용하고, 그 외 다른 주류를 혼합하여 만든 위스키가 있다. 위스키의 주원료별 구분은 Malt Whisky[보리맥아(barley malt)를 주원료로 사용한 위스키], Rye Whisky[호밀(wheat)을 주원료로 사용한 위스키], Corn Whisky[옥수수(Corn)를 주원료로 사용한 위스키]가 있다. 이들의 알코올 함유량은 보통 40~43.4%(80 proof~86.8 proof)이다.

2 세계 4대 위스키

1. 스카치위스키(Scotch Whisky)

스코틀랜드에서 생산된 위스키의 총칭이며, 위스키 생산량의 약 60%를 생산하고 있다. 원산지는 영국이며 원료는 보리 몰트(Malt) 60%와 기타 곡류 40%를 혼합하여 엿기름에 의해 당화, 발효시켜 스코틀랜드에서 단식증류기로 증류하여 최소한 3년간 오크통에 넣어 저장, 숙성시킨 것이다.

주요 특징은 다음과 같다.
- 알코올 함유량 : 보통 43~43.4%이다.
- 색 : 갈색(Brown)
- 스코틀랜드산 보리를 사용(대맥)
- 스코틀랜드산 피트(Peat) 탄을 태워서 엿기름으로 건조
- 오크 통 안에 쉐리 포도주가 스며들게 하여 위스키를 채 움
- 서늘하고 습도가 높은 창고에서 저장 숙성(18℃, 90% 습도)
- 스코틀랜드에서 3년 이상 저장

주요 상표로는

① Johnnie walker
   - Red Lavel
     : 8년 저장
   - Black Lavel
     : 12년 저장
② White Horse
③ White Lavel
④ Black & White

⑤ Haig & Haig
⑥ Chiavas Regal
⑦ Ballantine's
⑧ Bell's Special
⑨ Cutty Sark
⑩ Glenfiddich
⑪ Haig's Gold Lavel
⑫ J&B JET

⑬ King's Ran Son
⑭ Old Parr
⑮ Royal Salute
⑯ Vat 69

1) Scotch Whisky의 명품

■ 발렌타인(Ballantine)

1827년 일개 농부였던 조지 발렌타인이
에든버러로 나가 식품점을 창업한 것이 시
초이다. 발렌타인에는 재미있는 일화가 있
는데 그 당시 위스키 숙성 창고에 도둑이
자주 들어 위스키를 훔쳐가자 거위 100여
마리를 키워 창고 주위에 낯선 사람이 나타
나면 거위들이 집단으로 짖어대며 공격을
가하여 좀도둑들의 침입을 막아냈다 한다.
발렌타인은 숙성기간이 6년은 Finest, 12
년은 Gold Seal, 17년, 21년, 30년으로 병
입 된다.

■ 제이 앤 비(J&B)

1749년 이탈리아계 자코모 저스테리니가
최초 설립한 것으로 미모의 오페라 가수를
열렬히 사랑한 나머지 그녀를 쫓아 영국으
로 건너간 저스테리니는 귀족을 대상으로
한 주류회사를 창립하여 성공을 거두었고,
후에 새로운 경영자 브룩스를 맞이하여 두
사람 이름의 첫 글자를 따서 J&B라는 스카
치위스키를 만들어 내게 되었다. 한 여인에
대한 뜨거운 사랑이 J&B를 탄생시킨 것이
다. 200여 년간 영국왕실의 공식위스키로서

품격과 맛을 지켜온 공로를 인정받아 영국왕실의 문장을 사용할 수 있는 특권을 부여받았
다. 6년산은 Rare, 12년산은 Jet, 15년산은 Reserve, 그리고 전통적인 맛을 풍 기는 21
년산 '로얄 에이지스'가 있다.

▣ 올드 파

그렌리스 형제에 의해 1871년 스코틀
랜드에서 처음 선보인 올드 파는 152살
까지 삶을 향유 했다는 전설적인 인물인
토마스 파를 기려 이름 지어졌으며 전 세
계 스카치위스키의 고전이 되었다. 토마
스 파는 102세의 고령 이었을 때 그 정력
이 절륜하여 강간죄로 18년 동안을 감옥
살이를 했는데도 감옥에서 풀려나온 후
소녀 같은 어여쁜 부인을 얻어 매야(每夜)

의 방사(房事)는 물론 옥 같은 귀동(貴童)을 낳아 세상의 선망을 독차지 했다는 것이다. 그
가 152세가 되던 여름철에 진기한 장수자로서 왕실의 초대를 받아 진수성찬에 독주를 너
무 과음하여 결국 그것이 탈이 되어 앓다가 죽었다는 일화는 너무도 유명하다. 12년산의
프리미엄 위스키로 깊고 그윽하면서 부드러운 맛과 향으로 전 세계 위스키 애호가들로 부
터 사랑을 받고 있다. 올드 파의 네모난 병의 뒷면 라벨에는 루벤스가 당시에 그린 파 노
인의 초상화가 그려져 있다.

▣ 조니 워커(Johnnie Walker)

1820년 스코틀랜드 동남부에 위치한 Ayrshire의 중심지 Kilmarnok에서 John Walker
씨가 위스키를 판매하기 시작하였으며, 1850년부터 아들 Alexander Walker와 함께 위
스키를 Blending하여 도매를 하면서부터 사업이 번창 하기시작 하였다. 그러다 1852년에
엄청난 폭우가 쏟아져서 킬마녹 전체를 휩쓸어 버렸다. 그러나 Alexander Walker는 이
에 굴하지 않고 다시 사업을 일으켜 1886년 런던에 대리점을 차려 위스키를 판매하면서
부터 Johnnie Walker는 널리 알려지게 되었다. 조니워커 위스키의 심벌은 상업미술가인
톰 브라운에게 의뢰하여 외눈 안경을 쓰고 장화를 신은 신사가 지팡이를 들고 걸어가는
모습의 현재 상표를 1908년부터 사용하기 시작하였다. 조니워커는 하일렌드 40여 곳의
증류소에서 생산하는 Malt Whisky에 Grain Whisky를 Blend하여 병입 하며 숙성 기간
에 따른 분류는 다음과 같이 한다. 6년산은 Red Label, 12년산은 Black Label, 15년산
은 Swing, 18년산은 Gold, Blue는 최고급으로 정확한 연수는 나와 있지 않으나 옛날에
는 60년까지 숙성시킨다 하였다.

■ 글렌피딕(Glenfiddich)

하일랜드에서 생산하는 Single Malt Whisky로 1887년 Victoria 여왕 즉위 50주년을 기념하여 그해 성탄절에 첫 선을 보인 Premium급 Scotch Whisky이며 Glenfiddich 는 게일어로 사슴이 있는 골짜기란 뜻으로, 상표에는 사슴 이 그려져 있으며 산뜻하고 남성적인 맛을 풍기면서도 부 드러운 것이 특징이다. 12년산, 18년산, 30년산, 50년산 (세계에서 몇 개 안되는 희귀양주로서 비싼 양주로 알려져 있다)이 있으며 현재 몰트위스키로는 매출실적이 가장 좋 고, 삼각형 녹색 병으로 되어 있는 것이 특징이다.

■ 로얄 살루트(Royal Salute)

Royal Salute는 현재 영국 여왕인 엘리자베스 2세가 5살 때 만든 위스키로 Oak통에서 숙성 시켜오다 1952년 엘리 자베스 2세의 대관식이 되자 21년 숙성시킨 로얄 살루트를 21발의 예포와 함께 바쳤는데, 이 때 축포를 쏘는 숫자와 위 스키의 숙성기간이 일치하여 '국왕의 예포'라는 이름을 붙였 다고 한다. 병 모양을 둥근 도자기로 만든 것은 16세기에 에 든버러 성을 지키는데 위력을 발휘한 메그라는 거대한 대포

탄알을 모방하여 만든 것이다. 병의 색깔은 자주색, 청색, 청록색으로 만들었으며 40년간 숙성한 위스키는 Royal Salute Ruby라고 한다.

▣ 시바스 리갈(Chivas Regal)

시바스 리갈은 Highland에서 가장 오래된 증류수로 알려져 있으며 Chivas Regal은 국왕을 지키는 기사들 이라는 의미가 담겨져 있다. 상표에 칼 두 자루와 방패가 그려져 있는 것은 1843년 Victoria 여왕시대 기사들이 여왕에게 충성을 다한다는 표시라고 한다. 12년간 숙성시킨 Premium급 Scotch Whisky다.

▣ 커티샥(Cutty Sark)

Cutty Sark은 18세기 스코틀랜드의 작가 Robert Burns의 작품 Tam O'Shanter에 나오는 짧은 속치마를 입은 아름다운 미녀들이 말보다 빨리 달린다는 전설에서 유래되어 1869년 스코틀랜드에서 그 당시 세계에서 가장 빠른 속도를 내는 범선을 만들어 Cutty Sark이라는 이름을 붙였다는 일화가 있다. 존슨 미 대통령이 좋아했다 하여 유명한 위스키 Cutty Sark은 카라멜 색소를 첨가하지 않는 연하고 부드러운 Light Body 위스키다. 숙성기간이 6년산은 Standard, 12년산은 Emerald, 18년산은 Discovery, 50년산은 Golden Jubillee가 있다.

2. 아이리쉬 위스키(Irish Whisky)

아일랜드에서 생산된 위스키로서 원료는 맥아(Malt)의 디아스타아제(diastarse)로 곡류를 당화하여 발효시킨 것을 북아일랜드에서 증류하여 최저 3년간 저장 숙성시킨 것이다. 대맥과 곡류를 원료로 하여 그레인위스키로 구분하기도 하며, 그 특징은 다음과 같다.

- 포트 스틸(Post still ; 단식증류기)로 3회 증류하기 때문에 도수는 스카치위스키보다 높다.
- Peat탄으로 엿기름을 건조한 것은 스카치위스키와 비슷하나 향을 배제한 것이 다르다.
- 저장은 아이론 통(Iron Cask)에 넣었다가 다시 오크통에서 7년 정도 저장 숙성시킨 것이다.
- 알코올 함유량은 보통 43~45%이다.
- 주요 상표는 John Jameson, Old Bushmill's, John Power이다.

1) Irish Whisky의 명품

◼ 존 제임슨(John Jameson)

1780년 아일랜드의 수도 더블린에서 위스키 제조의 선구자인 존 제임슨이 설립한 증류소다. 제임슨은 몰트와 보리의 혼합으로 만들어 지며, 보리 건조 과정에서 무연탄을 쓰기 때문에 이탄을 쓰는 스카치와 다르게 깨끗한 보리의 향미를 느낄 수 있다. 아이리쉬 위스키는 문헌상으로 12세기 중반으로 유럽에서 가장 오래된 증류주 중에 하나로 꼽힌다. 존 제임슨은 아일랜드에서 생산되는 엄선된 양질의 보리와 가장 깨끗한 물과 혼합된 맥아로 아일랜드의 전통적인 방법으로 생산하는 아주 부드러운 풍미를 지닌 대표적인 아이리쉬 위스키다.

◼ 올드 부시밀(Old Bushmills)

아이리쉬 위스키중 가장 역사가 오래된 것으로 1743년에 밀 조주를 만들기 시작하여 1784년에 정식으로 제조업자로서 인가를 받아 생산하고 있다. 부시밀즈는 북아일랜드주에 있는 도시 이름으로 숲속의 물레방아간이라는 뜻을 지니고 있으며, 위스키 맛은 이이리쉬의 전통적인 걸쭉한 풍미를 지니고 있다.

3. 아메리칸 위스키(American Whisky)

미국에서 생산된 위스키를 말한다. 1795년 제코브 비임(Jacob Beam)이 켄터키(Kentuky)주 버번(Bourbon)지방에서 옥수수를 기주로 하여 위스키를 제조하기 시작하였고, 여기서 생산된 것을 버번위스키로 분류하기도 한다.

주요 특징은 다음과 같다.
- 원료는 옥수수 51~66%(Corn Whisky)이상을 사용
  * 호밀 51~66%를 주재료로 한 것은 Rye Whisky이다.
- 호밀과 몰트를 더하여 당화시켜 증류해서 그을린 오크통에 저장 숙성
- 색상은 단풍잎 색(위스키보다 조금 붉은 빛)
- 버번위스키의 저장은 최저 5~6년을 오크(Oak) 통에서 저장, 숙성함
- 알코올 함유량은 보통 43~50%이다.
- 버번위스키의 주요 상표

> - Bourbon de Luxe   - Jim Beam
> - Wild Turkey   - Jack Daniel
> - Old Grand Dad   - Seagram's Seven Crown
> - I.W. Harper

알아두기 Jack Daniel

미국을 대표하는 위스키이며 테네시 위스키로 불리 운다.
다른 버번위스키와 차이점은 테네시 고지에 산출되는 사탕단풍나무 숯으로 여과 후 숙성시킨다.

1) American Whisky의 명품

▣ 잭다니엘(Jack Daniel)

잭 다니엘은 소년시절에 친척집에서 양조기술을 익혀 1864년에 테네시주 링컨카운티의

린치버그 마을에서 증류소를 차려 "벨 오프 링컨과 카운티의 미녀"라는 상표로 판매하여오다 1887년에 자신의 이름을 붙이게 되었으며 1890년 세인트루이스에서 열린 위스키품평대회에서 "Jack Daniel No 7"이 최우수상을 수상한 이래 계속해서 미국의 대표적인위스키로 군림하고 있다. 목탄으로 여과하여 숙성하는, 테네시 위스키 고유의 여과방법 때문에 온순하고 원만한 맛을 지닌 술이 된다. 테네시 위스키가 버번위스키와 차이점은 테네시 고지에 산출되는 사탕단풍나무 숯으로 여과 후 숙성 시킨다.

▣ 와일드 터어키(Wild Turkey)

은은한 호박색을 띠며 칠면조를 심벌로 하고 있는 와일드터키는 부드러움 속의 강렬함이 느껴지는 버번위스키로 미국의 낭만과 여유를 간직한 로맨틱한 위스키입니다. 옥수수를 주재료로 하여 최고급 호밀과 맥아 그리고 켄터키 지방에서만 흐르는 석회석(Limestone)의 맑은 물만을 사용하고 증류한 후, 새 오크통에서 숙성시킴으로써 최고의맛과 향을 지니고 있는 버번위스키입니다.

미국에선 7년짜리 버번(43.3%)과 8년짜리 라이(50.5%)도 내놓고 있으며, 특히 와일드터키 8년산은 8년간의 세심하고 전문적인 제작과정을 거치게 됩니다. 이는 보통 버번위스키 숙성 기간의 두 배가 넘는 시간이다. 숙성과정에서 물을 적게 사용해 더욱 순수하고 전통적인 버번위스키의 맛을 내고 있습니다. 이 버번은 매년 사우스캐롤라이나 주에서 매년행사하는 야생 칠면조(와일드 터키) 사냥을 기념하기 위하여 어스틴 니콜즈 디스틸링 사에서 생산하기 시작하였으며 그 술 이름도 그에 유래합니다. 1855년 창립 이후 장인정신으로 전통과 명예를 이어오고 있습니다.

◼ 짐빔(Jim Beam)

1700년대 말 미국이 독립하여 한창 발전하기 시작할 무렵 캔터키 주에는 버번위스키 붐이 일고 있었다. 1795년 제이콥 빔(Jacob Beam)이 증류소를 세운 이래 6대에 걸쳐 200년간 버번을 제조하여 온 것은 매우 희소한 일이다. 1920년대 금주법 시대를 지낸 후 빔 가족은 사업을 재건하여 오늘날 짐빔을 가장 많이 팔리는 버번위스키가 되도록 하였다. 짐빔사는 품질의 비결을 자연 효모를 사용하는 것이라 한다. 짐빔사는 버번위스키의 산 증인으로서 짐빔 제조 방법은 버번위스키의 표준으로 되었다.

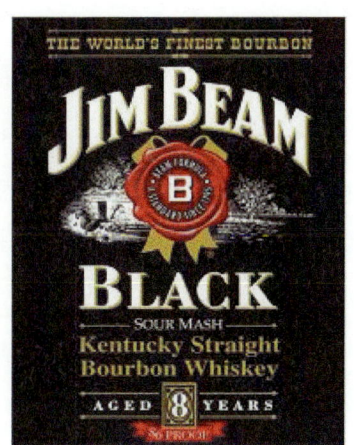

4. 캐나디안 위스키(Canadian Whisky)

캐나다에서 생산된 위스키이다. 원산지는 캐나다의 온더리오호 주변에서 주로 생산하며, 원료는 호밀(Rye) 51~66%와 밀, 옥수수를 보리 엿기름으로 당화, 발효, 증류시켜 Oak 통에 숙성한다.

저장은 3~6년간 실시하며 알코올 함유량은 보통 43~44%이다. 캐나다 위스키의 주요 상표는 Canadian Club(C.C), Canadian Rye, Seagram's V.O, Crown Royal 등이 있다.

1) Canadian Whisky의 명품

▣ 크라운 로얄(Crown Royal)

1939년 영국 왕 조지6세 내외가 엘리자베스 공주를 대동하여 캐나다를 방문하였을 때 Seagram's사에서 심혈을 기울여 최고급 위스키로 만들어 진상하였으며 국왕은 캐나다 대륙을 횡단하여 벤쿠버로 가는 왕실 열차 안에서 처음 개봉하였다. 그 후 엘리자베스 공주와 에든버러 공의 결혼식과 엘리자베스 2세의 대관식에 진상된 것으로도 유명하다. 이 당시 Crown Royal

은 귀빈 접대용으로 소량만 생산하다가 후에 판매하게 되었다. 왕관 모양의 Crown Royal은 많이 마셔도 다른 위스키보다 갈증을 덜 느끼는 특성이 있는 Premium급 위스키다.

▣ 캐나디언 클럽(Canadian Club)

1858년 하이렘 워커사가 창업한 이래 계속 주력 상품으로 생산하고 있으며 C.C.라는 애칭으로 더 잘 알려져 있다. 영국의 빅토리아 여왕 시대인 1898년 이래로 영국 왕실에 납품되고 있으며 영국 왕실의 문장이 표시되어 있다.

  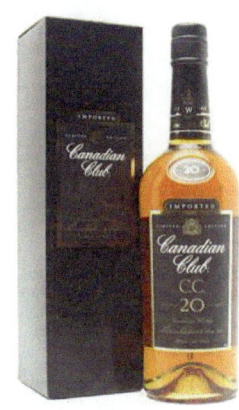

③ 위스키 분류법

1. 증류법에 의한 분류

1) 포트 스틸 법(Pot Still)

　단식증류기를 사용하여 증류한 위스키를 말한다. 이 방법은 원시적인 증류법으로 연속식에 비해 많은 시간이 걸리며 원가가 많이 들고 비능률적이나 향과 맛이 비교적 좋은 장점이 있다. 이는 고급 위스키나 브랜디 제조에 주로 사용된다(Scotch Whisky, Irish Whisky, Cognac Brandy가 이에 속한다).

2) 파텐트 스틸 법(Patent Still)

　1826년 로버트 스테인(Robert Stein)에 의해 발명되었으며, 연속적으로 연결된 증류기(일명 연속식 증류기)를 이용하여 만든 위스키이다. 이는 단시간에 대량적으로 증류시킬 수 있는 장점이 있으나, 원가가 저렴하여 가격이 저렴하다. 이것은 숙성을 하지 않는 무색투명의 증류주나 대중적인 위스키 제조에 주로 쓰인다(American Whisky(Bourbon Whisky Canadian Whisky가 이에 속한다).

2. 원료 및 제법에 의한 분류

1) 블랜디드 위스키(Blended Whisky)

위스키는 저장 연수, 양조과정의 방법, 저장고의 환경과 위치, 저장통의 재질과 크기에 따라 숙성이 다를 수 있다. 여기에 위스키의 맛과 향을 혼합하는 것이 블랜디드 위스키이다. 오늘날 세계적으로 생산되는 위스키의 95%정도가 몰트위스키와 그레인위스키를 적당한 비율로 혼합한 블랜디드 위스키이다.

2) 몰트위스키(Malt Whisky)

보리로 만든 엿기름을 원료로 사용하여 만든 위스키로서 맥아(엿기름)를 건조시킬 때 피트탄(Peat)에 태워 단식증류기로 증류한 후 오크통에 최소한 3년 이상을 숙성시키는데, 피트향과 통의 향이 배인 독특한 맛의 위스키이다.

알아두기 | 몰트(Malt) 위스키 제조과정

보리 → 침수 → 발아 → 건조(Peat) → Malt → 당화 → 효모첨가 → 발효 → 포트스틸(단식증류기)로 2회 증류 → 통에 넣음 → 저장숙성 → 싱글 몰트 → 그레인위스키 혼합 → 블랜디드 위스키

3) 그레인위스키(Grain Whisky)

발아시키지 않은 보리와 호밀, 밀, 옥수수 등의 곡류에다 보리맥아(Malted Barley)를 15~20%정도 혼합하여 당화, 발효하여 현대식 증류기(연속식 증류기)로 증류한 고농도 알코올의 위스키다. 비교적 향이 덜하며 부드럽고 순한 맛이 특징이고 통 속에서 3~5년 숙성 시킨다.

알아두기 **그레인(Grain)위스키 제조과정**

옥수수, 몰트, 전분 → 증자 → 냉각 → 당화 → 효모첨가 → 발효 → 파텐트 스틸(연속식 증류기)로 2회 증류 → 통에 넣음 → 저장숙성 → 그레인 위스키 → 몰트 위스키와 혼합 → 블랜디드 위스키

제2절　브랜디(Brandy)

1　브랜디의 숙성과정

브랜디는 원래 과실의 발효액을 증류한 알코올이 강한 술이다. 브랜디는 폴란드어의 브란테바인(Brandewijn)이라는 말에서 유래되었고, 프랑스에서는 오-드-비(Eau-de-vie-de-vin)라고도 한다. 이는 생명의 물이라는 뜻이다(브랜디를 불에 태운 술, 생명의 물, 불사의 영주로 애칭하기도 한다).

브랜디의 제조과정은 포도주를 Pot still(단식 증류기)로 1차 증류시켜 알코올분 20~25%정도를 얻게 한다. 그리고 이것을 다시 2~3회 증류시키면 알코올 50~75%정도가 된다(양질의 브랜디는 3회 증류한 것이다). 이렇게 해서 얻은 브랜디를 Oak 참나무통에 넣고 저장 숙성시킨다. 브랜디는 숙성기간이 길수록 품질이 향상된다.

참나무통의 색과 나무에서 나오는 탄닌(Tanin)으로 인하여 독특한 향기와 색이 가미되어 아름다운 호박색(Amber Color)에 가까운 Brown색으로 술이 생성된다.

알아두기　**브랜디의 제조공정**

1. 양조작업(와인제조)

2. 증류

3. 저장 : 증류한 브랜디를 열탕소독 한 White Oak Barrel(새로운 오크통)에 넣어 저장한다. 담기 전에 White Wine을 채워 유해한 색소나 이물질을 제거 하고난 후 다시 White wine을 쏟아내고 브랜디를 채운다. 저장기간은 최소 5년에서 최고 20년까지이나, 오래된 것은 50~70년 정도 되는 것도 있다.

4. 혼합

---

2 주요 생산지역

1. 코냑(Cognac)

- 프랑스 코냑(Cognac)지방에서만 생산되는 브랜디이다.
  * 케프(Capus)에 의해 1935년 원산지 명칭 통제령의 법률이 제정되어 코냑의 이름은 그 지방 산출의 브랜디에만 허가됨
- 세계 5대 코냑회사 : 헤네시(Hennessy), 레미마르땡(Remy Martin), 마르텔(Martell), 까뮈(Camus), 꾸르브와지에(Courvoisier)
- 세계적으로 가장 유명한 브랜디의 생산지역이다.
- 코냑(Cognac)의 주 생산지역으로는 그랑드 샹파뉴(Grande Champagne), 보르드리(Borderies), 쁘띠뜨 샹빠뉴(Petite Champagne), 팽부아(Fins Bois), 봉부아(Bons Bois), 부아 오디네르(Bois Ordinaires) 등이 있다.

1) 세계 유명 코냑(Cognac) 종류

① 레미마르땡(Remy Martin)

세계 시장점유율이 높은 상표 중의 하나로 1724년 시작됐다. 이 회사의 루이13세는 최고의 질을 보장하는 그랑데 샴페인(Grande Champagne) 지역의 포도만을 사용하여 만들며, 수제품인 크리스탈 병마다 일련번호에다 진품 보증서가 첨부됐을 만큼 초특급 코냑이다. 진한 골드색으로 포트, 호두, 자스민, 열대과일, 시가 박스의 복합적인 부케, 불꽃같이 강렬하면서도 창출한 맛을 느끼게 하는 이 제품은 세계 최고품 중의 하나이다.

② 까뮈(Camus)

1863년 까뮈 주도로 결성한 협동조합에서 제조한 것이 시초이다. 창사 100주년을 기념, 출시한 까뮈 나폴레옹이 1969년 나폴레옹 탄생 200주년과 맞물려 큰 인기를 얻으면서 브랜디 시장에서의 확고한 위치를 구축하기에 이르렀다.

③ 헤네시(Hennessy)

아일랜드 출신인 리처드 헤네시가 1765년 창설한 회사로 4대손인 모리스 헤네시에 의해 급성장했다. 모리스 헤네시는 처음 코냑이란 명칭을 병에 새겨 넣고 별 마크로 숙성기간을 상표에 표시하기도 했는데, 오늘날 코냑 병에 등급을 표시하는 기호를 처음 사용하기 시작한 회사로 유명하다.

④ 꾸르브와지에(Courvoisier)

파리의 와인 중개업자 꾸르브와지에가 1790년 제조사를 창설, 생산한 이후 나폴레옹과의 친분을 이용해 '나폴레옹 브랜디'라고 선전한 것으로 알려져 있다. 꾸르브와지에는 마르텔, 헤네시와 함께 현재의 코냑 업계의 3대 메이커의 하나로 꼽힌다.

⑤ 마르텔(Martell)

1715년 장 마르텔이 설립했으며, 1977년 처음으로 나폴레옹 명칭을 사용한 코냑을 만들었다. 마르텔의 심벌마크는 황금제비다. 지금으로부터 300여년전 고대하던 브랜디가 오랜 숙성을 거쳐 처음으로 저장고로부터 나오던 날 어디선가 황금빛 제비가 코냑의 탄생을 축하하듯 날아다녔다고 한다. 이 후 마르텔의 탄생을 축하했다는 황금제비가 지금도 마르텔의 병에 그려져 있다. 헤네시가 해외에 중점을 두는 반면 마르텔은 국내에 치중해 프랑스 판매량에서는 단연 톱이다.

2) 그 외의 유명 상품

오타드(Otard)

창업자 오타드는 스코틀랜드의 명문 출신이다. 1688년 명예혁명 때 제임스 2세를 따라서 프랑스에 이주해온 집안이다. 그리고 이 회사가 있는 샤또 드 코냑은 프랑스 르네상스의 왕 프랑소와 1세의 탄생지이기도 하다. 1795년 오타드가 설립한 이 회사의 코냑은 향기와 맛이 미묘하게 균형을 이루고 있다. 증류 후 1년 동안 리무진산의 떡갈나무 술통에 넣어 숙성시키기 때문에 나무향이 녹아들어 오타드 특유의 톡 쏘는 독한 맛이 생긴다. 그래서 남성적인 코냑이라 한다.

그리고 비스뀌(Bisquit), 뽈리냑(Polignac), 끄르와제(Croizet), 하인)Hine), 라센(Larsen), 샤또 뽈레(Chateau Paulet) 등이 있다.

2. 아르마냑(armagnac)

아르마냑은 코냑 다음으로 유명한 프랑스의 대표적 브랜디다. 아르마냑은 보르도 남서쪽에 자리한 지역으로 이곳 역시 포도재배의 황금지대라고 할 수 있다. 아르마냑에 관해 이야기하자면 달타냥(D'Artagnan)을 빼놓을 수 없다. 알렉상드르 뒤마의 소설 '삼총사'에 등장하는 달타냥이 활동했던 본거지로도 유명하다. 달타냥은 소설 삼총사의 주인공으로 나오는 실제 인물이며, 1615년 태양왕 루이 14세의 총애를 받은 아르마냑의 영주이기도 한 가즈고뉴(Gascogne) 사람이다. 아르마냑(Armagnac)은 일명 '가즈고뉴'라고도 불린다. 오늘날 아르마냑 브랜디의 고급품에는 나폴레옹 코냑과 마찬가지로 레텔에 '달타냥'의 이름을 표기하고 있는데, 이것은 가즈고뉴 출신의 달타냥 후손들이 그의 이름을 기념하기 위한 것이다.

또 목이 길고 평탄한 도형의 병 모양도 아르마냑의 특징이라고 할 수 있다. 바스케즈(basquaise)라고 불리우 지는 이 병은 피레네 산기슭에 사는 바스크 인들의 식탁용 포도주 병의 모양을 본뜬 것이라 한다. 아르마냑 브랜디는 코냑보다 신선하고 남성적이며 살구향에 가까운 고유의향을 지니고 있다. 코냑이 정교한 기술에 의해 다듬어진 술이라면 아르마냑은 힘에 의해 만들어진 야성적인 술이다. 같은 아르마냑 지방에서도 브랜디 생산지역은 다시 '바 사르마냑', '테나레즈', '오타르마냑' 등 3곳으로 나뉜다. 그 중에서도 바사르마냑 지역은 최고급 주를 생산하고 있다. 이 때문에 바사르마냑에서 생산되는 브랜디는 바사르마냑(BAS ARMANAC)이라고 자랑스럽게 표기하고 있으며, 다른 지역에서 생산되는 것은 그냥 아르마냑(ARMANAC)이라고만 표시한다. 아르마냑 브랜디도 코냑과 마찬가지로 숙성기간에 대한 관리를 국립 아르마냑 사무국에서 하고 있다. 코냑처럼 9, 10월에 증류를 시작해 이듬해 4월 공식적인 증류가 끝나면 콩트 0이 되고, 1년 단위로 숫자가 올라간다.

별 셋(★★★)은 콩트 2, V.S.O.P는 콩트 4, 오르다주와 나폴레옹 엑스트라는 콩트 5 이상이어야 한다.

아르마냑의 명품으로는 샤보(Chabot)를 꼽을 수 있다. 아르마냑에서 가장 이름이 알려진 브랜드로 수출량도 가장 많다. 회사 창립자인 샤보는 해군 제독이었는데 자신의 배에 실어놓은 와인이 오랜 항해 기간에 자주 변질돼 고심했다. 그러다가 증류한 독한 술은 항해 중에도 맛이 변하지 않는데다 통 속에서 오히려 점점 더 맛이 좋아진다는 사실을 알게 됐다. 그 뒤로 아르마냑 지방의 샤보가문 영지에서 생산되는 모든 와인을 증류하도록 시켰는데, 이것이 아르마냑 브랜디의 기원이다.

■ 샤보(Chabot)

아르마냑 지방의 가장 유명한 제품으로 수출량도 가장 많다. 이 회사의 창립자는 샤보라는 해군제독 출신이다. 샤보는 전통적인 방법으로 증류, 블랙오크통 속에서 숙성시켜 원액의 주 질이 중후하며 세련된 맛과 향을 낸다.

그 외 주요상품은 쟈노(Janneau), 마리악(Malliac), 마르퀴 드 비브락(Marquis de Vibrac) 등이 있다.

3 저장 및 숙성도

브랜디는 저장 및 숙성 연수에 따라 라벨이나 네크 라벨(Neck Label)에 별(★)의 수 또는 기호나 문자로 표시된다. 그런데 브랜디의 등급표시는 각 제조회사마다 공통된 문자나 부호를 사용하는 것은 아니다. 따라서 코냑과 알마냑 지역의 브랜디 외에는 브랜디의 등급 규정이 없으므로 아무리 나폴레옹, X.O, 엑스트라와 같은 고급등급을 사용했다 하더라도 반드시 뛰어난 품질의 브랜드라고는 할 수 없다.

알아두기 1865년 헤네시의 등급발표

O- Old(오래된)
P- Pale(순수한)
S- Superior(뛰어난)
V- Very(매우)
N- Napoleon(나폴레옹)
X- Extra(각별히)

기호/문자	저장연수
★★★(별3개)	3~5년
★★★★★(별5개)	8~10년
V.O	12~15년
V.S.O	15~25년
V.S.O.P	25~30년
X.O	45년 이상
EXTRA	70년 이상

4 칼바도스와 그라빠

1. 칼바도스(Calvados)

칼바도스는 독특한 사과의 방향(芳香)과 산미(酸味)를 지닌 증류주이다. 브랜디는 과일 양조주를 증류해 만든 술로 원료에 따라 포도 브랜디, 사과 브랜디, 체리 브랜디 등으로 나뉜다. 보통 우리들이 마시는 대부분의 브랜디는 포도가 원료이다. 사과 브랜디인 칼바도스는 섬세하고 부드러운 사과 향이 특징이다. 프랑스 노르망디지방의 칼바도스는 세계에서 가장 뛰어난 사과 브랜디의 본고장이다. 소설 개선문의 주인공 라비크와 조앙 마두가 사랑을 나누면서 마시는 술로 칼바도스가 등장하기도 한다.

CALVADOS

THE WORLD'S PREMIER APPLE BRANDY

TASTING, FACTS AND TRAVEL BY HENRIK MATTSSON

2. 그라빠(Grappa)

그라빠는 포도주를 만들고 난 찌꺼기를 원료로 만든 증류주로 법률에 의해 이탈리아에서 제조된 것만을 그라빠라고 칭할 수 있다. 따라서 그라빠는 이탈리아의 브랜디로 불리어진다. 그라빠를 마시는 글라스는 보통 '하프 튤립'이라 불리는 전통적인 글라스를 사용한다. 그라빠를 마시는 방법은 먼저 외부의 공기와 접촉을 시키고 시간을 조금 두고 호흡하도록 기다린다. 그리고 나서 15~20분에 걸쳐 향의 변화를 천천히 즐기고 입에 넣어 입안에서 굴리듯이 맛을 느낀다. 그라빠는 식후주로 많이 애용된다.

제3절　진(Gin)

진이란 주니퍼(Juniper)의 불어 주니에브르(Genievre)가 네덜란드로 전해져 제네바(Geneva)가 되었고, 이것이 영국으로 건너가 진(Gin)이 라 하였다. 진의 원산지는 네덜란드(Holland)이다.

진의 창시자는 네덜란드의 라이텐(Leiden)대학 교수인 프란시스쿠스-드-라-보에(Franciscus-de -le-boe)이다. 실비우스(Sylvius)의사로 1660년경 알코올에 두송자 열매를 담가 소독약으로 사용하면서부터 시작되었다.

진은 무색투명의 증류주로 보리, 밀, 옥수수 등과 당밀을 혼합 증류하여 만든 술이다. 이는 쥬니퍼 베리(Juniper berry)란 노간주나무의 열매(두송자)를 착미시켜 소나무 향이 나도록 한 것이다.

진의 원료 및 제조는 곡류(호밀, 옥수수, 보리)를 혼합, 당화 → 발효 → 증류 + 두송자 열매(Juniper berry), 향료 식물 첨가 → 2차 증류 → 희석 → 입병한 것으로서, 알코올 함유량은 40~50% 정도이다.

진의 특성은 다음과 같다.
- 진은 저장하지 않아도 된다.
- 무색투명하다.
- 진은 마시고 난 후 뒤끝이 깨끗하다.
- 칵테일의 기주로 가장 많이 사용된다.

1 진의 종류

1. 런던 드라이 진(London Dry Gin)

영국에서 생산되는 진을 뜻하였으나 현재는 일반적인 용어로 사용된다. 드라이 진 중에서는 가장 품질이 우수하다.

유명상표로는 봄베이 사파이어(Bombay Sapphire), 고든스 진(Gordon's Gin), 비피터 진(Beefeater Gin), 길베이스 진(Gilbeys Gin), 탱거레이 진(Tanqueray's Gin) 등이 있다.

2. 프레이버드 진(Flavored Gin)

유럽에서는 진의 일종으로 취급되고 있으나, 이것은 술의 개념으로 말하면 리큐르에 속한다. 두송열매(Juniper Berry) 대신 여러 가지 과일, 씨, 뿌리 등으로 향을 낸 것이다. 종류로는 Slow Gin(슬로우진), Damson(서양자두), Orange Gin, Lemon Gin, Ginger Gin, Mint Gin 등이 있다.

3. 네덜란드 진(Holland Gin, Geneva Gin)

맥아와 호밀의 비율을 1:2로 혼합하여 단식증류법으로 2~3회 증류하고 Juniper Berry를 넣고 다시 증류해서 만든다. 향미가 짙고 곡물의 냄새와 맛이 남아 있어 무거운 맛과 향을 가지고 있는 것이 특징이며, 네덜란드인은 제네바(Geneva)라 부른다.

종류로는 볼스 진(Bols Gin), 실버 탑 진(Silver Top Gin)이 있다.

4. 올드 탐 진(Old Tom Gin)

영국에서 생산하며 드라이 진에 2% 정도의 당분을 넣어서 만든 감미가 나는 술이다.

5. 플리머스 진(Plymouth Gin)

1830년 영국의 남서부에 있는 영국 최대의 군항인 플리머스 시의 도미니크파의 수도원에서 만들어진 것이 시초이다. 런던 드라이 진 보다도 강한 향미가 있으며, 핑크색의 단맛이 없는 진이다.

6. 골든 진(Golden Gin)

일종의 드라이진으로서 짧은 기간 술통에서 저장되는 동안 엷은 황색을 낸다.

7. 미국 진(American Gin)

종류로는 플라이슈만스 진(Fleisehmann's), 하이램 워커 진(Hiram Walker's Gin) 등이 있다.

보드카(Vodka)

보드카는 러시아어로 Voda Boa 즉, 생명의 물을 의미한 말에서 유래되었다. 12세기경 러시아(Russia)의 농민에 의해 창안된 증류주이다.

원료와 제조는 곡류(보리, 밀, 호밀, 옥수수)를 혼합하여 보드카를 만드는 국가도 있으며 (미국), 러시아와 폴란드는 곡류대신 감자만 사용한다. 곡류와 감자류에 대맥 몰트를 가해서 당화, 발효시켜 연속 증류기로 증류해서, 자작나무 활성탄을 이용하여 여과조를 통해 목탄냄새를 제거하면 불순물이 없는 증류주가 된다.

알아두기 제조과정

(원료 + 엿기름 → 당화 → 발효 → 증류 → 희석 → 활성탄 여과 → 정제 → 입병)

보드카의 알코올 함유량은 연속식 증류기(Partent still)로 증류시켜 알코올분 85%이상으로 하여 물로 희석하면 40~50%정도가 된다.

보드카의 특징은 다음과 같다.
- 보드카는 저장하지 않는다.
- 무색, 무미, 무취이다
- 공정이 간단하고 원가가 저렴하여 비교적 가격이 싸다.
- 칵테일의 기주로 많이 사용된다.

1 보드카의 유명상표

　　왼쪽부터 최근 러시아에서 가장 인기 있는 [루스키 스탄다르트], 모스크바 창건자 이름을 딴 [유리 돌고루키], 러시아 실세 총리 블라디미르 푸틴의 이름을 딴 [푸틴카], [스타라야 모스크바], [프라즈드니치나야]와 스웨덴 보드카 [앱솔루트]

　　* '압솔루트(Absolut)' '핀란디아(Finlandia)' '스미르노프(Smirnoff)'는 각각 스웨덴 ·
　　　핀란드 · 미국산 보드카임

2 보드카의 종류

1. 러시아

　스톨리츠나야(Stolichnaya : 수도라는 뜻) : 루스까야 스딴다르트(빙하를 떠다 만들었다는 보드카), 빠를라멘트(우유로 정제했다고 유명함), 모스코프스카야(Moskovskaya : 모스크바라는 뜻) 등이 있다.

2. 미국

스미노프(Smirnoff : 세계 1위 판매량의 보드카) : 사모바(Samovar), 프리쉬만
(Fleischman's), 모나크(Monarch) 등이 있다.

3. 스웨덴

앱솔루트(Absolute) : 우리나리에서 가장 많이 팔리는 보드카로 스웨덴 남부의 스코네
(Scania)주의 아우스(Åhus)라는 지역에서 만들어진다. 처음 이 "앱솔루트 보드카"가 만들
어진 것은 1879년으로 그 전까지는 제대로 된 보드카가 생산되지 않았다. 아우스라는 지
역은 넓은 평원에서 재배되는 밀로 원료는 충분했으나 이를 이용해서 보드카를 만들 제대
로 된 증류기가 갖춰져 있지 않았다. 그러던 중 라스 올슨 스미스(Lars Olsson Smith) 라

는 사업가가 직접 연속식 증류기를 발명하여 이것으로 술을 만들기 시작, 이것이 앱솔루트 보드카의 시작이 되었다. 지금은 앱솔루트 보드카를 비롯하여 앱솔루트 플레이버(페퍼, 만다린, 시트론, 바닐라, 감귤과 오렌지 등)의 10여 가지 제품이 다양하게 생산되고 있다.

4. 프랑스

그레이 구스(Grey Goose)- 프랑스에서 생산되지만 미국 시장을 겨냥해서 1997년부터 판매하기 시작한 상품으로 상당한 인기를 끌어 이른바 "대박"을 터뜨린 상표다. 이 보드카를 처음 만든 사람은 미국인인 시드니 프랭크(Sydney Frank)라는 사람이다. 프랭크 씨는 2006년도에 86세로 세상을 떠났지만 이 그레이 구스 전부터 허브 리큐르인 예거마이스터(Jägermeister)로 큰 성공을 거두었고, 1997년부터 판매를 시작한 그레이 구스에서  도 큰 성공을 이루어 자력으로 억만장자가 된 것으로 유명하다. 세계적인 대회에서 100점 만점에 96점을 받아 보드카 부문 우승을 차지하기도 했으며, 보드카 판매량으로 단독 상표로서는 최고 판매량을 기록하고 있다.

5. 영국

고든(Gordon's), 길베이(Gilbey's), 워커(Walker's)

6. 네덜란드

볼스(Bols), 포포브(Popov)

7. 필란드

핀란디아(Finlandia) : 핀란드의 핀란디아는 천연 호수 사이의 평원에 풍부한 밀과 보리로 만든다. 핀란디아 병은 고드름 형태의 무늬를 가지고 있어, 차고 순수한 이미지를 보여준다. 핀란드인들은 핀란디아를 '흰 영양의 밀크'라 부르며, 한여름의 백야(白夜)를 보드카와 함께 지낸다. 핀란디아는 고향의 나라라는 이미지로 선전하는데, 백야의 흰 순록이 힘겨루기를 하는 풍경을 상표에 새겼다.

8. 폴란드

쇼팽(Chopin), 벨베디어(Belvedeire)- 벨베디어 보드카는 100% 폴란드산 호밀과 4차례의 증류과정을 거쳐 생산된다. 병에는 폴란드 대통령 관저인 벨베디어 하우스의 모습이 그려져 있다.

9. 플레이버 보드카(FLAVORED VODKA)

① ZUBROWKA(쯔부로우카) : 즈브로카라는 들소가 즐겨 먹는 풀의 이름으로 일단 완성된 보드카에 즈브로카라는 풀의 엑기스를 배합한 것이다. 황녹색이고 폴란드 산은 병 속에 이 풀잎이 떠 있어 유명하다.
② STARKA(스타르카) : 프르츠 플레이버에 특징 있는 이색 보드카로 크리미야 지방산의 배와 사과의 잎을 담그고, 소련산 브랜디를 첨가하여 와인 숙성에 사용한 통에 저장한다. 드라이 타입으로 엷은 갈색을 띠며 주정도는 43%이다.

③ LIMONNAYA(리몬나야) : 레몬 향을 첨가하여 아주 향기롭고 약간 단맛이 나며 주정
　도는 40%이다.
④ SMETAYA(스메타야) : 프랑스산 그레이프 보드카로 1985년에 발매를 시작하였다.
　프랑스포도 100%를 사용하여 연속 증류기로 증류한 후, 백화의 활성탄으로 여과한
　술이며, 주정도는 40%이다.
⑤ 날리우카(Naliuka) : 보드카에 과일을 배합한 것인데, 배합하는 과일의 종류에 따라
　여러가지 종류의 것이 있다.
⑥ 핀랜디아 크랜베리(Filandia Clanberry) : 크랜베리 주스가 첨가되어 붉은 색으로 미국
　에서 인기가 있으며, 주정도는 40%이다.
⑦ 야제비아크(Jazebbiak) : 보드카에 도네리코의 붉은 열매를 첨가한 핑크색이며, 주정
　도는 50%이다.

Chris Cardone Showing Off His Flair

럼(Rum)

럼은 영어로 럼(Rum), 불어로 룸(Rhum, Rum), 스페인어로 론(Ron), 포르투갈어로 롬(Rum)이라 부른다.

럼의 기원은 영국의 식민지 비베이도즈 섬에 관한 고문서 기록에 의하면 1651년에 증류된 술이 생산되었는데, 이 술을 서인도 제도의 토착민들이 흥분과 소동의 뜻으로 럼불리온(Rumbullion)이라 부르면서 앞 단어 Rum이라 불렀다는데서 유래되었다. 또한 럼의 주원료가 되는 사탕수수를 라틴어로 샤카롬(Saccharum)이라 하면서 Rum이라 명명하였다고 한다.

럼은 푸에르토리코(Puerto rico), 멕시코(Mexico), 자마이카(Jamica), 도미니카(Dominica), 스페인(Spain), 쿠바(Cuba), 하와이(Hawaii), 하이티(Haiti)에서 많이 생산되고 있다.

럼의 원료 및 제조방법은 사탕수수(Sugar Cane)와 당밀(Molasses)을 주원료로 소당을 만들고 단더(Dunder)를 첨가하여 발효를 돕고 럼 특유의 향을 내도록 했으며 이를 증류하여 저장 숙성시킨 것이다.

럼을 저장하지 않고 바로 병입하여 출고한 것은 주로 칵테일용으로 많이 사용되나, 2년 이상 저장 숙성한 것은 맛과 향이 농후하여 스트레이트용으로 많이 이용된다.

럼의 알코올 함유량은 보통 40~80%이며, 색과 풍미에 따라 세 가지로 나눈다.

1 헤비 럼(Heavy Rum)

- 단식증류기로 증류하여 오크통에서 최소 4년 이상 저장 숙성
- 풍미가 높고 농후하며 색이 짙어 주로 스트레이트용으로 이용
- 헤비 럼은 자마이카 산이 유명
- 헤비 럼을 다아크 럼(Dark Rum)이라고도 함

2 미디움 럼(Midium Rum)

- 헤비 럼과 라이트 럼의 중간적인 색의 럼
- 도미니카에서 많이 생산
- 골든 럼(Golden Rum)[3]이라고도 부름

3 라이트 럼(Light Rum)

- 당밀에 효모를 넣고 발효시켜 연속증류기로 증류한 것
- 세계적으로 가장 많이 애용
- 청량음료나 라임, 리큐르와도 잘 결합되는 술로서 칵테일용으로 많이 사용됨
- 쿠바의 럼이 가장 유명하며, 멕시코, 하이티, 산도밍고 등에서도 주로 생산됨

4 럼의 유명상표

---

3) 영국의 넬슨 제독이 트라팔가 해전에서 승리를 이끌고 영예로운 전사를 하자, 부하들이 넬슨의 유해를 부패하지 않게 럼 술통에 넣고 술을 채워 안치해두었다. 이때 술통의 색이 황금빛 찬란한 골든 색으로 돼 사람들이 골든 블러디(Golden Bloody)라고 부르고 넬슨이 주고간 황금의 피로 생각하여 부르게 된 것이다. 이것이 골든 럼(Golden Rum)의 유래가 된 것이다.

럼의 유명 상표에는 바카디 럼(Bacardi Rum, 쿠바), 마이어스 럼(Myers's Rum, 자메이카산), 론리코 럼(Ronrico Rum, 푸에르토리코), 하바나 클럽(Havana Club, 쿠바), 애플톤(Appleton), 올드 자메이카(Old Jamaica, 자메이카), 레몬하트(Lemon Hart), 발바도스(Barbados), 캡틴모건(Captain Morgan) 등이 있다.

▣ Bacardi(바카디) 소개

1830년 스페인에서 이주해 온 와인 판매상 돈 파쿤도 바카디는 1862년 쿠바 산티아고에서 작은 양조장을 하나 사들여 순도가 매우 높은 화이트 럼주를 생산했다. 양조장에는 박쥐가 살고 있었고 쿠바신화에 나오는 박쥐는 행운과 부의 상징이었기에 회사 로고로 삼았다. 바카디 럼주는 곧 카리브해 지역을 넘어서까지 유명해졌고 사랑을 받았다. 그 후 멕시코, 스페인, 베네수엘라, 미국 그리고 버뮤다와 마르티니크에도 자회사와 양조장을 설립했다

1960년 피델 카스트로가 쿠바의 권력을 잡았을 때 기업은 국유화 되었다. 그 때문에 바카디 일가는 쿠바를 떠나 바하마의 나사우로 회사를 옮겼다. 1992년 영국 버뮤다 제도에 정착해 지금까지도 약 500명에 달하는 창업자의 후손들 소유인 바카디는 오늘날 전 세계에서 가장 큰 주류 제조업체 중 하나다. 주력제품은 예나 지금이나 화이트 럼주다. 특별 증류과정을 거치고 떡갈나무 통에 저장해 독특하고 섬세하며 은은한 향을 간직하고 있어서 칵테일 만들기에 아주 적당한 술이다. 여덟 세대가 흐른 지금, 품질과 진정성으로 대표되는 세계에서 가장 널리 사랑 받는 브랜드를 상징하게 되었다.

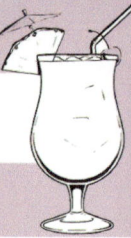

제6절 데킬라(Tequila)

멕시코가 주요 생산국이며, 용설란(Mescal)이라는 잎줄기 선인장의 수액을 발효한 폴퀘 (Pulque)를 다시 증류하여 얻어낸 술이다. 이는 강렬한 맛과 독특한 향을 풍기는데, 멕시 코 올림픽(1968년)을 계기로 세계적인 술로 자랑하고 있다. 제조과정은 다음과 같으며, 알 코올 함유량은 보통 40~52%정도 된다.

> **알아 두기 용설란**
>
> 원료(Agave) → 당화 → 발효 → 폴퀘(Pulque) → 2회 증류 → 저장숙성 → 활성탄으로 정제 → 입병

또한 테킬라는 색에 의한 분류로 두 가지가 있다.

1 화이트 데킬라(White Tequila)

- 실버 데킬라(Silver Tequila)라고도 함
- 단식증류기로 2회 증류하여 물로 알코올 도수를 조절하고 저장하지 않은 것
- 무색투명하여 칵테일용으로 많이 사용

2 골드 데킬라(Gold Tequila)

- 증류된 데킬라를 화이트 오크통에 넣어서 2년 이상 저장 숙성시킨 술
- 술통의 색과 향이 어우러져 호박색의 원숙한 풍미가 있음
- 스트레이트용으로 많이 이용

3 테킬라의 유명상표

테킬라(Tequila)라의 유명상표로는 호세 쿠에르보[Jose Cuervo], 사우자[Sauza], 엘토로[El Toro], 페페 로페즈[Pepe Lopez], 마리아치[Mariachi], 올메카[Olmeca], 투 핑거스[Two Fingers], 에스페샬[Especial], 몬테알반[Monte Alban, Mezcal] 등이 있다.

〈테킬라의 원산지인 테킬라마을의 용설란농장〉 　〈원조 용설란〉

1. 호세 쿠에르보(Jose Cuervo)

호세 쿠에르보 테킬라는 고사막 지대에서 자라나는 아가베로 만든 멕시코에서만 생산되는 지역특산주이다. 특히 부드러운 맛과 약간의 풍부한 단맛 그리고 오크통에서 잘 조화된 향과 바닐라 톤을 가지고 있다. 호세 쿠에르보가 1758년 테킬라 마을에서 야생 용설란을 채취해 테킬라를 제조하기 시작한 데서 비롯되었으며, 1909년 파리 박람회에서 그랑프리를 수상하면서 세계적으로 이름을 날리게 되었다. 그리고 이제는 골드 테킬라의 표준으로 자리매김 하게 이르렀다. 미국에서의 매출액 1위를 차지하고 있다.

2. 사우자(Sauza)

1875년 창업된 사우자사는 현재도 Sauza 집안에서 가업으로 사업이 이어지고 있으며, 테킬라 메이커로는 최대 규모를 자랑하고 있는 회사로 멕시코 국내 판매에 주력하고 있으며, 시장 점유율 2위를 자랑하고 있다. Cuervo사와는 라이벌인 동시에 혼인관계로 친척이 되었다.

3. 엘 토로(El Toro)

"투우"란 뜻으로 미국의 증류회사 아메리칸 디스틸드 스피릿츠사가 멕시코에 진출해서 제조하여 만든 술이다.

4. 페페 로페즈(Pepe Lopez)

페페 로페즈는 멕시코의 전통 제조법을 이어받은 한 가족에 의해 1857년부터 생산되어 온 프리미엄급 테킬라로 많은 테킬라 중에서도 특별히 그 부드러운 맛과 품질을 인정받아 멕시코 정부로부터 'NOM (Norma Official Mexicana de Calidad)' 판정을 받은 제품이기도 하다. 페페 로페즈는 최고 품질의 블루 아가베를 2번 증류해 만들어지며 이 과정에서 부드러운 맛을 갖게 된다. 또 멕시코 하리스코(Jalisco)주 테킬라 마을에서 만들어지는 역사와 전통을 그대로 간직하고 있다. 현재 국내에는 페페로페즈 골드와 실버가 소개되고 있다.

5. 마리아치(Mariachi)

"거리의 악사"란 뜻이며, 거대 주류기업 씨그램사가 제 2차 대전 후 멕시코와 합작하여 만들기 시작 했다.

6. 올메카(Olmeca)

멕시코의 가장 오랜 올메카문명을 딴 이름이다.

7. 투 핑거스(Two Fingers)

멕시코에서 생산되는 제품으로 100%   Blue Agave로 증류한다.

알아
두기 **Tequila 마시는 법**

멕시코 사람들은 레몬을 입속에서 짜 즙을 내고 소금을 조금 먹고 테킬라를 마시는데, 비싼 테킬라에는 선인장 벌레도 들어 있다.

첫잔을 마실 때는 살루드(salud, 건강을 위하여),
두 번째 잔은 디네로(dinero, 재복을 빌며),
세 번째 잔은 아모르(amor, 사랑을 위하여),
네 번째 잔은 티엠포(tiempo, 이제는 즐길 시간)를 외치며 건배하는 멕시코 사람들에게는 삶의 정열이 넘쳐흐른다.

4 숙성에 따른 분류

1. 테킬라 아네호(Anejo)

테킬라 중 가장 고급이다. 호박색이며 스트레이트로 마신다.

정부의 인장이 새겨진 오크통에서 최소한 1년간 숙성되는데, 통의 크기는 350리터를 넘을 수 없다. 많은 전문가들이 테킬라는 4년에서 5년간 숙성되었을 때 최고의 맛을 낸다고 하지만, 최고급 테킬라 아네호 중에는 8년에서 10년간 숙성된 것도 있다.

2. 테킬라 레뽀사도(Reposado)

오크통에서 3개월 이상, 2년 미만 숙성시킨다. 황색이다.

숙성을 거친 테킬라는 와인처럼 좀 더 복잡하고 부드러운 맛과 향을 낸다. 숙성기간이 길수록 색이 좀 더 진한 황금빛을 띠게 되고 오크 향을 더 많이 맡을 수 있다.

3. 호벤 아보카도(Joven abocado)

흔히 골드(Gold)라고 부른다. 블랑코와 같은 테킬라이지만, 숙성된 것처럼 보이기 위해 색소를 첨가하거나 맛을 첨가한 것이 다르다. 주로 카라멜을 넣거나 오크나무 향 에센스를 넣는데, 법으로 전체 무게의 1%를 넘지 못하게 되어 있다. 100% 아가베로 만들지 않았기 때문에 믹스토(mixto)라고 불리기도 한다. 멕시코의 법은 최소 51%의 아가베를 사용해야만 테킬라라는 이름을 붙일 수 있도록 정해 놓았다. 100% 아가베로 만든 테킬라보다 맛과 향이 덜하지만, 저렴한 가격 때문에 수출용으로 크게 인기가 있다.

4. 테킬라 블랑코(Blanco)

무색이다. 숙성기간이 60일 미만으로 용설란을 발효시킨 후 단식증류기로 두 번 증류해 스테인리스통에 단기간 저장하거나, 전혀 숙성되지 않은 채 직접 병에 담아지기도 한다. 거칠고 깨끗한 맛을 느낄 수 있다.

> **알아두기** **프리미엄 테킬라**
>
> 테킬라는 멕시코 산 용설란(Agave: 아가베)에서 나오는 수액을 발효시켜 만든 술로써 최소 51%이상의 용설란 'Agave Azul Tequiliana Weber(아가베 아즐 데킬라나 위베)' 증류 액을 포함한 것을 말한다. 아가베 아즐 데킬라나 위베 100%면 '프리미엄 테킬라' 라고 부른다.

제7절 | 아쿠아비트(Aquavit)

원산지는 북유럽 스칸디나비아(노르웨이, 덴마크, 스웨덴) 지방의 특산주이며, 처음엔 곡물을 원료로 사용했으나 지금은 감자로 만들고 있다. 어원은 '생명의 물(Aqua Vite)'이라는 라틴어에서 온 말이다. 제조과정은 감자를 익힌 다음 맥아로 당화·발효시켜 연속식 증류기로 증류한 후 95%의 고농도 알코올을 얻은 다음 물로 희석, 회향초 씨(Caraway seed)라는 향료를 넣어 제조(주정도 : 40℃) 한다. 이술은 약 40%의 알코올 함량에 허브 향이 배인 매우 상쾌하고 독한 술로써 축하하고 기념할 만한 날에는 빠지지 않고 등장하는 술이 바로 이 '아쿠아비트'이며 많이 마신 다음날에도 아주 깨끗하다. 아쿠아비트는 주로 무색, 투명한 색을 띤 것과, 옅은 노란색을 띤 것이 있다.

알아두기 | 아쿠아비트(Aquavit)의 특징

① 무색 · 투명
② 우리나라의 소주와 같은 술
③ 회향초의 특유한 향기가 강한 술
④ 스웨덴에서 가장 많이 생산(스넵스, Snaps)
⑤ 마실 때는 얼음에 아주 차게 해서 스트레이트로 마신다.
⑥ 국가별 표기방법 : 덴마크(Akvavit), 노르웨이(Aquavit), 스웨덴(양쪽을 혼용하여 사용)

제4장

혼성주

•

　　혼성주(Liqueur)의 리큐르는 라틴어의 리쿼화세(Liquefacer:녹이다)에서 유래되었다. 이는 과일이나 초근목피 등의 약초를 녹인 약용의 액체이다.

　　리큐르의 발명은 그리스의 히포크라테스에 의해 발견되었다고 전해지는데, 처음부터 술의 의미로 제조된 것이 아니라 약초를 와인에 녹여 물약을 만들어 환자에게 치료를 목적으로 기력 회복용으로 사용된 것이 리큐르의 기원이다.

　　제조방법은 정제된 주정(증류주)을 베이스로 하고, 약초류 향초류 꽃 식물 과일 천연향료 등을 혼합하여 감미료 착색료 등을 첨가하여 만든 것이다.

　　혼성주의 기능과 용도는 다음과 같다.

- 아름다운 색채와 독특한 개성이 있다.
- 과일이나 약초의 혼합으로 향이 좋다.
- 피로회복이나 소화 작용에 도움을 주는 약용주이다.
- 칵테일의 부재료에 없어서는 안 된다.
- 칵테일의 색상 맛 향을 내는데 중요한 역할을 담당한다.

제2절   리큐르(liqueur)의 역사 및 제조법

1   리큐르의 역사

미국과 영국에서는 코디알이라고도 부르는 리큐르(liqueur)는 곡류나 과일을 발효시켜 증류시킨 증류주에 약초, 향초, 과일, 종자류 등 주로 식물성의 향미 성분과 색을 가한 다음 설탕이나 벌꿀 등을 첨가하여 만든 혼성주의 총칭으로서 아름다운 색채, 짙은 향기, 달콤한 맛을 가진 여성적인 술이다.

리큐르의 기원은 옛날 연금술사 들이 증류주에 식물 약재를 넣어 만든 술로, 전해오는 이야기로는 고대 그리스의 히포크라테스가 쇠약한 병자에게 힘을 주기 위하여 포도주에 약초를 넣어서 일종의 물약을 만들었는데 이것이 리큐르의 기원이라고 한다.

동서양을 막론하고 생명의 회복이나 불로장생(不老長生)의 영약을 얻기 위하여 꾸준히 노력해 온 결과 리큐르가 탄생하게 된 것이다. 리큐르라는 말은 '녹아든다'는 의미의 라틴어 리케파세레(liquerfacere)에서 유래한 프랑스어이다.

18세기 이후에는 의학의 진보에 따라 의학적인 효용을 술에서 구한다는 초기의 생각은 약화되고 과일이나 꽃의 향미를 주제로 아름다움을 추구하게 되어 상류사회 부인들의 옷색과 어울리는 리큐르가 유행하였다. 이때부터 리큐르는 색채의 아름다움과 향미를 강조하여 여성의 술로 발전하여 오늘에 이르게 되었다.

오늘날 리큐르는 이탈리아와 프랑스를 비롯하여 세계 각국에서 다양하게 생산되고 있으며, 칵테일의 중요한 재료로 사용되고 있다. 국내의 각 가정에서 담그는 과일주 또는 약용주도 모두 이 리큐르의 범주에 속한다.

2   리큐르(Liqueur)의 제조법

1. 증류법(distillation)

원료를 알코올 속에 담가 그 침출액을 열로 가해 증류시키는 방식이다. 이를 핫(Hot)방법이라고도 한다. 주원료는 항초류 감귤류의 마른껍질 등을 사용한다.

2. 침출법(infusion)

원료를 주정이나 당분에 첨가시켜 담가 그 침축액을 착색 여과한 방식이다. 이는 열을 사용하지 않기 때문에 콜드(cold)방식이라고도 한다.
① 과실 및 향료를 기주에 담아 맛과 향이 우러나게 하는 방법
② 원료를 넣고 밀봉한 다음 수개월에서 수년간 장기 숙성시킨다.
③ 맛과 향이 추출되면 여과 후 블렌딩 해서 병입한다.

3. 엣센스법(essence)

천연 혹은 합성 향료의 엣센스를 사용하여 이것에 감미와 색을 혼합하여 만든 가장 편리한 방법이다. 독일에서 많이 사용하고 있으며, 이 방법은 품질이 다소 좋지 못하지만, 시설비, 인건비 · 제조시간이 절약되는 이점이 있다.
현재 가장 많이 사용되는 방법이다.

4. 여과법(percolation process)

커피 만드는 방법과 비슷하다. 허브 등의 재료를 커피 여과시키는 것처럼 기계의 맨 윗부분에 놓고 증류주는 밑부분에 놓는다. 열을 가하여 알코올이 함유된 증기가 윗부분의 향료를 통하여 지나가면서 액화시키거나 액체 증류주 자체가 위로 펌프되어 향료에 접히게 된다. 이렇게 향취를 얻은 증류주에 당분을 가미하고 색깔도 첨가 후 다시 여과시킨다.

제3절 혼성주(Compounded Liquor)의 종류

1 감귤류 리큐르(Orange Liqueur)

오렌지향이 강하므로 여성에게 특히 인기가 있으며 감기나 피로회복에 효과가 있다. 대표적인 종류는 큐라소, 코인트루, 트리플섹, 그랑 마니에 등이 있다.

1. 큐라소(curacao)

- 남미 서인도제도 카리브해의 큐라소 섬에서 생산되는 오렌지향 리큐르로 브랜디(Brandy), 시나몬(Cinamon), 육두구꽃(Maca), 감미 등을 혼합하여 만든다.
- 칵테일용으로 블루(blue)큐라소가 많이 사용된다.
- 오렌지(orange), 청색(blue), 무색(white) 큐라소 등이 있다.

2. 트리플 섹(triple sec)

- 남프랑스에서 브랜디, 오렌지, 약초를 혼합하여 만들어졌다.
- 칵테일용으로 가장 많이 사용하는 무색의 오렌지향 리큐르이며 도수는 약 26.5%이다.

3. 코인트루(cointreau)

- 고급 브랜디를 혼합하여 만든 고급용의 오렌지 리큐르이다.
- 도수는 약 40%이다.

4. 그랑 마니에(grand marnier)

- 꼬냑(Cognac)에 하이티산 오렌지 껍질을 배합시켜 오크통에서 숙성시킨 것으로 오렌지 리큐르 중 최고급이다.
- 도수는 39.9%이며, Rose와 Yellow가 있다.

2 과실류 리큐르

과실을 주원료로 하여 증류주와 혼합시켜 만든 리큐르이다.

브랜디를 베이스로 한 체리브랜디, 에프리콧 브랜디, 피치 브랜디, 피터 히링, 페어 브랜디, 블랙베리 브랜디 등이 있으며, 진을 베이스로 한 리큐르는 슬로우진, 레몬 진, 체리 진 등이 있다.

1. 슬로진(sloe gin)

- 진(gin)에 영국이나 프랑스에서 자생하는 오얏 열매(Sloe Berrys)로 맛을 내고 당분을 가미하여 만든 붉은색의 리큐르
- 도수는 30%이며, 여성용 칵테일에 많이 사용
- Sloe Gin Fizz가 대표적이다.

2. 체리 브랜디(cherry brandy)

- 버찌와 브랜디를 혼합하여 만든 리큐르
- 덴마크와 네덜란드의 것이 유명
- 도수는 24.4%이며, 암적색(dark red)이다.

3. 마라시노(Mara chino)

- 아드리아해의 서쪽해안 달마티아(Dalmatia)지역에서 자생하는 야생 버찌의 씨를 으깨어 만든 리큐르

4. 피치 브랜디(peach brandy)

- 복숭아를 담가 숙성시켜 당분을 첨가해 브랜디를 혼합하여 여과시킨 리큐르

5. 에프리콧 브랜디(apricot brandy)

- 브랜디에 살구 향과 당분을 더한 리큐르
- 향이 감미로워 여성용의 식후주로 적합

6. 서던 콤포트(Southern Comfort)

옛날에는 미시시피의 도박사들이 즐겨 마셨다는 미국를 대표로 하는 Liqueur로 Bourbon에 오렌지와 복숭아를 원료로 첨가하여 만든 것으로 널리 알려져 있다.

3 크림(Creme)류 리큐르

크림(Creme)이란 최상의 뜻으로 당분이 40~45%정도로서 달게 만들어진 리큐르를 말하며, 주요 원료로는 과일차꽃 나무껍질 커피 등 매우 다양하다.

1. 크림 디 카카오(Creme de CaCao)

- 코코아와 바닐라의 향을 낸 리큐르로 갈색(Brown)과 무색(White)의 두 종류가 있다.

2. 크림 디 민트(Creme de Menthe)

- 증류주에 박하 향과 약초를 가미한 것으로 그린(Green)무색(White) 핑크(Pink)색이 있다. 도수는 약30%정도이다.

3. 크림 디 바이올렛(Creme de Violet)

- 오랑캐꽃(제비꽃) 잎을 주원료로 하고 향초류 등을 혼합하여 만든 보라색 리큐르이다.
- 도수는 32%이며, 크림 디 야베트(Creme de Yvette)와 비슷하다.

4. 크림 디 카시스(Creme de Cassis)

- 버무스(Vermouth)에 까막까치밥(blackcurrant) 나무 열매로 만든 포도주과의 리큐르이다.

5. 크림 디 바나나(Creme de Banana)

- 바나나 원료

6. 크림 디 어내너스(Creme de Ananas)

- 파인애플 원료

7. 크림 디 카페(Creme de Cafe)

- 중성 알코올에 볶은 커피콩을 담가 우려내고 당분을 보탠 커피향의 리큐르

8. 크림 디 로즈(Creme de Rose)

- 장미 원료

9. 크림 디 쵸코렛(Creme de Choclat)

- 쵸코 원료

10. 크림 디 만다린(Creme de Mandarine)

• 귤 원료

11. 베일리스 아이리쉬 크림(Baileys Original Irish Cream)

• 아이리쉬 위스키에 크림과 카카오의 맛을 곁들인 것으로 스트레이트 또는 On the Rocks로 즐겨 마시는 아일랜드산 리큐르이다.

4 종자류 리큐르

향초류나 약초의 씨앗으로 만든 리큐르로 아니세트(Anisette), 큠멜(Kummel), 칼루아(Kahlua)등이 있다.

1. 아니세트

• 아니스(Anis)라는 약초의 씨로 만든 술로 감초 맛이 난다.
• 마약과 같은 일종의 신경을 흥분시키는 성분이 함유되어 있다.

2. 큠멜(Kummel)

- 회향초 열매를 주원료로 증류하여 만든 무색투명한 리큐르
- 독성이 있다.

3. 카루아(Kahlua)

- 멕시코의 대표적인 커피 리큐르
- 데킬라(Tequila)에 커피와 코코아, 바닐라를 혼합하여 만든 것
- 도수는 26.5%이다.

4. 아마레또(Amaretto)

갈리아노와 삼부카를 비롯하여 이태리가 자랑하는 3가지 리큐르 중의 하나로서 원료는 살구와 아몬드 이외의 여러 종의 재료를 사용하여 만든 것이다.

5 벌꿀(Mead)류 리큐르

1. 드람부이(Drambuie)

- 스코틀랜드의 대표적인 스카치위스키(Scotch Whisky)에 약초, 벌꿀을 혼합하여 만든 영국의 대표적인 리큐르
- 도수는 40%정도
- '만족시키는 음료'라는 의미이다.

2. 아이리쉬 미스트(Irish Mist)

- 아일랜드 위스키(Irish Wisky)에 약초, 벌꿀을 가미하여 만든 리큐르

6 향초류 리큐르

향초나 약초를 추출해서 만든 리큐르이다. 베네딕틴, 샬트루즈, 솔라, 갈리아노 등이 있다.

1. 베네딕틴(Benedictine)

- 1510년경 프랑스 노르만디(Normandy)의 베네딕트 수도원에서 수도승 돈베트날드빈세리에 의해 유래되었다. 여러 가지 약초를 배합하여 신비로운 약초 엣센스를 추출해 만든 액체를 신께 바치고 기도를 올렸다고 전해진다. 그 후 비법이 왕가에도 알려 졌으며, 술병에 D.O.M이란 명칭이 부여되었다. 이것의 의미는 라틴어로 '최선을 다해 최대의 신께 바친다.(Deo Optimo Meximo)'라는 뜻이다.
- 횡금빛 색으로 프랑스 리큐르 중 가장 우수하다.
- 도수는 40%
- 피로회복 효능이 있다.
- B&B는 베네딕틴과 브랜디를 혼합한 리큐르이다.

2. 샬트루즈(Chartreuse)

- 리큐르의 여왕으로 불려짐
- 옐로우[(Yellow)-도수는 43%])와 그린[(Green)-도수는 55%]의 두 종류가 있다.
- 프랑스어로 '수도원, 승원' 이란 뜻이며 Green 색은 알코올 도수가 55도이며, Yellow는 40도 이다.

3. 갈리아노(Galliano)

- 이탈리아 화주(Spirits)에 약초와 당분, 바닐라(Vanilla) 향을 보태어 만든 리큐르이다.
- 알코올 도수는 35~40%
- 옐로우(Yellow), 무색(White), 엘더베리 향의 갈리아노가 있다.
- 칵테일용으로는 옐로우(Yellow)가 많이 쓰인다.

4. 압생트(Absinthe)

주산지가 프랑스인 압생트는 '녹색의 마주'라고 불린다. 물을 가하면 오팔 모양이 되고, 태양광선을 쏘이면 7가지 색으로 빛난다. 원료로는 국화, 향쑥, 안젤리카, 육계, 회향 풀, 정향나무, 파슬리, 레몬 등의 향료나 향초류이다. 상습적으로 마시면 향쑥에 마취성의 화학성분이 함유되어 있어 결국 폐인처럼 되므로 제조판매를 금지하는 나라도 많이 있다.

5. 시나(Cynar)

이태리에서 생산하며 포도주에 국화과의 아티초크(Artichoke)와 약초의 엑기스를 배합한 리큐르로서 약간 진한 커피색이다.

6. 큄멜(Kummel)

회향풀(Caraway)로 만든 무색 투명한 리큐르로 소화불량에 특효가 있다. 1575년 네덜란드에서 처음 생산하였다.

7. 리까르(Ricard)

프랑스 남부의 감초 주성분에 아니스 등의 약초들을 배합해서 만든 식전주로 물과 희석해서 많이 마신다.

7 에프리티프(Aperitif)류 리큐르

식욕증진을 위한 식전용 술로서 자양강장 등의 효능이 있다.
대표적인 종류는 다음과 같다.

1. 버무스(Vermouth)

- 독일어 베르무뜨(Wermut)라는 말에서 유래된 것으로 약초인 향 쑥을 주원료로 하여 키나 코리엔더 등의 열매를 사용하여 만든 양조주(가향 와인)이다.
- 버무스의 분류는 다음과 같다.
  ㉠ 드라이 버무스(Dry Vermouth) : 무색(White)에 가까운 엷은 엽황색이며, 도수가 18~20%정도이다.
  ㉡ 스위트 버무스(Sweet Vermouth) : 감미가 있고 색이 암적색이며, 도수는 16~17% 정도이다.
    * 버무스(Vermouth)의 대표 상표로는 마티니(Martini), 진자노(Cinzano), 갈로(Gallo), 간시아(Gancia), 키안띠(Chianti) 등이 유명하다.

2. 캄파리(Campari)

- 포도주에 여러 약초를 가미하여 만든 쓴맛이 강한 리큐르
- 주산지는 이태리이며, 칵테일로는 캄파리 소다(Campari & Soda)가 유명
하다.

3. 두보넷(Doubonnet)

- 와인을 주제로 키나 피 또는 여러 약초를 첨가하여 만든 것

4. 아메르 피콘(Amer picom)

- 프랑스에서 생산하며 Brandy에 오렌지 껍질과 키니네 약초 등을 원료로 사용하여 만
들었다. Bitters의 한 종류이다.

5. 알티쇼크(Artishoque) :

- 엉겅퀴와 약초를 혼합하여 만든 것

6. 앙고스트라 비터(Angostura bitter)

- 베네수엘라의 옛 지명 이름으로 현재는 보리바로 불리워 진다.
- 주정에 초근목피 등의 약초에 열매 등을 담가 향기가 높고 쓴맛이 나는 약재의 리큐르이다.
- 도수가 48%이며, 열병약으로도 사용된다. 따라서 건위 강장 해열제로서 효능이 있다.
- 비터(Bitter)는 원래 쓴맛의 술이란 뜻의 영어이다.
- 진 비터(Gin bitter), 오렌지 비터(Orange bitter)등이 있다.
- 비터는 향을 좋게 하고자 칵테일용으로 많이 사용 된다[4].

---

4) 비터는 반드시 물이나 칵테일용으로 희석하고 흔들어서 사용해야 하며, 1잔에 1~2대시(dash)정도만 사용한다. 1대시(dash)는 5~6방울(drop)정도이다.

제 **5** 장

칵테일
조주

●

제1절 칵테일 이론
제2절 칵테일 바(Bar)

1　칵테일[5]의 유래와 특성

　옛날 멕시코의 유카탄 반도에 칸베체라는 항구에 어느날 영국의 배가 짐을 실으러 입항하게 되었다. 그런데 선원들이 선술집에 들어가니까 한 소년이 아주 맛있게 보이는 믹스드링크를 깨끗하게 나무껍질을 벗긴 막대기로 젓고 있었다. 그 당시 영국 사람들은 강한 알코올이 함유된 술을 스트레이트(straight)로 마시는 것이 보통이었지만, 이 지방에서는 브랜디와 럼 등의 알코올을 혼합해서 마시는 드락스(dracs)라고 하는 혼성 음료가 유행되고 있었다. 이것이 영국의 선원들에게 매우 신기하게 보였다. 그래서 한 선원이 궁금해서 소년보고 그게 뭐지 하고 물었는데 소년은 자기가 젓고 있는 나무막대기를 묻는 줄 착각을 했다. 마침 나무막대기가 수탉의 꼬리와 흡사해서 스페인어로 이것은 코라 데 가죠(cora de gallo)입니다. 라고 대답을 했다. 이것을 영어로 직역하면 ´tail of cock´ 바로 칵테일(cocktail)이란 Cock(수탉) + Tail(꼬리)의 합성어로 오늘날 Cocktail이 되었다고 한다.

---

5)　음료산업의 꽃으로 불리는 칵테일
　　톰 크루즈가 주연했던 〈칵테일〉의 영화를 보았는가? 칵테일은 식욕, 분위기, 소화기능을 돋구워 주면서도 디저트효능을 겸비하고 있다. 또 때로는 아름다운 숨결과 멜로디를 창조하기도 하는 미학의 꽃으로 장식하는 우아함이 있지 않은가. 산업사회의 등장과 더불어 우리나라에 칵테일이 도입된 배경은 1963년 리조트호텔인 서울워커힐에 칵테일 바를 운영하면서 조금씩 알려지기 시작하다가, 88 서울올림픽을 계기로 외식산업이 급속히 확산되면서 본격적인 음료산업이 성장하기 시작하였다.
　　인간의 신체성분은 약 70%가 물(water)로 구성되어 있으므로, 물을 이용한 신의 창조로서 탄생한 음료는 인간의 생명과 밀접한 상호관계를 가지고 있다. 즉, 현대문명의 급속한 발달과 소비자의 천차만별하고 다양한 욕구로 인하여 음료의 선택속성도 다양해지고 있으며, 따라서 음료를 활용할 수 있는 전문 직업이 오늘날 호텔산업을 중심으로 항공 산업과 함께 사교의 중심적 매체구실로서 현대인의 직업으로 새롭게 등장한 것이다. 음료라고 하면 한국인들은 주로 비알코올성 음료만을 뜻하는 것으로 생각하여 알코올성 음료는 "술"이라고 구분해서 생각하는 것이 일반적이지만, 서양인들은 음료에 대한 개념이 우리와 상당히 다르다. 물론 음료라는 범주에서 알코올성, 비알코올성 음료로 구분은 하지만 일상생활에서 주로 마시는 것을 통상 음료(알코올성 음료)로 이해하고 있다. 이러한 술에 대한 국내 자격증 제도로는 한국산업인력공단에서 실시하는 조주기능사 자격증이 있다. 이것은 국가자격증으로서 국내 음료산업의 전반적인 관리 및 판매담당자로서 음료를 총체적으로 관리하고 칵테일을 전문적으로 조주하는 전문기술자이다. 또한 국내에 와인의 수입이 점차 증가되면서 소믈리에라는 자격증의 관심도 높아지고 있다.

오늘날 칵테일이란 의미는 술이라는 주재료에 탄산음료, 과즙 등의 부재료를 혼합하여 만든 음료의 총칭을 말한다. 즉 칵테일이란 2가지 이상의 재료를 혼합하여 만든 믹스 드링크(mixed drink)를 의미한다.

칵테일의 특성은 다음과 같다.
- 아름다운 색체가 있다.
- 독특한 향과 맛이 있다.
- 감미로운 맛과 분위기가 있다.
- 다양한 알코올 도수를 가지고 있다.

즉, 칵테일이란 '알코올성 음료(술)에다 탄산음료, 과즙류 혹은 비알코올성 음료 및 각종 향을 혼합하여 만드는 음료이며 2가지 이상의 재료를 혼합하여 만든 믹스 드링크(Mixed Drink)'를 말하며 이를 혼합주라고 한다. 따라서 칵테일의 특성에는 기본적인 색깔 이외에도 여러 가지 색을 낼 수 있으며, 여러 가지를 섞으므로 여러 가지 향을 즐길 수가 있고, 알코올 도수를 다양하게(2~40도 정도) 만들 수 있다. 또한 과일을 장식하여 화려한 시각적 효과를 얻을 수 있으며 만드는 사람의 작품성을 가질 수 있고, 독한 증류주를 Straight로 마실 때 보다 여러 가지 부재료를 첨가하여 만들고 높은 알코올 도수를 희석해서 마시므로 건강을 해칠 염려가 적다.

2 칵테일의 분류 및 방법과 용어

1. 칵테일의 T. P. O에 의한 분류

칵테일은 시간(time), 장소(position), 경우(occasion)에 따라서 다음과 같이 구분한다.

1) Appetizer Cocktail

식욕을 촉진시키는 식전용 칵테일로 감미는 약하나 쓴맛의 드라이(dry)한 칵테일이 여기에 속한다.

대표적인 종류는 Martini, Manhattan, Campari & Soda, Screw Driver, Salty Dog, Gibson 등이 있다.

2) After Dinner Cocktail

식후의 소화를 돕는 칵테일로 감미가 있고 단맛의 풍미가 있는 칵테일이 알맞다.

대표적인 종류는 Allexander, Black Russian, Grasshoper, Golden Dream 등이 있다. 그리고 Brandy를 이용한 칵테일이나 달콤한 리큐르 종류도 식후용으로 어울린다.

2. 칵테일의 3대 미각

- 드라이(dry) : 독하고 쓴맛의 칵테일
- 스위트(sweet) : 감미롭고 단맛의 칵테일
- 사우어(sour) : 신맛이 강한 칵테일

3. 칵테일의 조주방법

1) Shaker 법

셰이커는 Cap(캡), Strainer(스트레이너), Body(바디)로 분리되며, [1] 용해, [2] 냉각, [3] 혼합을 목적으로 흔들어서 만드는 기법을 말한다. 가루설탕(Powder Sugar)이나 크림류, 계란 등 쉽게 섞이지 않는 재료 등을 얼음과 함께 넣고 흔든다. 이때, 손의 감각과 소리의 느낌으로 칵테일의 맛을 조절한다고 할 만큼 흔드는 횟수나 정도에 따라 맛을 좌우하므로 감각이 매우 중요하다.
직진법, 좌우법, 상하법, 타원형법, S자법 등의 흔드는 방법이 있다.

2) Stir 법

믹싱 글라스(Mixing glass)에 각종 재료와 얼음[6]을 넣고 바 스푼(Bar spoon)으로 저어서 혼합한 다음 스트레이너(Strainer)로 얼음을 걸러준다. 보통 [1]냉각, [2] 혼합의 목적으로 만든 다음 스템형(Stem) 칵테일 그라스에 주로 제공한다.

---

6) 얼음은 가루얼음(shaved ice), 작은 얼음(cracked ice), 각 얼음(cube ice), 덩어리 얼음(lump ice)이 있다. 칵테일에는 작은 얼음과 각 얼음을 사용한다.

3) Build 법

손님에게 제공할 서빙 글라스에 직접 술과 재료를 채워서 혼합하여 제공하는 방법이다.

4) Float 법

글라스에 술을 여러 겹으로 층층이 쌓는 기법을 말한다. 이 방법은 비율이 무거운 것부터 쌓는데 즉, 알코올 도수가 높고 비율이 낮을수록 술은 가벼워서 위로 쌓이게 된다. 술을 여러 겹으로 쌓는 요령은 Bar Spoon을 뒤집어 글라스 벽면에 부착시켜 술을 그 위에 조금씩 흘러내리게 하면 된다. 이때 주의 점은 기구나 글라스의 물기를 완전히 제거하고 술을 순서대로 쌓아야 한다.

5) Blending 법

블렌더에 필요한 재료와 잘게 깬 얼음을 함께 넣고 전동으로 돌려서 만드는 방법으로 트로피컬 칵테일(Tropical Cocktail)의 종류를 주로 만들며 프로즌(Frozen) 종류의 일부도 이러한 방법으로 만든다.

4. 칵테일과 음료에 관한 용어

- 스트레이트(straight) : 술을 조합하지 않고 그대로 마시는 것. 도수가 강한 Spirits, Liqueur를 스트레이트로 마신다.
- 체이서(Chaser) : 스트레이트로 술을 마실 때 입안을 산뜻하게 하기 위하여 곁들여 내는 음료. 물이나 소다수 진저엘 등의 탄산음료가 해당된다.
- 온더락스(On the Rocks) : 얼음이 채워진 글라스에 술을 부어 마시는 것을 말한다.
- 온스(Ounce) : 칵테일의 용량 단위를 말하며, 1온스는 30㎖에 해당한다(1온스 = 1포니(Pony) = 1샷(Shot) = 1핑거(Finger)).
- 지거(Jigger) : 칵테일의 용량 단위이며, 미국에서는 45㎖에 해당하는 양을 1지거(Jigger)라고 한다.
- 드롭(Drop) : 방울이란 의미로서, 용량을 의미한다.
- 대쉬(Dash) : 비터를 흔들어서 뿌릴 때 그 양을 말하며, 1dash = 5~6drop(방울)에 해당한다.
- 싱글(Single) : 스트레이트로 양주 제공 시 1인분의 양에 해당한다. 즉 위스키 Single

로 1잔이란 말은 Whisky를 스트레이트로 1인분(1온스)을 담아 제공하는 것을 말한다.

- 더블(Double) : 싱글의 두 배로서, 1잔에 2온스(60㎖)의 양을 담아 제공한다.
- 드라이(Dry) : 술이나 칵테일에 대한 맛의 표현이며, 이는 「독하다, 쓰다」를 의미하며, 불어로는 색크(sec)로 표현된다.
- 스위트(Sweet) : 술이나 칵테일에 대한 맛의 표현이며, 「감미로운 맛」의 표현이다. Dry의 반대 의미이며, 불어로는 독스(Doux)로 표현된다.
- 사우어(Sour) : 술이나 칵테일에 대한 맛의 표현이며, 신맛을 의미한다.
- 디캔터(Decanter) : 와인이나 양주를 옮겨 담는 유리병이며, 옮겨 담는 것을 디캔팅(decanting)이라고 한다.
- 칠링(Chilling) : 사전에 글라스를 냉각시켜 놓는 것을 말한다. 즉 글라스 쿨러(glass cooler; 글라스 냉장고)에 넣어 놓거나 글라스에 얼음을 담아놓아 칵테일 제공시 얼음을 비워 글라스를 차게 하는 것을 말한다.
- 프로스팅(Frosting) : ㉠ 글라스에 찬 느낌을 주고자 글라스를 냉장고에 넣어 놓거나 가루 얼음 속에 파묻어 놓았다가 꺼냈을 때 하얗게 만든 것을 ice frosting이라 한다. ㉡ 글라스 가장자리에 레몬즙을 묻혀 소금이나 설탕을 바르는 방법을 말하며 일명 스노우 스타일(snow style)이라고도 표현한다.
- 레시피(Recipe) : 칵테일 만드는 메뉴처방전을 말한다.
- 슬라이스(Slice) : 레몬이나 오렌지를 얇게 썰어내는 것을 말한다.
- 피일(Peel) : 과일의 껍질을 말한다. 즉 장식이 필요한 칵테일은 과일 껍질로 장식하여 제공한다.
- 하프 앤 하프(Half and Half) : 서로 다른 두 종류의 술을 반반씩 채워 내는 말이다.
- 패니어(Pannier) : 와인 바구니이다.
- 핫 드링크(Hot Drink) : 보통 62℃~66℃정도로 제공하는 뜨거운 음료이다.
- 플로트(Float) : 칵테일을 만드는 기법중의 하나이며, 술을 섞이지 않게 층층이 쌓는 기법을 말한다.
- 가니쉬(Garnishes) : 칵테일에 장식되는 각종 과일과 채소를 말한다. 필요한 재료를 상하지 않게 보관은 냉장고에 한다.
- 빈(Bin) : 주류 저장소에 술병을 넣어 놓는 장소
- 빈 카드(Bin Card) : 식음료 입고와 출고 현황에 따른 재고 기록카드로서 품목의 내력이 기록되어 있으며, 창고 또는 물건이 비치되어 있는 장소에 비치한다.
- 와인 셀라(Wine Cellar) : 포도주 저장실

5. 칵테일 기초상식

1) 알코올 도수표시법

영국은 알코올 도수를 사이크 프루프(Syke Proof)로 표시한다. 즉 영국에서는 51℉에 해당하는 증류수 12/13의 중량을 알코올 함유음료의 표준강도라 한다. 이를 우리나라 도수로 환산하면 57.1도가 되는데, 우리나라는 미국식 알코올 도수법을 사용한다.

미국은 알코올 강도표시를 프루프(proof) 단위로 사용하고 있다. 즉 미국의 도수표시는 Proof이며, 1 Proof는 한국에서 0.5도로 환산한다.

예로 86 Proof는 우리나라 도수로 43도가 된다.

2) 칵테일 조주 계량법

1온스의 정확한 용량은 28.35ml 이지만 보통 30ml로 기준 하는 경우가 많다.

- 1 dash(대시) : 5~6drop = 1/32온스
- 1 t,s(티스푼) : 1/8온스
- 1 pony(포니) : 1온스(약 30㎖)
- 1 finger(핑거) : 1온스(약 30㎖)
- 1 Jigger(지거) : 1½온스(약 45㎖)
- 1 Gill(길) : 4온스(약 120㎖)
- 1 Split(스플리트) : 6온스(약 180㎖)
- 1 Cup(컵) : 8온스(약 240㎖)
- 1 Pint(핀트) : 16온스(2cup = 약 480㎖)
- 1 Quart(쿼트) : 32온스(4cup = 약 960㎖)
- 1 Gallon(갈론) : 128온스(4쿼터)
- 1 Magnum(마그넘) : 1.5 ℓ (liter)
- 1 Jeroboam(제로봄) : 3 ℓ (liter)
- 1합 : 약 180㎖
- 1승 : 1.8 ℓ

3) Glass 용량의 표준범위

- Cocktail glass : 3 oz(90㎖)
- Double Cocktail glass : 4 ~ 5 oz
- Brandy glass : 8 oz
- Tumbler : 10 oz
- Old Fashioned : 9 oz(270㎖)
- Champagne glass : 5 oz

6. 칵테일의 부재료

1) 얼음(Ice)의 종류

얼음은 맑고 단단한 것을 사용하는 것이 좋다. 용도에 따라 알맞은 크기와 모양을 선택하며, 칵테일에 사용되는 얼음의 종류는 다음과 같다.

① 셰이브드 아이스(Shaved Ice) 빙수에 사용하는 고운 눈얼음이다. 크러시드 아이스를 잘게 부셔 산산조각을 낸다. 프라페(Frapped) 스타일의 칵테일을 조주할 때 주로 사용한다.

② 크러시드 아이스(Crushed Ice) 잘게 부순 알맹이 형태의 얼음이다. 트로피컬 드링크에 많이 사용된다. 아이스 크러셔를 사용하면 간단하게 만들 수 있다.

③ 큐브드 아이스(Cubed Ice) 한 면이 3㎝ 정도의 입방체로, 가장 일반적인 형태이다. 칵테일 조주 때 가장 많이 사용하는 각 얼음으로 텀블러나 콜린스, 롱 드링크 글라스에 넣어 사용한다.

④ 크랙트 아이스(Cracked Ice) 큰 얼음 덩어리를 아이스픽으로 깨서 만든 직경 3~4㎝ 정도의 얼음을 말한다. 셰이크나 스터에 사용하므로 모서리가 없는 것이 이상적이다.

⑤ 럼프 오브 아이스(Lump of Ice) 일반적으로 위스키의 온더락(on the rock)을 만들 때 사용하며, 그랙트 아이스보다 조금 큼직하다. 둥근 모양으로 깎아내면 잘 녹지 않습니다.

⑥ 블록 오브 아이스(Block of Ice) 무게 1kg 이상의 얼음덩어리이다. 파티 때 펀치 볼에 그대로 넣어 화려함을 즐기는데 많이 쓰인다.

2) 시럽(Syrup)

프랑스어로 시롭(Sirop), 영어로 시럽(Syrup)이라고 한다. 설탕과 물을 넣어 끓인 용액에 과즙이나 당밀을 넣어 독특한 맛을 낸 것이며, 대표적인 시럽은 다음과 같다.

① 그레나딘 시럽(Grenadine syrup) : 석류로 만든 붉은색의 달콤한 시럽으로 칵테일에 가장 많이 사용하는 종류다. 칵테일에 그레나딘 시럽의 용도는 붉은색과 단맛을 내기 위해서 쓰인다.

〈그레나딘 시럽〉

② 플레인 시럽(plain syrup) : 물과 설탕을 넣어 끓인 시럽으로서 설탕보다 용해시간이 짧아 재료의 낭비가 적고 시간이 단축되어 많이 이용된다. 100℃의 끓는 물에 물과 설탕의 비율을 1:1로 하여 약한 불에서 주걱으로 서서히 저어서 만든다. simple syrup 또는 sugar syrup이라고도 한다.

③ 검 시럽(Gum syrup) : 플레인 시럽의 설탕이 굳는 결정화를 방지하기 위해 아라비아의 검 분말을 첨가하여 점도를 강화한 시럽이다.

④ 나무딸기 시럽(Raspberry Syrup) : 당밀에 나무딸기의 풍미를 가한 시럽이다.

3) 장식과일(Fruits Garnish) 및 향신료(Spice)

정확한 처방에 의해 제조된 칵테일을 외관상 화려하고 아름답게 느끼기 위한 장식이 필요하다. 재료에는 레몬, 라임, 올리브, 오렌지, 파인애플, 바나나 등의 과일을 많이 이용한다. 장식 방법은 과일을 얇게 썰어서(slice) 원형을 그대로 사용하거나 조각을 사용하는 경우가 있고 딸기, 체리, 올리브, 어니온 등은 원형 그대로 사용하거나 칵테일 핀에 꽂아 글라스 가장 자리나 혹은 바닥에 가라앉혀 사용한다.

① 올리브(Olive) : 올리브 열매는 요리에도 많이 쓰이며, 칵테일용으로는 익지 않은 녹색 열매의 씨를 빼고 그 안에 빨간 피망을 넣은 것을 사용한다.

② 레몬(Lemon) : 레몬은 비타민 C와 구연산이 많기 때문에 신맛이 강해 생과일로는 먹기 힘들지만 음료서는 상쾌한 맛을 가지고 있으므로 칵테일을 만들 때 소량의 과즙을 사용하여 산뜻한 맛을 내는 데 효과가 있다. 칵테일 조주 시 장식용과 주스용으로 가장 많이 사용되는 부재료이다.

③ 라임(Lime) : 열매가 익으면 껍질이 얇아지고 초록빛을 띤 노란색이 된다. 과육은 황록색이고 연하며, 즙이 많고 신맛이 나며, 레몬보다 더 새콤하고 달다.

④ 오렌지(Orange) : 오렌지는 향기만으로도 기분을 좋게 하는 과일이며, 비타민C가 풍부하고 달콤한 오렌지는 남녀노소 누구나 좋아하는 과일이다

⑤ 체리(Cherry) : 우리나라에서는 버찌라고도 하며, 칵테일에서 장식용으로 많이 사용한다. 종류로는 Red Cherry와 Green Cherry가 있다.

⑥ 어니온(Onion) : 양파는 칵테일 장식으로도 사용한다. 칵테일에 사용되는 양파(Cocktail Onion)는 작은 구슬 모양의 크기로 대표적인 장식의 칵테일에는 Gibson이 있다.

⑦ 파인애플(Pineapple) : 아나나스 과의 식물로 원산지는 남아메리카이며 이 식물에서 열리는 열매가 파인애플이다. 유럽에서는 일반적으로 아나나스라고 부르며 하와이에서 생산되는 것이 향과 맛이 좋다. 주스 중에는 브로멜린이라는 단백질을 분해하는 효소가 있기 때문에 고기를 먹고 난 후 디저트용으로 좋지만 위산과다나 위염이 있는 사람은 마시지 않는 것이 좋다. 물론 식사 전에 먹는 것도 좋지 않다. 장식에는 열매를 그대로 사용하는 것도 있지만 깡통으로 된 통조림을 사용하기도 한다.

⑧ 정향(클로브; Clove) : 인도네시아가 원산지이며 영어로는 클로버(Clove) 우리나라에서는 정향이라고 부른다. 향이 강하여 중국에서는 백리향이라고 하며 나무에서 열린 꽃을 따서 건조시켜 만든다. 빵이나 요리 등에 많이 사용하며 낮은 온도에서는 향이 나오지 않으므로 뜨거운 칵테일을 만들 때 사용한다.

⑨ 계피(Cinnamon) : 우리나라에서는 계피라고 부르며 빵이나 과자절임 등에 많이 사용하고 분말과 스틱의 두 가지 스타일로 생산된다. 칵테일에서는 주로 뜨거운 칵테일에 향을 내기 위해 사용한다.

⑩ 박하(Mint) : 박하에는 멘톨이라는 성분이 있어 입안을 상쾌하게 해준다. 여름에 시원하게 마시는 칵테일의 장식용으로 많이 사용하며 수많은 종류가 재배되고 있다. 그중에서도 페퍼민트(향이 약하고, 쥴립(Julep) 등의 칵테일을 만들 때 사용한다)와 스페어민트(단맛의 향이 나며, 칵테일의 장식용으로 많이 사용한다)는 전 세계적으로 가장 많이 분포되어 있는 품종이다.

⑪ 넛멕(Nutmeg) : 신선한 향이 동물성 지방질의 비린내를 제거 시켜주기 때문에 요리나 소스를 만들 때 많이 사용하며, 칵테일에서는 계란이나 생크림 등의 재료를 사용한 칵테일의 비린내를 제거시키기 위하여 위에 넛멕 가루를 조금 뿌려준다.

7. 형태에 따른 칵테일의 분류

① 하이볼 (High Ball) : 증류주를 Base로 하이볼 글라스에 얼음을 넣고, 청량음료를 넣어 혼합한 것(스카치소다, 버번콕, 브랜디진저엘, 럼콕, 보드카오렌지 등)

② **피즈(Fizz)** : 피즈라는 이름이 붙게 된 이유는 탄산음료를 개봉할 때나 따를 때 피~하는 소리가 난데서 비롯된다.(진피즈, 슬로진피즈, 카카오피즈 등)

③ **사워(Sour)** : 증류주에 레몬주스를 많이 넣어 시큼한 맛의 칵테일로 얼음을 제외하고 레몬체리를 장식 한다.(위스키사워, 진사워)

④ **슬링(Sling)** : 피즈와 비슷하나 약간 용량이 많고 리큐르를 첨가하여 과일을 장식한다.(싱가폴슬링)

⑤ **코블러(Cobbler)** : "구두 수선공"이란 뜻으로 여름철 더위를 식히는 음료이다. 알코올 도수가 낮고 Fruity한 과일주tm를 베이스로 한다. (와인 코블러, 커피 코블러)

⑥ **쿨러(Cooler)** : 술, 설탕, 레몬(또는 라임)주스를 넣고 소다수로 채운다.

⑦ **펀치(Punch)** : 펀치볼(큰 그릇)에 과일, 주스, 술, 설탕, 물을 혼합하여 큰 얼음을 띄워 여러 사람이 떠서 먹는 음료이다. 또 술의 특성을 강조한 1인용 펀치도 있으며 이것은 코블러와도 유사하다.

⑧ **프라페(Frappe)** : 프랑스어로 잘 냉각된 뜻이다. 가루얼음을 칵테일글라스에 가득 채우고 술을 붓고 빨대를 꽂는다.(페퍼민트 칵테일)

⑨ **타디(Toddy)** : 뜨거운 물(또는 차가운 물)에 설탕, 술을 넣은 것이다.

⑩ **에그 녹(Egg Nog)** : 미국 남부지방의 전설에서 유래된 연말(크리스마스)에 즐겨 마시는 칵테일이다. 계란과 우유를 사용한다.

⑪ **플립(Flip)** : 대개 와인을 사용하며 계란, 설탕을 넣은 것으로 에그 녹과 비슷하다.

⑫ **플로트(Float)** : Pousse Cafe라고도 하며 술의 비중을 이용하여 섞이지 않게 층층이 띄운 것이다.(레인보우, 엔젤스 키스, 비앤비, B-52 등)

⑬ **스노 스타일(Snow Style; Frost 법)** : 눈송이 같은 분위기를 연출하며 경우에 따라 설탕 또는 소금을 사용한다. Sugar Rimming(키스오브 파이어), Salt Rimming(마가리타)

⑭ **미스트(Mist)** : 프라페와 비슷하고 Crushed Ice를 사용하며 용량이 약간 많다.

⑮ **픽스(Fix)** : 약간 달고, 맛이 강한 것으로 코블러와 비슷하다.

⑯ **데이지(Daisy)** : 증류주에 레몬, 라임주스, 그레나딘시럽(또는 리큐)등을 혼합한 뒤 소다로 채운다.

⑰ **칼린스(Collins)** : 칼린스 가족에 의해 만들어졌기 때문에 이렇게 이름이 붙여졌다. 술에 레몬이나 라임 즙과 설탕을 넣고 소다수로 채운다.

⑱ **크러스타(Crusta)** : 술에 레몬주스, 약간의 리큐르(또는 비터)를 넣은 것으로 레몬 껍질이나 오렌지 껍질을 넣은 칵테일이다.

⑲ 쥴립(Julep) : 민트 줄기를 넣은 칵테일이다.

⑳ 릭키(Rickey) : 라임을 짜서 즙도 넣고 그 자체를 글래스에 넣고 소다수 또는 물로 채운것으로 달 지 않은 칵테일이다.

㉑ 거리(Sangaree) : 와인 또는 증류주에 설탕, 레몬주스를 넣고 물로 채운다.

㉒ 매쉬(Smash) : 쥴립과 비슷하나 Shaved Ice를 사용하며 설탕, 물을 넣고 민트 줄기를 장식한다.

㉓ 스위즐(Swizzle) : 술에 라임주스 등을 혼합하여 Shaved Ice와함께 글래스에 서리가 맺히도록 젓는다. 스매쉬와 비슷하지만 알코올 도수가 훨씬 낮은 시원한 칵테일이다.

㉔ 트로피컬 칵테일(Tropical Cocktail) : 열대성 칵테일을 의미하며 과일주스, 시럽 등을 이용하여 달고 시원하며 과일을 장식한 양이 많은 칵테일이다.

㉕ 스쿼시(Squash) : 과일즙을 짜서 낸 다음 설탕, 소다수를 넣은 것.

㉖ 에이드(Ade) : 과일즙에 설탕, 물을 넣은 것.

㉗ 스트레이트 업(Straight up) : 술에 아무것도 넣지 않은 상태로 마시는 것.

㉘ 온더락스(on the rocks) : 얼음만 넣고 그 위에 술을 넣은 상태로 마시는 것.

8. 글라스의 용량, 과일 장식의 유무, 용도에 따른 칵테일의 분류

1) 글라스의 용량에 따른 분류

① 숏 드링크(Short Drink) : 4온스 미만의 작은 글라스에 담는 칵테일을 말한다. 글라스의 용량이 적기 때문에 글라스에 직접 혼합물을 담아서 만들기가 불가능하므로 기구를 사용함이 좋다. 따라서 기구를 사용하여 만들어 내고 마실 때는 냉각상태가 좋을 때 두 세 번 나누어 마시는 것이 좋다.(마티니, 맨하탄 등)

② 롱 드링크(Long Drink) : 6온스 이상의 글라스에 담는 칵테일로 대개 글라스에 직접 만든다. 글라스에는 얼음 서너 조각이 들어간다.(스카치소다, 버번콕, 진토닉, 스크류 드라이버 등)

2) 과일 장식 유무에 따른 분류

① 팬시 칵테일(Fancy Cocktail) : 과일 장식을 한 칵테일을 말한다.

② 플레인 칵테일(Plain Cocktail) : 장식을 하지 않은 칵테일을 말한다.

3) 용도에 따른 분류

① 애피타이저 칵테일(Appetizer Cocktail) : 식전 칵테일로 달지 않다.(맨하탄, 마티니, 깁슨, 네그로니 등)

② 클럽 칵테일(Club Cocktail) : 정찬 때 스프 대신에 전채음식과 함께 하는 칵테일이다.

③ 애프터 디너 칵테일(After Dinner Cocktail) : 식후 소화촉진 칵테일로 단맛이 난다. (알렉산더, 그래스호퍼, 스팅거 등)

④ 비퍼 미드나이트 칵테일(Before Midnight Cocktail) : 밤늦게 마시는 알코올성분이 강한 칵테일이다.

⑤ 나이트 캡 칵테일(Night Cap Cocktail) : 잠자리에 들기 전 가볍게 마시는 칵테일로 브랜디와 계란을 주로 사용한다.

⑥ 샴페인 칵테일(Champagne Cocktail) : 축하자리나 파티, 식사의 전 과정에서 마실 수 있다.

제2절　칵테일 바(Bar)

1　칵테일 바와 바텐더

1. 칵테일 바의 개념

바는 프랑스어의 "Bariere"에서 온 말로 고객과 Bar Man 사이에 가로질러진 널판지를 Bar라고 하던 개념이 현대에 와서 술을 파는 식당을 총칭한다. 즉 바는 아늑한 분위기로 된 장소에서 Bartender(조주사)에 의해 고객에게 음료를 판매하거나 제공하는 장소라고 할 수 있겠다.

칵테일 바는 통상적으로 바텐더가 있어 고객이 바에 앉아 바텐더와 얘기를 나눌 수 있으며 바텐더에게 도움을 청하면 좋은 말벗도 되어주고 취향에 따라 알맞은 칵테일을 추천받을 수 있다. 칵테일을 만드는 데는 여러 가지 재료들이 필요하기 때문에 수많은 종류들의 술을 구비해 놓고 있어 다양하게 선택하여 술을 마실 수 있는 장소라고 할 수 있겠다.

2. 칵테일 바의 분류

칵테일 바는 바에서 트는 음악에 따라 재즈 바, 락 바, 블루스 바, 테크노 바 등으로 구분한다. 그 특징은 보통 활기차고 즐겁거나 아니면 조금은 어둡지만 따뜻하고 조용한 분위기와 바텐더 그리고 영업 형태에 따라 크게 Western Bar, Modern Bar, Classic Bar, Flair Bar, Room Bar 5가지로 나누어 볼 수 있다.

3. 칵테일 바의 종류

1) 웨스턴 바(Western Bar)

웨스턴 바는 칵테일 바의 시초이며 실내 환경이 주로 나무로 되어 있다. 실내 분위기가 자유로우며 바텐더들과 고객 간의 친밀감이 높고 보통 country music이 있으며 대중적이고 서민적인 분위기와 테이블, 생맥주, 잔술, 카우보이 복장, 당구도 칠 수 있다. 시끌벅적 하며 가끔씩 고객들이 술을 마시다 음악에 맞춰 춤도 추는 경우도 있다.

2) 모던 바(Modern Bar)

모던 바는 실내 환경이 주로 유리나 대리석 등 좀 더 세련된 느낌을 주는 곳이다. 넓은 바와 은은히 흐르는 조명의 고급스러운 분위기와 여러 명의 바텐더들이 통일된 유니폼에 바에 앉는 고객들과 정감 있게 대화를 나누며 마술이나 카드 게임 등 바텐더들이 각자의 묘기들을 가지고 개인기를 선보이며, 요일마다 새롭고 다양한 이벤트로 고객들을 즐겁게 하는 영업 형태와 칵테일을 위한 술과 도구들이 진열되어 있는 현란한 바가 있다.

3) 클래식 바(Classic Bar)

클래식 바는 모던 바 보다 한층 더 현대적인 느낌이 드는 곳이며 대체로 조용한 분위기 속에 바텐더들과 대화를 즐길 수 있고, 간혹 기타나 피아노 연주의 라이브 음악과 고급스럽고 도시(都市)적이다. 병술로 마시는 고객이 많으며 현대적이고 고급 칵테일 바 분위기의 이미지를 가지고 있다. 또한 조용히 이야기하거나 생각하는 재미를 위해 찾는 고객들이 주로 많은 편이다.

4) 플레어 바(Flair Bar)

플레어 바는 바텐더들이 화려하고 재미있는 칵테일 쇼를 펼치며 고객들에 눈을 사로잡는 곳이다. 단순히 이 술 저 술을 섞는 것이 아니라 여러 가지 방법을 이용한 묘기가 연출되며 전문 바텐더들의 칵테일 쇼를 추구하는 이 곳은 병 돌리는 기술을 발전시키는 것을 목표로 하는 전문이벤트 클럽이다. 바텐더들은 단순히 칵테일을 만드는 기술만 가진 사람들이 아니라 탤런트적 재능을 두루 갖춘 사람들이라 다른 곳과는 달리 재미있는 멘트를 많이 하며 고객들을 즐겁게 한다. 그리고 병 돌리는 기술이 시작되면 고객들이 박수를 치고 환호하며 시끄러운 음악 속에 바텐더와 고객들이 하나가 되어 즐기며 주로 젊은 층의 고객들이 선호하는 편이다.

5) 룸 바(Room Bar)

룸 바는 홀 규모에 비해 바의 크기는 작은 편이나 완전 밀폐되지는 않지만 룸 형태의 테이블이 여러 개 있어 고객들이 주로 바 보다는 룸 테이블을 선호하며 고객이 룸 테이블에 앉으면 여직원이 고객 테이블에 앉아 시중을 든다. 이 경우에 여직원들이 교대로 테이블을 돌며 서빙을 한다. 이들의 명칭은 일반적으로 주임이라고 하며 대체로 고객의 계산서

합계에서 10%~20%의 봉사료를 붙여서 받는다.

고객의 테이블 매출이 많으면 많을수록 봉사료가 올라가기 때문에 주임들의 매출 상승 효과의 역할은 자연히 크다고 할 수 있다. 다시 말해 칵테일 바이면서 가요주점 형태의 영업을 복합한 경우라고 볼 수 있다.

6) 기타 칵테일 바

- Members Bar : 회원제 바
- Host Bar : 주최자가 지불하는 바
- Open Bar : 기업체 회의시 회사가 지불하는 바
- Cash Bar : 참석자 개인이 지불하는 바로서 쿠폰(Individual charge by coupon) 또는 현금으로 지급하는 바

4. 칵테일의 베이스(Base) 종류

칵테일에 주로 사용되는 베이스로는 위스키, 브랜디, 데킬라 이외에 3대 베이스로 진, 보드카, 럼 등이 있다. 이것들은 위스키처럼 곡물을 발효, 증류시켜 빚은 증류주의 일종이다. 중세 연금술사가 증류주를 발견하여 스코틀랜드의 위스키와 프랑스의 브랜디가 탄생했고, 이 기술은 곧 세계로 전파되어 소련에선 곡류와 감자를 원료로 한 보드카가, 남미 쿠바 서인도제도에선 사탕수수를 이용한 럼 그리고 네덜란드 지방에선 라이보리와 옥수수를 이용한 진이 각각 만들어졌으며, 멕시코에선 선인장으로 만든 데킬라가 만들어 졌다. 칵테일에 사용되는 재료 중 가장 베이스가 되는 것은 술이다. 술 이외의 사용되는 재료를 부재료라고 하며, 주스(Juice)류, 시럽(Syrup)류, 청량음료, 스파이스(Spice)류, 감미료, 과실류, 얼음 등이 있다.

1) 위스키 베이스 칵테일

위스키는 주로 곡물인 보리, 옥수수, 호밀, 밀, 귀리 등을 원료로 사용하며 발효, 증류, 숙성의 과정을 거쳐 만들어진 술이다. 이때에 만들어진 무색 투명한 알코올을 참나무와 같은 양질의 목재통 속에 넣어 수년 혹은 수십년 동안 저장하여 숙성시킨다. 나무의 성분이 우러나온 액과 증류주가 혼합되어 위스키 특유의 맛과 향, 그리고 색이 나게 되며 오랜 기간 저장하면 할수록 짙은 향과 독특한 맛과 짙은 색이 생긴다. 또한 위스키는 생산지역에

따라 스코틀랜드, 영국 브리튼 섬 북부의 스카치위스키(Scotch Whisky)와 영국령 북아일랜드, 아일랜드 공화국의 아이리쉬 위스키(Irish Whisky), 미국의 켄터키주와 테네시주 지역의 아메리칸 위스키(American Whisky), 그리고 캐나다 위스키(Canadian Whisky)로 분류된다. 위스키를 베이스로 한 대표적인 칵테일은 맨하탄(Manhattan), 올드 패션드(Old Fashioned), 러스티 네일(Rusty nail), 뉴욕(New York) 등을 들 수 있다.

2) 브랜디 베이스 칵테일

브랜디는 포도를 발효한 와인을 단식 증류법으로 두 번 반복 증류시켜서 Oak통에 넣어서 일정기간 숙성시킨 것으로 세계 여러 나라에서 생산되며 포도가 아닌 다른 과일로 만들었을 경우 반드시 과일 이름을 병에 기재하게 되어있다. 특히 오랜 역사와 품질을 자랑하는 프랑스의 꼬냑(Cognac)과 아르마냑(Armagnac)이 유명하다. 따라서 품질과 명성을 지키기 위하여 엄격한 규정에 따라 꼬냑지방에서 생산된 것만 꼬냑이라 칭하고 라벨에 꼬냑임을 표시한다. 브랜디를 베이스로 한 대표적인 칵테일은 스팅거(Stinger), 사이드 카(Side Car), 올림픽(Olympic), 브랜디 사워(Brandy Sour) 등을 들 수 있다.

3) 데킬라 베이스 칵테일

데킬라는 토속주인 풀케(Pulque)를 증류한 술로서 풀케는 선인장의 일종인 용설란을 발효시킨 것이다. 데킬라의 원산지는 멕시코의 중앙 고원지대에 위치한 데밀라라는 마을이다. 멕시코에의 여러 곳에서 이와 유사한 증류주를 생산하는데 이를 메즈칼(Mezcal)이라하며, 이 중에서 데킬라 마을에서 생산한 것만 데킬라라고 불렀다. 이 술은 용설란의 일종인 「아가베」에서 당분을 추출해 발효 시킨뒤 증류해 만든다. 숙성하지 않아 색깔이 없고 맛이 가벼운 화이트 데킬라와 오크통에 숙성시킨 골드 데킬라가 있다. 데킬라도 럼주처럼 화이트(White), 골드(Gold), 헤비(Heavy)로 대별된다. 데킬라를 베이스로 한 대표적인 칵테일은 마가리타(Marqarita), 데킬라 선라이즈(Tequila Sunrise), 마타도르(Matador) 모킹 버드(Mocking Bird) 등이 있다.

4) 진 베이스 칵테일

진의 원산지는 홀란드(Holland)이며 창시자는 네덜란드의 라이덴(Leiden)대학 교수인 프란츠-드-라보에(Franz-de-le-boe), 일명 실비우스(Sylvius)의사가 1660년경 주정 알코올에 두송자 열매를 담가 소독약으로 창제한데서부터 시작 되었다. 곡류를 원료로 한 증류주로서 저장, 숙성치 않고 증류 시에 두송실(杜松實, juniper berry)을 넣어서 풍미를 나게 한 술이다. 진(gin)이란 이름은 juniper와 같은 뜻의 프랑스어인 주니에브르(Genievre)를 영어로 줄인 것이다. 진은 무색투명하고 팔방미인 격으로 다른 술, 리큐르, 주스 등과 잘 조화되기 때문에 칵테일 기본주로서 가장 많이 쓰이며 애주가에서부터 술에 익숙지 못한 사람까지 친해 질 수 있는 세계의 술이라 할 수 있다. 진은 보통 토닉(tonic water)과 섞어서 롱 드링크로 마신다. 진을 베이스로 한 대표적인 칵테일은 진토닉(Gin and tonic), 진피즈 (Gin Fiss), 탐카린스(Tom Collins), 마티니(Martini) 등을 들 수 있다.

5) 보드카 베이스 칵테일

보드카란 러시아어로 Voda Boa, 생명의 물을 의미한 말에서 유래되었으며 보드카는 러시아 사람들이 추위를 이기기 위해서 많이 마시며 곡물이나 감자를 원료로 한 무색, 무미, 무취의 증류주(40~50% 독한 화주)이다. 서구에서는 칵테일 베이스로 많이 사용하지만, 러시아에서는 거의 100% 차게 해서 작은 잔으로 스트레이트로 단숨에 들이킨다. 보드카를 베이스로 한 대표적인 칵테일은 스크루 드라이버(Screw Driver), 블랙 러시안(Black Russian), 블래디 메어리(Bloody Mary), 모스코 뮬(Moscow Mule) 등을 들 수 있다.

6) 럼 베이스 칵테일

럼은 17세기초 남미, 쿠바, 서인도제도 여러 나라에서 시작되었으며 사탕수수(Sugar Cane)와 당밀(Molaasses)을 주원료로 소당을 만들고 단더(Dunder)를 첨가하여 발효를 돕고 럼 특유의 향을 내어 증류하여 만든 火酒이다. 강렬한 방향이 있고 남성적인 야성미를 갖추고 있으며 바닷가의 사람들이 즐겨 마셨다고 해서 일명 해적의 술이라고도 한다. 라이트 럼(Light Rum)은 화이트(White)럼에 해당되며 주로 칵테일용으로 골드(Gold), 헤비(Heavy)럼은 스트레이트로 많이 마신다. 럼을 베이스로 한 대표적인 칵테일은 바카디(Bacardi), 쿠바 리브레(Cuba Libre), 다이큐리(Daiquiri), 마이타이(Mai-Tai) 등이 있다.

5. 바텐더의 역할과 자세

1) 바텐더의 역할

칵테일 바에서의 바텐더의 역할은 매우 중요한 요소 중의 하나이다. 바텐더는 단지 바에서 고객에게 주문을 받은 칵테일 등을 만들어 제공하는 직분만으로 끝나는 것이 아니다.

바에 앉는 고객들과 대화도 나누면서 고객의 그 날에 기분을 헤아리며 적절하게 대응하고 고객을 편안하게 해주며 말상대도 되어주어야 한다. 그리고 고객에게 최고의 서비스를 베풀며 동시에 그 업소의 매출상승효과를 올릴 수 있어야 한다. 또한 고객만족을 통한 재방문을 유도할 수 있어야 한다.

2) 바텐더의 자세

▣ 바텐더는 인성교육이 기본 바탕이 되어 있어야 한다.

진심 어린 서비스야말로 고객을 감동시키고 고객의 마음을 사로잡을 수 있다. 어떤 경우에도 고객 앞에서 절대 화내지 말고 친절하며, 환한 미소야말로 성난 사자도 순한 양으로 만들 수 있는 것이다. 인간이 바로 되면 서비스업에 두각을 나타낼 수 있다.

▣ 바텐더는 매력이 있어야 한다.

바텐더로서 끼가 있어야 한다. 고객이 그 업소를 찾게끔 유발시키고 늘 관심과 배려 속에 고객을 편안하게 해줄 수 있어야 한다. 고객들은 하루일과에 지쳐있고 삶의 재충전을 위해 바를 찾고 또 기분이 우울해서, 기분이 좋아서 술을 마신다. 그래서 그때그때 적절한 친구가 되어 줄 수 있어야 한다.

▣ 바텐더는 정보화 시대에 걸맞게 만물박사가 되도록 노력해야 한다.

매일 그날의 화제뉴스를 검토해 읽고 국내외적 정세와 경제, 사회, 문화, 스포츠 등 여러가지 지적 양식을 쌓아 고객과의 대화 속에서 단절되지 않도록 노력을 아끼지 않아야 한다. 취미가 같거나 공동 화제를 두고 논할 수 있는 사람이면 자연스럽게 빨리 친해질 수 있다.

▣ 고객은 자기를 알아줄 때 가장 좋아한다. 메모하는 습관을 가지자.

총명불여둔필(總名不如鈍筆)이라는 말이 있다. 아무리 총명한 머리도 둔한 연필보다 못하다. 고객의 명함을 챙기고 명함을 받은 날짜와 동행한 사람 그리고 어떤 종류의 술을 마셨는지 꼼꼼히 체크해 두면 나중에 쉽게 기억할 수가 있다. 그리고 자주 오는 고객의 취향에 맞게 봉사하는 것은 자기 자신은 물론 고객에게 그 칵테일 바에 호감을 가지게 하는 좋은 기여가 된다.

■ 자신의 일에 긍지와 자부심을 가지자.

칵테일은 예술이며 바텐더는 예술가다. 바텐더는 멋지고 좋은 직업이다. 매일 각양각색의 수많은 직업을 가진 고객들을 접하고 대화하면서 인생을 배우고 또 삶을 배워나간다. 긍정적인 사고를 가지고 밝은 마음으로 고객을 대할 때 늘 즐거운 것이다.

■ 바텐더는 항상 명랑 쾌활하여야 하며 '고객은 항상 옳다'는 것을 기억해야 한다.

고객과의 대화는 항상 고객의 이야기를 경청하며 고객의 이야기에 끼어들지 않는다. 고객의 기분을 거슬리는 행동을 절대 해서는 안 되며 항상 예의바른 언동과 행동이 각별히 요구된다.

■ 외모에도 각별히 주의를 기울여야 한다.

단정한 외모에 깨끗한 유니폼으로 단정하고 머리형에도 신경을 써서 손질하며 남자는 말쑥한 두발과 면도는 매일 해야 한다. 여자는 손님이 거부감을 느끼지 않도록 적당히 화장을 하며 손톱은 단정히 깎고 매니큐어는 하지 말아야 한다.

■ 고객의 마음을 읽을 줄 알아야 한다.

고객이 무엇을 원하고 있는지 언제나 고객 가까이 마음을 접할 수 있어야 한다. 관심을 가지고 알아주고, 위해줄 때 고객의 감동은 조금씩 움직이기 시작한다. 그러면서 끈끈한 정으로 인간관계를 맺어야 할 것이다.

그리고 무엇보다 인적 서비스가 높은 칵테일 바 영업에서는 바텐더의 서비스 정신에 영업의 성패가 달려 있다. 그러므로 성공적인 바텐더는 질서정연하고 조직적인 영업 준비와 서비스를 행하고, 자기 직무에 즐거운 마음으로 임하는 진취적이고 맡은바 일이 천직이라는 프로의식을 가지고 마음에서 우러나는 진심 어린 서비스가 무엇보다도 중요하다.

6. 성별 바텐더의 역할과 차이점

1) 남성바텐더와 여성바텐더의 역할

일반적으로 남성 및 여성바텐더의 기본적인 역할은 같다. 고객의 주문에 따라 칵테일을 표준 Recipe(제조법)대로 만들어서 제공하며, 고객이 대화를 원하면 말벗이 되어주기도 한다. 남성과 여성바텐더가 함께 근무하는 경우에는 선임자가 Head Bartender가 되고 후임자가 Help Bartender로서 보조역할을 수행한다.

예를 들어 관리 바텐더가 남성일 경우 재고조사와 같은 중요업무를 담당하면서 체력이 수반되어 여성바텐더가 수행하기 힘든 일 등을 도와주며, 여성바텐더는 글라스류나 집기를 세척하고 기물·재료 등을 준비한다.

2) 남성바텐더와 여성바텐더의 차이점

플래어 바와 같이 20대의 젊은층들이 선호하는 업소에서는 주로 남성바텐더의 역할이 강조되어 남성 위주로 많이 구성되어 있다. 무거운 술병을 돌리는 기술은 남성이 여성보다 유리하기 때문이다.

또한 남성바텐더의 장점은 간혹 술에 취한 고객이 발생하여 직접 상대해야 할 경우에 남성바텐더가 여성바텐더 보다 대처하기가 용의하기 때문이다. 그러나 바텐더는 섬세한 감각을 필요로 하는 직종이라는 점에서 여성바텐더의 역할 또한 중요하며, 여성의 성적 특성을 살릴 수 있는 직업이라고 할 수 있다.

플래어 바와 같은 형태를 제외한 나머지 바들의 고객은 대부분 남성 고객이기 때문에 여성바텐더를 고용하는 경우가 일반적인 예이다. 이는 바텐더가 칵테일을 만들거나 무대에서 화려한 연기를 선보이는 것도 중요하지만 그것 이상으로 손님에 대한 기본적인 매너와 상담가로서의 역할이 크기 때문이다.

여성바텐더들이 많이 고용되는 이유는 여성다움이 하나의 서비스로 고객에게 제공되어, 고객만족을 가져오게 할 것이라고 추정된다. 여성다움이란 연약하며 수동적이고, 헌신적·희생적이며, 인내심과 감성이 풍부한 성향을 뜻한다. 예를 들어 남성고객이 많은 칵테일 바에서는 여성바텐더의 고용 수요가 많은 것이 이를 증명하고 있다. 우리나라의 경우 술과 여성에 관련된 직업의 인식은 좋지 않지만 바텐더는 자격증이 있는 전문 직업인으로서 자리 잡아가는 추세이기 때문에 여성바텐더들이 점점 늘어나고 있다.

2 칵테일 기구

1. 칵테일 조주 사용기구

(1) 쉐이커(Shaker) : 얼음과 각종 재료를 넣어 흔드는데 사용하는 기구이며, 은기(Silver) 또는 스테인리스(Stainless)제품이 많이 사용되고 있다. 구조로는 위에서부터 ① cap(캡) ② Strainer(스트레이너) ③ Body(바디) 3부분이 결합되어 있다.

(2) 믹싱 글라스(Mixing glass) : 내용물을 얼음과 함께 넣고 바 스푼(Bar spoon)으로 휘저어 칵테일을 만드는데 사용되는 대형 글라스이다. 섞기 좋게 하기 위하여 밑 부분이 둥근 모양이다.

(3) 스트레이너(Strainer) : 믹싱글라스에서 만든 칵테일을 따를 때 얼음을 거르는 역할을 하는 기구이다.

(4) 바 스푼(Bar spoon) : 믹싱글라스에 넣은 내용물을 휘젓는 스푼을 말한다. 손잡이 중앙부분이 나선형 모양으로 틀려져 있으며 이것은 손이 미끄러지지 않도록 하기 위함이다. 스테인리스제품이 좋다.

(5) 지거 컵(Jigger cup) : 각종 술이나 부재료 등의 액체의 분량을 측정하는 계량컵이며, 메저컵(Measure cup) 이라고도 한다. 작은 것은 1온스(30㎖), 큰 것은 1½온스(45㎖)이며 같이 붙어있다. 제품은 스테인리스가 좋으며, 정확한 양은 손님에게 신용을 줄 수 있다. 항상 지거를 쓰는 습관을 들이는 것이 바텐더의기본이다.

(6) 스퀴즈(Squeezer) : 레몬이나 오렌지 등의 과즙을 짜는 기구로  반을 자른 레몬을 중앙 뾰족한 끝부분에 대고 돌리면서 즙을 짠다. 껍질부분까지 짤 필요는 없다. 보통 유리제품으로 된 것이 사용된다.

(7) 아이스 픽(Ice Pick) : 얼음을 적당한 크기로 깰 때 사용하는  기구이다. 각 얼음이 붙었을 경우에는 결대로 누르면서 뒷부분을 탁탁 치면 잘 쪼개어진다.

(8) 아이스 텅(Ice tong) : 위생적으로 사용하기 위한 얼음 집게  를 말한다. 앞니 모양이 톱날 모양으로 되어있다.

(9) 코르크 스크류(Cork screw) : 코르크 마개를 빼내는  기구이다. 와인 병이나 샴페인 병마개가 코르크로 된 경우 에 사용한다.

(10) 포우링 립(Pouring lip) : 포우러(Pourer)라고도 하며 술병의 보  조 입술로서 술의 컷팅(Cutting)을 용이하게 하고 술의 손실을 없게 하기 위하여 사용하는 것이다. 당분이 많은 리큐르나 시럽류에는 사용 을 하지 않는 것이 좋다.

(11) 오프너(Opener) : 병과 캔 따개를 말한다.

(12) 페티나이프(Petit knife) : 칵테일에 장식하기 위한 과일을 자르는데 사용하는 작은 칼이다.

(13) 커팅 보드(Cutting board) : 장식용 과일을 자르기 위해 사용되는 작은 도마를 말한다.

(14) 아이스 크러셔(Ice crusher) : 콩알 정도 크기의 얼음이나 가루얼음을 만드는 도구이다.

(15) 아이스 페일(Ice pail) : 얼음조각을 넣어두는 얼음 통을 말한다. 좀 더 큰 것은 Ice Bucket이라 한다.

(16) 믹스기(Mixer) : 생과일 쥬스 등을 만들 때 사용하는 전기 믹스기를 말한다.

(17) 타올(Towel) : 바(Bar)에 사용되는 Bar Towel과 유리글라스를 닦는 Glass Towel 이 있다.

(18) 칵테일 픽(Cocktail pick) : 장식용 과일을 꽂아내는 기구이며, 가니쉬 스틱 (Garnish stick)이라고도 한다.

(19) 스토퍼(Stopper) : 사이다나 콜라병의 마개를 오픈한 후 탄산가스가 새어나가지 못 하게 막아두는 탄산 음료 보조 병마개이다.

(20) 스트로우(Straw) : 빨대를 말한다. 주로 카린스(Collins)로 제공할 때 꽂아낸다.

(21) 비터 병(Bitter bottle) : 비터 사용 시(drop)이나 대시(dash)를 사용하기에 좋은 병 을 말한다(1dash=5~6drop).

(22) 머들러(Muddler) : 박하 잎이나 향초, 과일가루의 가라앉은 침전물 등을 으깨거나 젓기 위한 막대
　* 목재 머들러(Wood Muddler)는 레몬이나 과일 등의 가니쉬를 으깰 때 쓰는 목재로
　　된 막대이다.

(23) 아이스 스쿠퍼(Ice scoop) : 얼음 퍼는 작은 삽에 해당한다.

2. 조주에 사용되는 글라스

1) 글라스의 의미

칸테일 제공에 사용되는 glass를 말하며 여성의 곡선을 많이 형상화한 것이다. 아무리 맛있고 화려한 칵테일이라도 어울리지 않는 용기에 담아낸다면 맛이 없게 느껴질 것이다. 그래서 글라스는 술의 의상과 같다고 할 수 있다.

2) 글라스(glass)의 명칭

① 림(Rim) : 가장자리 부분
② 보울(Bowl) : 몸체
③ 스템(Stem) : 손잡이 부분의 기둥
④ 풋 혹은 베이스(Foot, Base) : 받침

3) 글라스의 손질법

중성세제로 소독 세척 → 따뜻한 물로 헹굼 → 흐르는 물로 헹굼 → 엎어서 10분 정도 둔다. → 물기가 빠진 글라스를 마른 타올로 잘 닦아 윤기를 내어 반짝거리게 한다.
※ 맥주 글라스 세척 3단계 : 비눗물 → 뜨거운 물 → 맑은 물 헹굼

4) 글라스 보관시 주의점

① 글라스는 유리제품이므로 포개어 놓지 않는다.
② 글라스는 엎어서 보관한다.
③ 열이나 직사광선, 연기, 습기, 가스, 불쾌한 냄새가 나는 곳 등을 피한다.
④ 냉동실에 넣어 오랫동안 얼려 놓지 않는다. (파손의 우려)
⑤ 글라스는 육류창고에 함께 보관하지 말 것

5) 형태에 따른 글라스의 분류

① 텀블러형 글라스(Tumbler ware)

ㄱ 올드패션(Old Fashioned)글라스
ㄴ 언더락(On the rocks)글라스

ⓒ 하이볼(Highball)글라스

ⓔ 카린스(Collins)글라스

ⓜ 샷(shot)글라스

　　※ 글라스 하단 부분에 잡고 제공한다.

② 스템형 글라스(Stem ware)

ⓐ 칵테일(Cocktail)글라스

ⓑ 사우어(Sour)글라스

ⓒ 샴펜(Shampagne)글라스

ⓓ 리큐르(Liqueur)글라스

ⓔ 와인(Wine)글라스

　　※ 손의 체온 전달을 방지하기 위해 기둥(Stem)을 잡고 제공한다.

③ 푸티드 글라스(Footed ware)

ⓐ 브랜디 스니프트(Brandy snifter)글라스

ⓑ 필스너(Pilsner)글라스

ⓒ 고블렛(Goblet)글라스

6) 용도에 따른 글라스의 분류

① 칵테일 글라스

　쇼트 드링크 글라스라고도 하며, 칵테일을 담아내는 글라스로 역삼각형의 것이 많이 쓰인다. 용량은 2온스(60㎖), 3온스(90㎖), 4온스(120㎖) 종류가 있다. 2온스의 것은 스트레이트의 술을 더블(Double)용으로 제공할 때 주로 사용되며, 4온스 글라스는 전체용량이 3온스 이상인 칵테일을 제공할 때 사용된다. Alexander등 제공

② 샴페인(Champagne)글라스

　샴페인을 제공하는 글라스이며 계란의 거품과 함께 담아내는 칵테일을 제공할때도 사용된다. 예로 핑크 레이디(Pink Lady), 에메랄드(Emerald), 밀리언 달러(Million Dollor) 등이 있다. 용량은 4~5oz이다. 접시형과 플루트(Flute)형이 있다.

③ 사우어(sour)글라스

신맛의 음료를 제공할 때 사용하는 글라스로 주로 사우어(Sour)류를 제공.
예) Brandy Sour, Whisky Sour 글라스의 용량은 5~6온스이다.

④ 리큐르(Liqueur)글라스

리큐르 서어브용 글라스로서 코디얼(Cordials)글라스, 푸우스 카페(Pousse cafe)글라스
라고도 한다. 용량은 1온스(30㎖)이며, 층층이 쌓는 칵테일(Floating Cocktail)을 제공할
때도 많이 사용되며, 위스키나 럼, 보드카 등 스트레이트로 1잔 제공 시에도 사용된다. 이
때에는 체이스(Chaser ; 입가심용물, 음료)와 함께 곁들여 낸다.

⑤ 와인(Wine)글라스

포도주를 제공하는 글라스로 Wine의 종류별로 그 크기가 다르다.

> **알아두기** **Wine glass의 크기**
>
> 1) Sherry WIne : 3~3.5oz   4) Champagne : 4oz
> 2) White Wine : 3~4oz   5) Red Wine : 4~5oz
> 3) Port Wine : 3.5~4oz

이외에 백포도주, 적포도주 겸용으로 사용하는 튜울립 형의 대형와인 글라스도 있다.

⑥ 위스키(Whisky)글라스

주로 위스키를 병째 제공시 스트레이트로 마시는데 제공되는 글라스로 샷(Shot)글라스
라고도 한다. 1온스 글라스(30㎖), 1.5온스 글라스(45㎖), 더블용(Double)글라스로 2온스
(60㎖)의 것이 있다.

⑦ 올드 패션드 (Old fashioned)글라스

원래 Old Fashioned Cocktail을 제공하는데 사용되는 글라스로 언더락 글라스(On
the rocks glass)라고도 한다. 6온스, 8온스, 10온스의 것이 있다.

⑧ 하이볼(Highball)글라스

하이볼을 담아내는 글라스로 롱드링크(Long drink)나 청량음료 등을 제공하는 글라스이다. 6온스~12온스 컵이 있다.
Gin & Tonic, Whisky & Coke, Brandy & Ginger ale 등을 제공
글라스의 특징으로는 밑면에서 위로 올라갈수록 폭이 넓어진다.

⑨ 콜린스(Collins)글라스

밑면과 윗면의 폭이 똑같은 일자형 혹은 굴뚝형 글라스라고도 한다.
롱드링크 Whisky Collins, Tom Collins등을 제공한다. 크기는 최하가 8온스 글라스이며, 10온스, 12온스가 있다.

⑩ 브랜디(Brandy)글라스

스니프터(Snifter)라고도 하며, 향을 음미하면서 즐기기 위하여 볼이 넓고 오목한 튤립형의 풋티드 글라스(Footed glass)이다. 손바닥의 체온이 데워지게 하여 볼을 손바닥 위에 감싸 쥐고 떠받치듯이 잡는 것이 요령이다. 표준크기는 8온스이며, 스트레이트로 제공시에는 1잔 1온스 분량을(싱글-Single) 담아낸다. 꼬냑(Cognac)이나 베네딕틴(Benedictine), 드람부이(Drambuie) 등을 스트레이트로 제공한다.

⑪ 고블렛(Goblet)글라스

주로 냉수나 탄산음료, 맥주(Beer)등을 제공한다.

⑫ 맥주(Beer)글라스

맥주 서어브용 글라스로서 제공되는 형태의 종류로는 필스너(Pilsner), 텀블러(Tumbler), 고블렛(Goblet), 생맥주용 머그(mug)글라스, 대형 생맥주용 피처(Pitcher)등이 있다.

리큐르 글라스

샤워 글라스

셰리글라스

소서형 샴페인 글라스

조주기능사 실기시험에 사용되는 글라스 종류

올드패션드 글라스

칵테일 글라스

콜린스 글라스

플루트 샴페인 글라스

필스너 글라스

하이볼 글라스

제6장

메디푸드 음료

·

　음료(beverage)의 정의는 알코올음료(alcoholic beverage), 비알코올음료(non-alcoholic beverage)를 따로 구분하지 않고 물을 비롯한 마실 수 있는 모든 음료를 총칭한다. 알코올음료는 다른 말로 술을 지칭하며, 우리나라 주세법에 술의 정의는 알코올 분 1% 이상을 함유한 음용 할 수 있는 음료를 말한다. 비알코올음료는 영양음료, 청량음료, 기호음료로 나뉜다. 메디푸드(Medi-food)란 일종의 케어푸드로 약 대신 건강을 다스릴 수 있는 다양한 음식으로 대사성 질환 예방 및 관리를 위한 병원식도 포함된다. 질병 또는 건강 문제로 특별한 식이 관리가 필요한 사람을 위하여 특별히 만든 식품을 메디푸드(medical food. 의료식품)라 지칭하기도 한다. 메디푸드 음료는 건강상의 이유로 식생활 개선이 필요한 이들을 위해 제공되는 케어푸드 음료를 말한다. 건강에 대한 관심이 높아지면서 신선하고 다양한 과일과 채소를 착즙한 클렌즈 주스, 소화와 장 건강 등에 도움을 주는 콤부차, 결명자를 이용한 숙취해소제, 녹용과 홍삼을 핵심원료로 합성첨가물을 사용하지 않고 마카, 산수유, 복분자, 흑마늘 등을 부원료로 사용한 남성활력제품, 유파틸린을 주 정추출방식으로 추출한 여성 메디푸드 등이 점점 인기를 끌고 있다. 현대 질환의 대부분이 식품 등 먹거리와 밀접한 연관이 있으며, 예방의학의 중요성이 대두되는 시대에 소비자 맞춤형 식품인 메디푸드 음료 또한 계속 성장세를 보이며 주목받고 있다. 최근 음료시장은 뉴밀리어(newmiliar)의 시대트렌드에 맞추어 꾸준한 제품개발이 이루어지고 있으며, 지속 가능성, 채식주의, 건강이 3대 트렌드로 식품 및 음료 제품의 맛과 기술에 영향을 미치고 있다. 대표적으로 한 끼를 배불리 먹을 수 있는 과채음료, 식물성 소재의 우유대체 음료, 주스와 티를 인퓨징한 음료 등의 신제품이 각광 받고 있다. 음료를 개발하기 위해 기본적으로 숙지해야 하는 기준과 규격을 알고 이를 기반으로 음료의 맛을 풍부하게 하는 첨가물과 음료제품을 배합하고 평가 및 검사를 통해 현장에서 다양한 활용이 가능하다.

1 한방 약술이란 무엇인가?

술은 적당히 마시면 몸이 에너지를 증강 시켜 혈액의 흐름을 좋게 하고 마음을 즐겁게 하며, 식욕을 증진 시키고 잡념과 스트레스를 풀어주고 잠을 잘 오게 하며, 피로를 풀어주는 긍정적인 효과가 있다. 한약재를 배합하여 만든 약술은 알코올을 이용해 약의 효능을 추출하는 것으로, 알코올에 의해 특정 질환에 월등히 우수한 치료 효과를 낼 수도 있다. 알코올에는 약재가 가진 효과적인 성분을 녹이는 힘이 있으며, 농도에 따라 용출 성분이 달라지고 한약의 효능을 상승시켜주는 역할을 한다. 그러나 단순히 한약재를 술에 담가 둔다고 해서 모두 약술이 되는 것은 아니다. 약재의 내용과 용량, 술의 농도와 비율, 숙성방법 등에 따라 용출 성분이 달라지고 효능이 달라진다는 것을 알아야 한다. 약술은 몸에 흡수되는 속도가 빨라 적은 양으로도 짧은 시간에 효과를 낼 수 있으며, 혈액순환을 촉진하여 말초 혈관까지 효과적인 성분을 보낼 수 있다. 또한 알코올이 들어가기 때문에 살균 방부력이 있어 보존 기간이 길고 달이는 번거로움이 없으며 복용하기가 쉽다. 하지만 알코올의 영향을 고려하기 때문에 모든 치료에 다 사용할 수는 없다. 복용을 금해야 하거나 주의해서 복용해야 하거나 허약하여 소량만 복용해야 하는 사람은 반드시 의사의 지시를 따라야 한다. 약술은 취미나 기호에 따라 일반적으로 담그는 '건강 약술'과 치료의 건강 증진을 위해 한약재를 이용한 '한방 약술'로 나누며, 한방 약술은 약재의 내용에 따라 단방주와 북방주가 있다. 건강 약술은 기호나 향, 맛으로 누구나 쉽게 담글 수 있는 과실주나 흔히 알려진 단방의 재료를 이용한 단방주가 대부분이다.

2 약술의 특성

알코올에는 약재의 유효성분을 녹여 내는 힘이 있다. 그것은 알코올의 농도에 따라 달라진다. 같은 생약을 10%의 알코올과 60%의 알코올에 같은 기간 담궈 놓으면 10% 알코올의 것은 색이 진하고, 60%인 것은 색이 엷다. 또한 알코올의 농도에 따라 약술이 용출성분(溶出成分)이 달라진다. 수용성(水溶性) 생약 성분은 당류, 전분질, 점액 물질 등이고, 알코올에 잘 녹는 성분은 휘발성의 정유계(精油系) 성분이다. 술을 데우면 추출은 잘 되지만 휘발성 성분이 없어져 버릴 수 있다. 약술은 체내의 흡수가 빠르므로 짧은 시간에 효과를 올릴 수 있다. 혈액순환을 촉진시켜 말초 혈관까지 유효 성분을 보낼 수 있다. 또 달이는 약의 경우 매일 한 번은 달여야 하지만 술의 경우에는 살균 방부력(殺菌防腐力)이 있으므로 오랜 기간 보존할 수 있다.

약술의 특성을 요약하면 다음과 같다.

① 생약 성분과 알코올의 상승효과를 기대할 수 있다.
② 수용성, 알코올 용성(溶性)의 두 성분을 활용할 수 있다.
③ 생약의 양이 적어도 효과를 올릴 수 있다.
④ 한 번의 수고로 오랫동안 마실 수 있는 약술을 만들 수 있으며 보존 또한 가능하다.
⑤ 약용과 기호, 양쪽을 만끽할 수 있다.

3 술과 생약의 궁합

술에 생약만 담궈 두면 약술이 된다고 해서 탕액에 사용하는 생약과 같은 양으로 담궈 두기만 하면 술이 될 것이라고 생각 할 수 있지만 실은 그렇지 않다. 약술의 경우는 알코올의 영향을 고려해야 한다. 술과 생약 사이에는 궁합이 있다. 알코올과 함께 마시면 좋은 것과 함께 마실 수 없는 것이 있다. 그저 단순히 술에 생약만 담궈 두면 약술이 되는 것이 아니다. 약술 역시 오랜 경험을 거쳐 가장 효과적인 것만 남게 되었다고 할 수 있다.

4 약술이 맞는 병, 맞지 않는 병

약술은 먹어도 되는 사람과 먹으면 안 되는 사람이 있다. 또 병에 따라 마시면 좋은 경우와 마시면 안되는 경우가 있다. 마셔서 안 되는 경우는 병이 활동 중일 때이다. 병소(病巢)는 있지만 현재 진행되지 않거나 거의 활동을 하지 않는 병일 때는 약술을 마셔도 된다. 가령 위염의 경우라도 복통, 오심 등의 증상이 없다면 마셔도 문제가 생기지 않는다. 약술을 마시고 생기는 부작용은 우려할 정도로 위험한 것은 아니다. 문제가 일어난다 해도 한순간뿐이며, 복용을 중지하면 즉시 회복된다. 약술은 모두 온약 이므로 허증, 한증이 있는 사람에게 효과적이다. 반대로 실증, 열증에는 효과가 적은 편이다. 약술이 맞는 병과 증상, 맞지 않는 병과 증상은 다음과 같다.

① 약술이 맞는 병, 증상- 허약 체질, 체력 저하, 병후 회복기, 노화, 위장 허약, 식욕 부진, 소화 불량, 만성 설사, 피로, 더위 먹음, 성기능 감퇴, 음위, 혈액순환 장애, 요통, 냉증, 혈색 불량, 사지 냉통, 빈혈, 불면, 스트레스, 신경통, 갱년기 장애 등 주로 허증, 한증의 병

② 약술이 맞지 않는 병, 증상- 출혈성 질환, 염증성 질환, 발열성 질환, 호흡기 질환, 간염, 위염, 위궤양, 십이지장 궤양, 췌염, 폐렴, 폐결핵, 신장염, 기관지염, 기관지천식, 폐기종, 대장염, 맹장염, 구내염, 치질, 고혈압, 통풍(通風), 실방 질환, 각종 암 질환 등 주로 실증, 열증의 병. 이 중에서도 출혈성 질환, 호흡기 질환, 암 질환에는 특히 금물이다.

▲ 산수유   ▲ 인삼

▲ 오미자   ▲ 구기자

예로부터 마음을 안정시켜 불안을 덜어주는 식품으로 오미자, 구기자, 산수유, 인삼 등이 꼽히고 있다. 한의학에서는 심장과 담낭의 기운이 약하면 겁을 낸다고 했다. 담력이 약하기 때문에 심장이 약해지고, 정신이 들어 있어야 할 심장이 약하면 정신이 혼미해진다는 것이다. 오미자는 단맛, 신맛, 매운맛, 짠맛, 쓴맛의 다섯 가지 맛이 난다. 담을 강하게 하기 위해서는 쓴맛이 나도록 끓이거나 우려내 차로 마시면 좋다. 오미자의 쉬잔드린 성분은 간 기능을 개선해주는 성분이다. 구기자는 간장과 신장의 기능 회복에 도움을 주고 눈을 밝게 하는 효능을 가지고 있다. 또한 머리가 어지럽고 물건이 빙빙 도는 것처럼 느껴지는 것을 고치는 약재다. 구기자는 항산화 효과와 우울증에 도움이 된다는 보고가 있다. 산수유는 구기자와 같이 간장과 신장을 보호해주고, 정기가 새는 것을 막아주는 약재로 신체를 강하게 해준다. 산수유와 구기자를 혼합했을 때 간 손상이 회복되는 효과가 높다. 또한 산수유가 포함된 처방이 학습 능력을 높인다고 한다. 정신을 맑게 한다고 알려진 인삼은 농촌진흥청에서 신경보호 효과를 발표한 바 있다. 담의 기운이 허약할 때, 담낭에 열이 차서 불안하고, 심장이 떨려 잠을 자지 못할 때 정신이 안정되는 효능이 있다.

1 약용작물의 개념적 정의

병을 치유하거나 고통을 덜기 위한 약료를 생산할 목적으로 재배하는 작물을 약용작물이라고도 한다. 약용작물은 전통적으로 한약재로 이용되었으나 최근 식품용, 화장품용으로 점차 소비가 확대되고 있으며, 농가재배 시 경제성이 보장되어야 하고 재배가능한 적지여야 하는 조건을 만족시키지 못해 작목이 다양하지 못하기 때문에 우리나라 농가에서 재배되는 약용작물은 약 50여 종에 불과하다. 한국자격개발원에 의하면 약용작물을 다음과 같이 구분하고 있다. 첫째, 본초란 넓은 의미로 질병을 치료, 예방하는 약물의 통칭으로서, 식물류, 동물류, 광물류 등을 포함하며 자연 약물, 그 제제 및 가공 순화된 약품을 포함한다. 다만 식물이 근간이 되므로 이름을 본초라 한다. 둘째, 한약재란 본초 중 가공이나 정제가 되지 않은 순수한 약재만을 말한다. 셋째, 한약이란 한의학의 기본이론을 바탕으로 질병의 예방이나 치료를 위해 사용하는 천연물 및 탕제, 환제 등 가공된 약물을 말한다. 넷째, 민간약이란 관습적으로 민간에서 전해져 널리 사용되어온 약물, 가공된 천연약물을 의미한다. 다섯째, 생약이란 서양의학의 이론을 바탕으로 유효성분을 찾아 그 성분의 약리효과를 입증하기 위해 사용되는 천연 혹은 천연가공물을 말한다.

2 약용작물의 이용 범위

최근 약용작물의 재배와 더불어 약용작물을 이용한 산업의 범위가 크게 증가하고 있는 추세에 있으며 그 이유는 다음과 같다. 첫째, 건강에 대한 높아진 관심표출이다. 현대인은 한 끼의 식사를 하더라도 건강을 생각하며 음식을 먹는다. 우리가 먹는 모든 먹거리에 있어 가장 먼저 생각하는 것이 식품에 대한 안전성과 건강에 미치는 영향이다. 세계보건기구(WHO)의 헌장에는 "건강이란 질병이 없거나 허약하지 않은 것만 말하는 것이 아니라 신체적·정신적·사회적으로 완전히 안녕한 상태에 놓여 있는 것"이라고 정의하고 있다. 이러한 광범위한 건강에 대한 정의를 육체, 기능, 정신으로 구분하여 건강을 구분한다면 약용작물은 이 세 가지 측면에서 건강에 유익한 것으로서 증명되고 이용되어 왔기에 건강을 위한 수단과 방법으로서 이용범위가 높아지고 있다고 할 수 있다. 현재 우리나라에서는 농산물의 상태로 당귀, 황기를 비롯한 약 30여종의 한약재가 재배되고 있고, 택란, 애엽 등 50여종의 한약재가 소량씩 자연 채취되고 있다. 한약재로 이용되는 식물은 그 전초를 채취하여 약용으로 이용하는 것도 있으나, 대부분이 유효성분이 많이 함유된 부위를 채취하여 쓰기 때문에 한약재에 따라서 잎을 사용하는 것, 꽃을 사용하는 것, 씨만을 사용하는 것, 뿌리, 목질, 껍질, 과실 등을 사용하는 것 등 여러 가지이다. 약용식물은 대체요법 또는 자연요법을 통한 의존도 및 수요가 늘어나고 있다. 한약(韓藥)의 원료라는 이미지를 벗어나 다양한 산업소재로 활용분야를 넓혀가고 있으며 약용식물의 효능을 이용한 다양한 연구 방향을 수립하여 산업화 기반을 구축하여야 할 것이다.

3 약용작물의 종류

현대의학에서는 부작용을 최소화 할 수 있는 자연의학과 자연건강법에 관심이 높아지고 있으며 그중에서도 천연약용식물연구에 집중하고 있다(김성숙, 2017). 우리나라의 경우 세종대왕 명에 의해 집필된 『한약집성방』에는 360여종의 약용식물들이 소개되어 있다. 생활 속에서 만나는 약용식물 중 질병의 완화 및 예방에 효과적인 식물이 많이 알려져 있는데 특히, 머리, 어깨, 허리, 다리, 관절 통증과 염증완화에 도움이 되는 식물들은 강황, 구기자나무, 두충, 고추, 맥문동, 방풍, 유자나무, 하수오, 천궁, 월계수, 방기, 치자나무, 양배추, 산토끼풀, 우슬, 갯방풍, 들깨풀, 뇌향국화, 참빗살나무, 녹나무 등이 있다. 이러한 식물을 이용하여 찜질, 짓찧어 환부에 도포하는 등의 방법을 통해 신체부위별 통증을 완화할 수 있다. 국내에서 주요재배 되는 약용작물은 지황, 작약, 생강, 백수오, 백출, 식방풍, 우슬, 도라지, 단삼, 구절초, 감초, 차조기, 당귀, 천궁, 울금, 구기자, 삼백초, 초석잠, 둥글레, 인삼, 야관문, 와송, 돼지감자, 여주, 오가피 등 20여 가지가 대표적이다.

약료작물은 여러 방법으로 분류할 수 있고, 함유성분, 치료효과, 식물의 근연도(近緣度), 약물로 이용되는 식물 기관에 의한 분류 등을 들 수 있다. 식물기관에 따라 분류하면 ① 뿌리나 지하부를 이용하는 것: 인삼, 대황, 감초, 작약, 당귀, 지황, 천궁, 패모 등 ② 수피(樹皮)를 이용하는 것: 키니네, 석류피, 목단피 등 ③ 목재를 이용하는 것: 제라궁, 마황 등 ④ 잎을 이용하는 것: 박하, 코카, 디기탈리스, 유칼리 등 ⑤ 꽃을 이용하는 것: 홉, 사프란, 삼, 제충국 등 ⑥ 과실 또는 씨앗을 이용하는 것: 양귀비, 결명자, 아주까리, 들깨 등 ⑦ 하등식물로부터 얻어 이용하는 것: 한천, 맥각, 페니실린, 스트렙토마이신 등이 있으며 그 밖에도 많은 식물이 있다.

　오늘날 주요 외식 트렌드는 비대면 서비스화, 온라인 체험소비 확산(유통 시스템의 변화), 안심 푸드테크, 가정간편식(HMR), 편리미엄 외식, 1인 가구, 그린슈머, 친환경, RMR(Restaurant Meal Replacement), 가치 소비가 지속적으로 이어질 것으로 전망되고 있다. 국내 호텔업계에서도 건강식과 웰빙 재료를 넣은 칵테일을 바와 레스토랑에서 판매하고, 톡톡 튀는 음악과 분위기 속에서 즐길 수 있는 피트니스 프로그램도 새롭게 시도하고 있다. 중후한 분위기를 고수해 온 고급 호텔들이 이처럼 변화를 꾀하는 이유는 젊은 고객들이 곧 미래의 장기 고객으로 이어질 수 있다는 판단 때문이다. 호텔 문화에 익숙해진 이들이 결혼이나 육아, 가족 모임 등 다양한 이벤트에서 호텔을 떠올리며 이용할 수 있도록 하기 위한 전략인 셈이다.

　이 밖에 자기 관리와 자신을 위한 소비에 관심이 많은 젊은 층을 대상으로 다양한 서비스를 선보여 식음료 등의 매출을 높이고자 하는 목적도 있다. 즐겁고 행복한 삶을 위한 나만의 취향과 맛 그리고 스토리가 있는 저도주 웰빙 칵테일을 만들어 보자.

부엉이 모히토(Owl Mojito) 4.6%

수성고량주를 베이스로 한 모히토 칵테일이다. 수성고량주의 로그(trademark)인 부엉이는 예로부터 재물을 상징하는 새로 부를 몰고 온다는 의미가 있다. 이 칵테일을 마시면 재복이 들어온다는 의미가 있는 칵테일이다.

- **재　　료** : 수성고량주 ⅔oz, 그레나딘 시럽 1oz, 카카오 화이트 ⅓oz, 라임주스 ½oz, 진저엘 5oz
- **조주기법** : 셰이킹(Shaking) & 빌드(Build)
- **글 라 스** : 텀블러 글라스(Tumbler Glass)
- **장　　식** : 레몬 & 허브 잎
- **만드는 방법** : 얼음을 넣은 셰이커에 수성고량주 ⅔oz, 그레나딘 시럽 1oz, 카카오 화이트 ⅓oz, 라임 주스 ½oz를 넣고 셰이킹 한 다음 얼음을 넣은 텀블러 글라스에 따르고 진저엘로 잔을 채운 후 저어준 뒤 레몬 1조각과 허브 잎을 하나 띄운다.

야밤 스토리(Night Story) 5.3%

야시장의 재미, 즐거움, 추억을 담은 칵테일로 전통 야시장 방문객들의 즐겁고 행복한 추억을 담은 칵테일이다.

- **재　　료 :** 보드카 1oz, 더치커피 1oz, 그레나딘 시럽 1oz, 라임주스 ½oz, 복숭아 주스(요 거상큼) 4oz
- **조주기법 :** 셰이킹(Shaking)
- **글 라 스 :** 텀블러 글라스(Tumbler Glass)
- **장　　식 :** 레몬 & 체리
- **만드는 방법 :** 얼음을 넣은 셰이커에 보드카 1oz, 더치커피 1oz, 그레나딘 시럽 1oz, 라임 주스 ½oz, 복숭아 주스(요거상큼) 4oz를 넣고 셰이킹 한 다음 얼음을 넣은 텀블러 글라스 에 따르고 레몬 & 체리를 장식한다.

칠성 칵테일(Seven Star Cocktail) 5.7%

장날에 맛있게 먹는 국수, 국밥처럼 칠성 칵테일(Seven Star Cocktail)을 연거푸 2잔 마시면 행운과 기쁨이 찾아온다는 의미를 담은 칵테일이다.

- **재　　료 :** 보드카 1oz, 메론리큐르 ½oz, 바나나리큐르 ½oz, 파인애플 주스(요거새콤) 5oz
- **조주기법 :** 셰이킹(Shaking)
- **글 라 스 :** 텀블러 글라스(Tumbler Glass)
- **장　　식 :** 레몬과 체리 & 허브 잎
- **만드는 방법 :** 얼음을 넣은 셰이커에 보드카 1oz, 메론 리큐르 ½oz, 바나나 리큐르 ½oz, 파인애플 주스(요거새콤) 5oz를 넣고 셰이킹 한 다음 얼음을 넣은 텀블러 글라스에 따르고 레몬과 체리 & 허브 잎을 장식한다.

싸이 칵테일(Ssai Cocktail) 3.7%

전통시장은 농수산물의 가격이 싸고 저렴하고 품질도 우수하다. 전통시장의 활성화를 응원하는 칵테일이며, 싸이 칵테일 한잔과 같이 우리의 인생도 늘 실속이 있는 삶을 살자는 의미가 담긴 칵테일이다.

- **재   료** : 수성고량주 ⅔oz, 블루 큐라소 스포트 시럽 1oz, 라임 주스 ½oz, 진저엘 5oz
- **조주기법** : 셰이킹(Shaking) & 빌드(Build)
- **글 라 스** : 텀블러 글라스(Tumbler Glass)
- **장   식** : 레몬과 체리 & 허브 잎
- **만드는 방법** : 얼음을 넣은 셰이커에 수성고량주 ⅔oz, 블루 큐라소 1oz, 라임 주스 ½oz를 넣고 셰이킹 한 다음 얼음을 넣은 텀블러 글라스에 따르고 진저엘 5oz로 잔을 채우고 저어준다. 레몬과 체리 & 허브 잎으로 장식한다.

뽀시래기 칵테일(Posilaegi Cocktail) 3.2%

뽀시래기는 귀여움을 표시하는 신종어다. 남녀가 서로 사랑하는 사람에게 뽀시래기 칵테일을 권하면 원하는 사랑이 이루어진다는 의미를 담고 있다. 뽀시래기 칵테일 한잔과 함께 멋진 사랑의 추억을 만들어보자!

- **재　　료 :** 캄파리 1oz, 라임 주스 ⅔oz, 복숭아 주스(요거상큼) 2oz, 토닉워터 4 oz, 그레나딘 시럽 ⅕oz
- **조주기법 :** 빌드(Build) & 플로팅(Floating)
- **글 라 스 :** 텀블러 글라스(Tumbler Glass)
- **장　　식 :** 체리 2개
- **만드는 방법 :** 얼음을 넣은 텀블러 글라스에 캄파리 1oz, 라임 주스 ⅔oz, 복숭아 주스(요거상큼) 2oz, 토닉워터 4oz를 따르고 살짝 저어준 후 그 위에 그레나딘 시럽 ⅕oz를 끼얹어준다. 체리 2개를 칵테일 핀에 꽂아 장식한다.

제 7 장

조주기능사

제1절 조주기능사 실기시험 문제

진 베이스 칵테일

<u>Dry Martini</u> (드라이 마티니)

- **재료 :** Dry Gin 2oz, Dry Vermouth ⅓oz, Green Olive
- **만드는 법 :** 믹싱글라스에 얼음과 함께 드라이 진, 드라이 버무스를 넣고 바스푼으로 저어 준(Stir) 후 칵테일글라스(Cocktail Glass)에 따르고 올리브로 장식하여 제공한다.

Singapore Sling (싱가폴슬링)

- **재료 :** Dry Gin 1½oz, Lemon Juice ½oz, Powdered Sugar 1tsp, Cherry Brandy ½oz, Soda Water Fill, A Slice or Orange and Cherry
- **만드는 법 :** 셰이커에 얼음과 함께 드라이 진, 레몬주스, 가루 설탕을 넣고 셰이킹 (Shaking) 한 후 얼음이 담긴 필스너(Footed Pilsner Glass)에 따르고, 소다수를 채운 다음 Stir 해서 그 위에 체리 브랜디를 끼얹어 오렌지 슬라이스와 체리를 장식하여 제공한다.

Negroni (네그로니)

- **재료 :** Dry Gin ¾oz, Sweet Vermouth ¾oz, Campari ¾oz, Twist of Lemon peel
- **만드는 법 :** 얼음이 담긴 올드패션드 글라스(Old-fashioned Glass)에 드라이 진, 스위트 버무스, 캄파리를 넣고 Stir 한 후 레몬껍질을 비틀어서 장식하여 제공한다.

Long Island Iced Tea (롱 아일랜드 아이스티)

- **재료 :** Gin ½oz, Vodka ½oz, Light Rum ½oz, Tequila ½oz, Triple Sec ½oz, Sweet & Sour Mix 1½oz, on Top with Cola, A Wedge of Lime or Lemon
- **만드는 법 :** 얼음이 담긴 콜린스 글라스(Collins Glass)에 진, 보드카, 라이트 럼, 테킬라, 트리플섹, 스위트 앤 샤워믹스를 넣고 콜라로 잔을 채운 다음 Stir 한 후 라임 or 레몬 웨지를 장식한다.

Gin Fizz (진 피즈)

- **재료 :** Gin 1½oz, Lemon Juice ½oz, Powdered Sugar 1tsp, Fill With Clup Soda, A Slice of Lemon
- **만드는 법 :** 셰이커에 얼음과 함께 진, 레몬주스, 가루 설탕을 넣고 셰이킹(Shaking) 한 후 얼음이 담긴 하이볼 글라스(Highball Glass)에 따르고, 소다수를 채운 다음 저어준(Stir) 후 그 위에 레몬 슬라이스를 장식하여 제공한다.

Brandy Alexander (브랜디 알렉산더)

- **재료 :** Brandy ¾oz, Creme De Cacao(Brown) ¾oz, Light Milk ¾oz, Nutmeg Powder
- **만드는 법 :** 셰이커에 얼음과 함께 브랜디, 크림 디 카카오(브라운), 우유를 넣고 셰이킹 한 다음 칵테일글라스(Cocktail Glass)에 따르고 넛맥 가루(Nutmeg Powder)를 위에 뿌려 제공한다.

Side car (사이드 카)

- **재료 :** Brandy 1oz, Cointreau(Triple Sec) 1oz, Lemon Juice ¼oz
- **만드는 법 :** 셰이커에 얼음과 함께 브랜디, 코인트로우, 레몬주스를 넣고 셰이킹 (Shaking)하여 칵테일글라스(Cocktail Glass)에 담아 제공한다.

Pousse Café (푸스카페)

- **재료 :** Crenadine Syrup ⅓ part, Creme De Menthe(Green) ⅓ part, Brandy ⅓ part
- **만드는 법 :** 리큐르 글라스에(Stemed Liqueur Glass)에 그레나딘 시럽, 크림 디 민트(그린), 브랜드를 순서대로 섞이지 않도록 삼등분해서 쌓아준다. (Float)

Black Russian (블랙 러시안)

- **재료 :** Vodka 1oz, Kahlua(Coffee Liqueur) ½oz
- **만드는 법 :** 올드 패션드 글라스(Old-fashioned Glass)에 얼음을 넣고 보드카, 칼루아를 부은 다음 Stir 하여 제공한다.

Seebreeze (시브리즈)

- **재료 :** Vodka 1½oz, Cranberry Juice 3oz, Grapefruit Juice ½oz, A Wedge of Lime or Lemon
- **만드는 법 :** 하이볼 글라스(Highball Glass)에 얼음과 함께 보드카, 크랜베리 주스, 자몽 주스를 넣고 Stir 한 후 라임 or 레몬 웨지를 장식한다.

Apple Martini (애플 마티니)

- **재료 :** Vodka 1oz, Apple Pucker 1oz, Lime Juice ½oz, A Slice of Apple
- **만드는 법 :** 셰이커에 얼음과 함께 보드카, 애플 퍼커, 라임 주스를 넣고 셰이킹 하여 칵테일글라스(Cocktail Glass)에 따르고 사과 1조각을 장식한다.

Cosmopolitan (코스모폴리탄)

- **재료 :** Vodka 1oz, Triple Sec ½oz, Lime Juice ½oz, Cranberry Juice ½oz, Twist of Lime or Lemon Peel
- **만드는 법 :** 셰이커에 얼음과 함께 보드카, 트리플섹, 라임 주스, 크랜베리 주스를 넣고 셰이킹 하여 칵테일글라스(Cocktail Glass)에 따르고 라임 or 레몬껍질을 비틀어서 장식하여 제공한다.

Moscow Mule (모스코 뮬)

- **재료 :** Vodka 1½oz, Lime Juice ½oz, Ginger Ale Fill, A Slice of Lime or Lemon
- **만드는 법 :** 얼음이 담긴 하이볼 글라스(Highball Glass)에 보드카와 라임 주스를 넣고 진저엘로 잔을 채워 Stir 한 후 라임 or 레몬 슬라이스로 장식하여 제공한다.

Margarita (마가리타)

- **재료 :** Tequila 1½oz, Triple Sec ½oz, Lime Juice ½oz
- **만드는 법 :** 칵테일글라스(Cocktail Glass) 림에 레몬즙을 바르고 소금을 묻혀준다 (Rimming With Salt). 그리고 셰이커에 얼음과 함께 테킬라, 트리플섹, 라임 주스를 넣고 셰이킹 한 후에 준비된 칵테일글라스에 부어 제공한다.

Tequila Sunrise (테킬라 선라이즈)

- **재료 :** Tequila 1½oz, Orange Juice Fill, Grenadine Syrup ½oz
- **만드는 법 :** 얼음이 담긴 필스너 글라스(Footed Pilsner Glass)에 테킬라를 넣고 오렌지 주스로 잔을 채워 Stir 한 후 그 위에 그레나딘 시럽을 끼얹어 준다.

Daiquiri (다이키리)

- **재료 :** Light Rum 1¾oz, Lime Juice ¾oz, Powdered Sugar 1tsp
- **만드는 법 :** 셰이커에 얼음과 함께 라이트 럼, 라임 주스, 가루 설탕을 넣고 셰이킹 한 후에 칵테일글라스(Cocktail Glass)에 담아 제공한다.

Mai Tai (마이타이)

- **재료 :** Light Rum 1¼oz, Triple Sec ¾oz, Lime Juice 1oz, Pineapple Juice 1oz, Orange Juice 1oz, Grenadine Syrup ¼oz, A Wedge of fresh Pineapple(Orange) & Cherry
- **만드는 법 :** 라이트 럼, 트리플섹, 라임 주스, 파인애플 주스, 오렌지 주스, 그렌나딘 시럽을 크러시드 아이스(Crushed Ice)와 함께 믹서기(Blender)로 잘 혼합한 다음 필스너 글라스(Footed Pilsner Glass)에 따르고 파인애플(오렌지) 웨지와 체리를 장식한다.

Bacardi (바카디)

- **재료 :** Bacardi Rum White 1¾oz, Lime Juice ¾oz, Grenadine Syrup 1tsp
- **만드는 법 :** 셰이커에 얼음과 함께 바카디 럼(화이트), 라임 주스, 그레나딘 시럽을 넣고 셰이킹 한 다음 칵테일글라스(Cocktail Glass)에 부어 제공한다.

Cuba Libre (쿠바 리브레)

- **재료 :** Light Rum 1½oz, Lime Juice ½oz, Cola Fil, A Wedge of Lemon
- **만드는 법 :** 얼음이 든 하이볼 글라스(Highball Glass)에 럼과 라임 주스를 넣고 콜라로 잔을 채워 저어주고(stir) 레몬 웨지를 장식하여 제공한다.

Pina Colada (피나 콜라다)

- **재료 :** Light Rum 1¼oz, Pina Colada Mix 2oz, Pineapple Juice 2oz, A Wedge of fresh Pineapple(Orange) & Cherry
- **만드는 법 :** 라이트 럼, 피나 콜라다 믹서, 파인애플 주스를 크러시드 아이스(Crushed Ice)와 함께 믹서기(Blender)로 잘 혼합한 다음 필스너 글라스(Footed Pilsner Glass)에 따르고 파인애플(오렌지) 웨지와 체리를 장식한다.

Blue Hawaiian (블루 화와이안)

- **재료 :** Light Rum 1oz, Blue Curacao 1oz, coconut Flavored Rum 1oz, Pineapple Juice 2½oz, A Wedge of fresh Pineapple(Orange) & Cherry
- **만드는 법 :** 라이트 럼, 블루 큐라소, 코코넛 럼, 파인애플 주스를 크러시드 아이스(Crushed Ice)와 함께 믹서기(Blender)로 잘 혼합한 다음 필스너 글라스(Footed Pilsner Glass)에 따르고 파인애플(오렌지) 웨지와 체리를 장식한다.

Manhattan (맨해튼)

- **재료 :** Bourbon Whisky 1½oz, Sweet Vermouth ¾oz, Angostura Bitter 1 Dash, Cherry
- **만드는 법 :** 버번위스키, 스위트 버무스, 앙고스트라 비터를 얼음에 담긴 믹싱글라스 (Mixing Glass)에 넣고, 바 스푼으로 Stir 한 후 Cocktail Glass에 따르고 체리를 장식하 여 제공한다.

Old Fashioned (올드패션드)

- **재료 :** Bourbon Whisky 1½oz, Powdered Sugar 1tsp, Angostura Bitter 1 Dash, Soda water ½oz, A Slice or Orange and Cherry
- **만드는 법 :** 올드패션드 글라스(Old-fashioned Glass)에 가루 설탕, 앙고스트라 비터, 소다수를 붓고, 바 스푼으로 설탕을 녹인 다음 얼음을 넣고 버번위스키를 부은 다음 Stir 하여 오렌지 슬라이스와 체리로 장식하여 제공한다.

Rusty Nail (러스티 네일)

- **재료 :** Scotch Whisky 1oz, Drambuie ½oz
- **만드는 법 :** 올드패션드 글라스(Old-fashioned Glass)에 얼음을 넣고 스카치위스키와 드람브이를 부은 다음 Stir 한 후 제공한다.

New York (뉴 욕)

- **재료 :** Bourbon Whisky 1½oz, Lime Juice ½oz, Grenadine Syrup ½tsp, Powdered Sugar 1tsp, Twist of Lemon Peel
- **만드는 법 :** 셰이커에 얼음과 함께 버번위스키, 라임 주스, 그레나딘 시럽을 넣고 셰이킹 한 후에 칵테일글라스(Cocktail Glass)에 따르고 레몬껍질을 비틀어서 장식하여 제공한다.

Whiskey Sour (위스키 사워)

- **재료 :** Bourbon Whisky 1½oz, Lemon Juice ½oz, Powdered Sugar 1tsp, on Top With Soda Water 1oz, A Slice or Lemon and Cherry
- **만드는 법 :** 셰이커에 얼음과 함께 버번위스키, 레몬주스, 가루 설탕을 넣고 셰이킹 (Shaking) 한 후 사워 글라스(Sour Glass)에 따른다. 마지막으로 소다수를 부은 다음 Stir 한 후 레몬 슬라이스와 체리로 장식하여 제공한다.

Kir (키르)

- **재료 :** White Wine 3oz, Creme de Cassis ½oz, Twist of Lemon peel
- **만드는 법 :** 화이트 와인 글라스(White Wine Glass)에 차갑게 식힌 화이트 와인과 카시스를 붓고 저어준 다음 레몬껍질을 비틀어서 장식하여 제공한다.

B-52 (비-52)

- **재료 :** Coffee Liqueur ⅓part, Baileys Irish Cream Liqueur ⅓part, Grand Marnier ⅓part
- **만드는 법 :** 커피 리큐르, 베일리스 아일리시 크림, 그랑 마니아를 셰리 글라스(2온스)에 바 스푼을 잔 벽에 대고 순서대로 삼등분하여 층층이 쌓는다. (Float)

June Bug (준벅)

- **재료 :** Midori(Melon Liqueur) 1oz, Coconut Flavored Rum ½oz, Banana Liqueur ½oz, Pineapple Juice 2oz, Sweet & Sour mix 2oz, A Wedge of Fresh Pineapple & Cherry
- **만드는 법 :** 셰이커에 얼음과 함께 메론 리큐르, 코코넛 럼, 바나나 리큐르, 파인애플 주스, 스위트 앤 사워 믹스를 셰이킹 한 다음 얼음이 담긴 콜린스 글라스(Collins Glass)에 따르고 파인애플과 체리를 장식한다.

Grasshopper (그래스호퍼)

- **재료 :** Creme De Menthe(Green) 1oz, Creme De Cacao(White) 1oz, Light Milk 1oz
- **만드는 법 :** 셰이커에 얼음과 함께 크림 디 민트(그린), 크림 디 카카오(화이트), 우유를 셰이킹(Shaking)하여 소서형 샴페인(Champagne Glass saucer형)에 담아 제공한다.

Apricot (애프리콧)

- **재료 :** Apricot Flavored Brandy 1½oz, Dry Gin 1tsp, Lemon Juice ½oz, Orange Juice ½oz
- **만드는 법 :** 셰이커에 얼음과 함께 애프리콧 브랜디, 드라이 진, 레몬주스, 오렌지주스를 셰이킹 한 다음 칵테일글라스(Cocktail Glass)에 부어 제공한다.

Honeymoon (허니문)

- **재료 :** Apple Brandy ¾oz, Benedictine DOM ¾oz, Triple Sec ¼oz, Lemon Juice ½oz
- **만드는 법 :** 셰이커에 얼음과 함께 애플브랜디, 베네딕틴 DOM, 트리플섹, 레몬주스를 셰이킹(Shaking) 하여 칵테일글라스(Cocktail Glass)에 담아 제공한다.

Healing (힐링)

- **재료 :** Gam Hong Ro(40도) 1½oz, Benedictine ⅓oz, Creme de Cassis ⅓oz, Sweet & Sour mix 1oz, Twist of Lemon peel
- **만드는 법 :** 셰이커에 얼음과 함께 감홍로, 베네딕틴, 크림 디 카시스, 스위트 앤 사워믹스를 넣고 셰이킹(Shaking) 하여, 칵테일글라스(Cocktail Glass)에 붓고, 레몬껍질을 비틀어서 장식하여 제공한다.

Jindo (진도)

- **재료 :** Jindo Hong Ju(40도) 1oz, Creme De Menthe(White) ½oz, White Grape Juice(청포도 주스) ¾oz, Raspberry Syrup ½oz
- **만드는 법 :** 셰이커에 얼음과 함께 진도홍주, 크림 디 민트(화이트), 청포도 주스, 라즈베리 시럽을 넣고 셰이킹(Shaking) 하여 칵테일글라스(Cocktail Glass)에 담아 제공한다.

Puppy Love (풋사랑)

- **재료 :** Andong soju(35도) 1oz, Triple sec ⅓oz, Apple Pucker 1oz, Lime Juice ⅓ oz, A Slice of Apple
- **만드는 법 :** 셰이커에 얼음과 함께 안동소주, 트리플섹, 애플 퍼커, 라임 주스를 넣고 셰이킹(Shaking) 하여 칵테일글라스(Cocktail Glass)에 따르고, 사과 1조각을 장식한다.

Geumsan (금산)

- **재료 :** Geumsan insamju(43도) 1½oz, Coffee Liqueur(Kahlua) ½oz, Apple Pucker ½oz, Lime Juice 1tsp
- **만드는 법 :** 셰이커에 얼음과 함께 금산인삼주, 커피 리큐르, 애플 퍼커, 라임 주스를 넣고 셰이킹(Shaking) 하여 칵테일글라스(Cocktail Glass)에 담아 제공한다.

Gochang (고창)

- **재료 :** sunwoonsan bokbunja wine(선운산복분자주 19도) 2oz, Cointreau(Triple Sec) ½oz, Sprite 2oz
- **만드는 법 :** 믹싱글라스에 얼음과 함께 선운산 복분자, 코인트로우를 넣고 바 스푼으로 저어준(Stir) 후 플루트 샴페인 글라스(Flute Champagne Glass)에 따르고, 스프라이트(Sprite)를 붓고 살짝 저어준 다음 제공한다.

Fresh Lemon Squash (프레시 레몬 스쿼시)

- **재료 :** Fresh Squeezed Lemon ½ea, Powdered Sugar 2tsp, Fill With Soda Water, A Slice of Lemon
- **만드는 법 :** 하이볼 글라스(Highball Glass)에 얼음을 넣고 레몬을 스퀴즈 하여 하이볼 글라스에 따르고 가루 설탕을 넣는다. 그리고 소다수로 잔을 채운 다음, 바 스푼으로 잘 저어주고(Stir) 레몬 슬라이스를 장식한다.

Virgin Fruit Punch (버진 프루트 펀치)

- **재료 :** Orange Juice 1oz, Pineapple Juice 1oz, Cranberry Juice 1oz, Grapefruit Juice 1oz, Lemon Juice 1oz, Grenadine Syrup ½oz, A Wedge of Fresh Pineapple & Cherry
- **만드는 법 :** 오렌지주스, 파인애플 주스, 자몽주스, 레몬주스, 그레나딘 시럽을 크러시드 아이스(Crushed Ice)와 함께 믹서기(Blender)로 잘 혼합한 다음 필스너 글라스(Footed Pilsner Glass)에 따르고 파인애플 웨지와 체리를 장식한다.

실기 수험자 유의사항

1. 시험시간 전 2분 이내에 재료의 위치를 확인합니다.

2. 감독위원이 요구한 3가지 작품을 7분 내에 완료하여 제출하며, 검정장시설과 지급재료 이외의 도구 및 재료를 사용할 수 없습니다.

3. 채점 대상에서 제외되는 경우는 다음과 같다.

   가) 오작 : (1) 2가지 이상의 주재료(주류) 선택이 잘못된 경우

   　　　　　(2) 2가지 이상의 조주법(기법) 선택이 잘못된 경우

   　　　　　(3) 2가지 이상의 글라스 선택이 잘못된 경우

   　　　　　(4) 2가지 이상의 장식 선택이 잘못된 경우

   　　　　　(5) 1과제 내에 재료선택이 2가지 이상 잘못된 경우

   나) 미완성 : 요구된 과제 3가지 중 1가지라도 제출하지 못한 경우

1 조주기능사 기출문제

01 Gin에 대한 설명으로 틀린 것은?

㉮ 저장·숙성을 하지 않는다.

㉯ 생명의 물이라는 뜻이다.

㉰ 무색·투명하고 산뜻한 맛이다.

㉱ 알코올 농도는 40~50% 정도이다.

02 칵테일을 만드는 대표적인 방법이 아닌 것은?

㉮ punching

㉯ blending

㉰ stirring

㉱ shaking

03 다음 칵테일 중에서 올리브를 장식하는 칵테일은?

㉮ 맨하탄

㉯ 드라이마티니

㉰ 싱카폴슬링

㉱ 핑크레이디

04 Straight Up이란 용어는 무엇을 뜻하는가?

㉮ 술이나 재료의 비중을 이용하여 섞이지 않게 마시는 것

㉯ 얼음을 넣지 않은 상태로 마시는 것

㉰ 얼음만 넣고 그 위에 술을 따른 상태로 마시는 것

㉱ 글라스 위에 장식하여 마시는 것

05 다음 중 청주의 주재료는?

㉮ 옥수수

㉯ 감자

㉰ 보리

㉱ 쌀

06 매그넘 1명의 용량은?

㉮ 1.5L
㉯ 750mL
㉰ 1L
㉱ 1.75L

07 다음은 어떤 포도품종에 관하여 설명한 것인가?

'작은 포도알, 깊은 적갈색, 두꺼운 껍질, 많은 씨앗이 특징이며 씨앗은 타닌함량을 풍부하게 하고, 두꺼운 껍질은 색깔을 깊이 있게 나타낸다. 블랙커런트, 체리, 자두 향을 지니고 있으며, 대표적인 생산지역은 프랑스 보르도 지방이다.'

㉮ 메를로(Merlot)
㉯ 삐노 느와르(Pinot Noir)
㉰ 까베르네 쇼비뇽(Cabernet Sauvignon)
㉱ 샤르도네(Chardonnay)

08 프랑스의 위니 블랑을 이탈리아에서는 무엇이라 일컫는가?

㉮ 트레비아노
㉯ 산조베제
㉰ 바르베라
㉱ 네비올로

09 와인 제조 과정 중 말로락틱 발효(malolactic fermentation)란?

㉮ 알콜 발효
㉯ 1차 발효
㉰ 젖산 발효
㉱ 탄닌 발효

10 dry wine의 당분이 거의 남아 있지 않은 상태가 되는 주된 이유는?

㉮ 발효 중에 생성되는 호박산, 젖산 등의 산 성분 때문
㉯ 포도 속의 천연 포도당을 거의 완전히 발효시키기 때문
㉰ 페노릭 성분의 함량이 많기 때문
㉱ 설탕을 넣는 가당 공정을 거치지 않기 때문

11 프라페(Frappe)를 만들 때 사용하는 얼음은?

㉮ Cubed Ice
㉯ Shaved Ice
㉰ Cracked Ice
㉱ Block of Ice

12 다음 민속주 중 약주가 <u>아닌</u> 것은?

㉮ 한산 소곡주   ㉯ 경주 교동법주

㉰ 아산 연엽주   ㉱ 진도 홍주

13 주정 강화 와인(fortified wine)의 종류가 <u>아닌</u> 것은?

㉮ 이태리의 아마로네(Amarone)

㉯ 프랑스의 뱅 드 리퀘르(Vin doux Liquere)

㉰ 포르투갈의 포트와인(Port Wine)

㉱ 스페인의 세리와인(Sherry Wine)

14 다음 중 버번 위스키(Bourbon Whiskey)는?

㉮ Ballantine   ㉯ I.W.Harper

㉰ Lord Calvert   ㉱ Old Bushmills

15 제조법에 따른 알코올성 음료의 3가지 분류에 속하지 않는 것은?

㉮ 증류주   ㉯ 혼합주

㉰ 양조주   ㉱ 혼성주

16 일반적으로 식사 전의 음료로 적합한 술은?

㉮ Red Wine   ㉯ Cognac

㉰ Liqueur   ㉱ Italian Vermouth

17 일반적으로 Old fashioned glass를 가장 많이 사용해서 마시는 것은?

㉮ Whisky   ㉯ Beer

㉰ Champagne   ㉱ Red Eye

18 다음 중 비탄산성 음료는?

㉎ Mineral water   ㉏ Soda water

㉐ Tonic water   ㉑ Cider

19 데킬라에 대한 설명으로 맞게 연결된 것은?

'최초의 원산지는 (①)로서 이 나라의 특산주이다. 원료는 백합과의 (②)인데 이 식물에는 (③)이라는 전분과 비슷한 물질이 함유되어 있다.'

㉎ ①멕시코, ②풀케(Pulque), ③루플린

㉏ ①멕시코, ②아가베(Agave), ③이눌린

㉐ ①스페인, ②아가베(Agave), ③루플린

㉑ ①스페인, ②풀케(Pulque), ③이눌린

20 다음 칵테일에서 글라스 가장자리에 설탕을 묻혀 눈송이가 내린 것처럼 장식해서 제공되는 칵테일은?

㉎ 파라다이스   ㉏ 블루 문

㉐ 톰 콜린스   ㉑ 키스 오브 파이어

21 진저엘의 설명 중 틀린 것은?

㉎ 맥주에 혼합하여 마시기도 한다.   ㉏ 생강향이 함유된 청량음료이다.

㉐ 진저엘의 엘은 알코올을 뜻한다.   ㉑ 진저엘은 알코올분이 있는 혼성주이다.

22 가장 오랫동안 숙성한 브랜디는?

㉎ V.O.   ㉏ V.S.O.P.

㉐ X.O.   ㉑ EXTRA.

23 스카치 위스키의 주원료는?

㉎ 호밀   ㉏ 옥수수

㉐ 보리   ㉑ 감자

24 Hot Toddy와 같은 뜨거운 종류의 칵테일이 고객에게 제공 될 때 뜨거운 글라스를 넣을 수 있는 손잡이가 달린 칵테일 기구는?

㉮ 스퀴저(Squeezer) ㉯ 글라스 리머(Glass Rimmers)

㉰ 아이스 패일(Ice Pail) ㉱ 글라스 홀더(Glass Holder)

25 다음 중 포트와인(Port Wine)을 가장 잘 설명한 것은?

㉮ 붉은 포도주를 총칭한다.

㉯ 포르투갈의 도우루(Douro)지방산 포도주를 말한다.

㉰ 항구에서 노역을 일삼는 서민들의 포도주를 일컫는다.

㉱ 백포도주로서 식사 전에 흔히 마신다.

26 다음 칵테일 중 계란이 들어가는 칵테일은?

㉮ Millionaire ㉯ Black Russian

㉰ Brandy Alexander ㉱ Daiquiri

27 다음 리큐어 중 부드러운 민트 향을 가진 것은?

㉮ Absente ㉯ Curacao

㉰ Chartreuse ㉱ Creme de Menthe

28 혼성주의 제법이 <u>아닌</u> 것은?

㉮ 증류법 ㉯ 침출법

㉰ 에센스법 ㉱ 압착법

29 각 나라별 발포성와인(Sparkling Wine)의 명칭이 잘못 연결된 것은?

㉮ 프랑스-Cremant ㉯ 스페인-Vin Mousseux

㉰ 독일-Sekt ㉱ 이탈리아-Spumante

30 깁슨(Gibson) 칵테일을 제공할 때 사용되는 글라스로 올바른 것은?

㉮ Collins glass   ㉯ Champagne glass

㉰ Sour glass   ㉱ Cocktail glass

31 다음 중 얼음의 사용방법으로 부적당한 것은?

㉮ 칵테일과 얼음은 밀접한 관계가 성립된다.

㉯ 칵테일에 많이 사용되는 것은 각얼음(Cubed ice)이다.

㉰ 재사용할 수 있고 얼음 속에 공기가 들어 있는 것이 좋다.

㉱ 투명하고 단단한 얼음이어야 한다.

32 알코올 농도의 정의는?

㉮ 섭씨 4°C에서 원용량 100분 중에 포함되어 있는 알코올분의 용량

㉯ 섭씨 15°C에서 원용량 100분 중에 포함되어 있는 알코올분의 용량

㉰ 섭씨 4°C에서 원용량 100분 중에 포함되어 있는 알코올분의 질량

㉱ 섭씨 20°C에서 원용량 100분 중에 포함되어 있는 알코올분의 용량

33 디켄터(Decanter)를 필요로 하는 것은?

㉮ White wine   ㉯ Rose wine

㉰ Brandy   ㉱ Red wine

34 와인의 Tasting 방법으로 옳은 것은?

㉮ 와인을 오픈한 후 공기와 접촉되는 시간을 최소화하여 바로 따른 후 마신다.

㉯ 와인에 얼음을 넣어 냉각시킨 후 마신다.

㉰ 와인잔을 흔든 뒤 아로마나 부케의 향을 맡는다.

㉱ 검은 종이를 테이블에 깔아 투명도 및 색을 확인한다.

35 주장관리에서 Inventory의 의미는?

㉮ 구매 관리　　　　　　　　　㉯ 재고 관리

㉰ 검수 관리　　　　　　　　　㉱ 판매 관리

36 바텐더의 준수 규칙이 <u>아닌</u> 것은?

㉮ 칵테일은 수시로 본인 아이디어로 조주한다.

㉯ 취객을 상대할 때는 참을성과 융통성을 발휘한다.

㉰ 주문에 의하여 신속, 정확하게 제공한다.

㉱ 조주할 때에는 사용하는 재료의 상표가 고객을 향하도록 한다.

37 다음 음료의 보존기간이 긴 것부터 순서대로 올바르게 나열된 것은?

㉮ 토닉워터-병맥주-우유　　　　㉯ 라임주스-우유-토닉워터

㉰ 병맥주-라임주스-토닉워터　　㉱ 우유-토닉워터-병맥주

38 A.O.C.법의 통제 관리 하에 생산되며 노르망디 지방의 잘 숙성된 사과를 발효 증류하여 만든 사과 브랜디는?

㉮ Calvados　　　　　　　　　㉯ Grappa

㉰ Kirsch　　　　　　　　　　㉱ Absinthe

39 White wine과 Red wine의 보관 방법 중 <u>가장 알맞은</u> 방법은?

㉮ 가급적 통풍이 잘되고 습한 곳에 보관하여 숙성을 돕는다.

㉯ 병을 똑바로 세워서 침전물이 바닥으로 모이도록 보관한다.

㉰ 따뜻하고 건조한 장소에 뉘여서 보관한다.

㉱ 통풍이 잘 되는 장소에 보관적정온도에 맞추어서 병을 뉘여서 보관한다.

40 주세법상 주류에 대한 설명으로 괄호 안에 알맞게 연결된 것은?

> 알코올분 (①)도 이상의 음료를 말한다. 단 약사법에 따른 의약품으로서 알코올분이 (②)도 미만의 것을 제외한다.

㉮ ①-1%, ②-6%   ㉯ ①-2%, ②-4%

㉰ ①-1%, ②-3%   ㉱ ①-2%, ②-5%

41 고려시대의 술로 누룩, 좁쌀, 수수로 빚어 술이 익으면 소주 고리에서 증류하여 받은 술로 6개월 내지 1년간 숙성시킨 알코올 도수 40도 정도의 민속주는?

㉮ 문배주   ㉯ 한산 소곡주

㉰ 금산 인삼주   ㉱ 이강주

42 Stem Glass인 것은?

㉮ Collins Glass   ㉯ Old Fashioned Glass

㉰ Straight Glass   ㉱ Sherry Glass

43 Short drink 칵테일이 <u>아닌</u> 것은?

㉮ Martini   ㉯ Manhattan

㉰ Gin&Tonic   ㉱ Bronx

44 소주의 특성 중 <u>틀린</u> 것은?

㉮ 초기에는 약용으로 음용되기 시작하였다.

㉯ 희석식 소주가 가장 일반적이다.

㉰ 자작나무 숯으로 여과하기에 맑고 투명하다.

㉱ 저장과 숙성과정을 거치면 고급화된다.

45 탄산음료나 삼페인을 사용하고 남은 일부를 보관시 사용되는 기물은?

㉮ 스토퍼   ㉯ 포우러

㉰ 코르크   ㉱ 코스터

46 주로 tropical cocktail을 조주할 때 사용하는 '두들겨 으깬다.'라는 의미를 가지고 있는 얼음은?

㉮ shaved ice   ㉯ crushed ice

㉰ cubed ice   ㉱ cracked ice

47 다음 시럽 종류 중에서 제품의 성격이 <u>다른</u> 것은?

㉮ Simple syrup   ㉯ Sugar syrup

㉰ Plain syrup   ㉱ Grenadine syrup

48 코스터(Coaster)의 용도는?

㉮ 잔 닦는 용   ㉯ 잔 받침대 용

㉰ 남은 술 보관용   ㉱ 병마개 따는 용

49 식품 위해요소중점관리기준이라 불리는 위생관리 시스템은?

㉮ HAPPC   ㉯ HACCP

㉰ HACPP   ㉱ HNCPP

50 맥주잔으로 적당치 <u>않은</u> 것은?

㉮ Pilsner glass   ㉯ Stemless Pilsner glass

㉰ Mug glass   ㉱ Snifter glass

51 Choose the most appropriate response to the statement.

> A : How can I get to the bar?
>
> B : I haven't been there in years!
>
> A : Well, why don't you show me on a map?
>
> B : _____.

㉮ I'm sorry to hear that.   ㉯ No, I think I can find it.

㉰ You should have gone there.   ㉱ I guess I could.

52 '어서 앉으세요, 손님'에 알맞은 영어는?

㉮ Sit down.　　　　　　　　㉯ Please be seated.

㉰ Lie down, sir.　　　　　　㉱ Here is a seat, sir.

53 (　　) 안에 알맞은 리큐어는?

> (　　) is called the queen of liqueur. This is one of the French traditional liqueur and is made from several years aging after distilling of various herbs added to spirit.

㉮ Chartreuse　　　　　　　㉯ Benedictine

㉰ Kummel　　　　　　　　　㉱ Cointreau

54 Select one of the Dessert Wine in the following.

㉮ Rose wine　　　　　　　　㉯ Red wine

㉰ White wine　　　　　　　　㉱ Sweet white wine

55 다음 (　　) 안에 적당한 말은?

> Bring us another (　　) of beer, please.

㉮ around　　　　　　　　　㉯ glass

㉰ circle　　　　　　　　　　㉱ serve

56 다음 중 의미가 다른 하나는?

㉮ Cheers!　　　　　　　　　㉯ Give up!

㉰ Bottoms up!　　　　　　　㉱ Here's to us!

57 This is produced in Germany and Switzerland alcohol degree 44°C also is effective for hangover and digest. Which is this?

㉮ Unicum　　　　　　　　　㉯ Orange bitter

㉰ Underberg　　　　　　　　㉱ Peach bitter

58 '나는 술이 싫다.'의 올바른 표현은?

㉮ I don't like a liquor. ㉯ I don't like the liquor.

㉰ I don't like liquors. ㉱ I don't like liquor.

59 '한 잔 더 주세요.'에 가장 정확한 영어 표현은?

㉮ I'd like other drink. ㉯ I'd like to have another drink.

㉰ I want one more wine. ㉱ I'd like to have the other drink.

60 다음 (   ) 안에 적당한 단어는?

(   ) is a generic cordial invented in Italy and made from apricot pits and herbs, yielding a pleasant almond flavor.

㉮ Anisette ㉯ Amaretto ㉰ Advocaat ㉱ Amontillado

 정답

1	2	3	4	5	6	7	8	9	10
㉯	㉮	㉯	㉯	㉱	㉮	㉰	㉮	㉯	㉯
11	12	13	14	15	16	17	18	19	20
㉯	㉱	㉰	㉯	㉯	㉱	㉮	㉮	㉯	㉱
21	22	23	24	25	26	27	28	29	30
㉱	㉱	㉰	㉱	㉯	㉮	㉱	㉱	㉯	㉱
31	32	33	34	35	36	37	38	39	40
㉰	㉯	㉱	㉰	㉯	㉮	㉮	㉮	㉱	㉮
41	42	43	44	45	46	47	48	49	50
㉮	㉱	㉰	㉰	㉮	㉯	㉱	㉯	㉯	㉱
51	52	53	54	55	56	57	58	59	60
㉱	㉯	㉮	㉱	㉯	㉯	㉰	㉱	㉯	㉯

2 조주기능사 기출문제

01 위스키의 종류 중 증류방법에 의한 분류는?

㉮ malt whisky   ㉯ grain whisky

㉰ blended whisky   ㉱ patent whisky

02 benedictine의 bottle에 적힌 D.O.M의 의미는?

㉮ 완전한 사랑   ㉯ 최선 최대의 신에게

㉰ 쓴맛   ㉱ 순록의 머리

03 해피아워(Happy hour)란?

㉮ 손님이 가장 많은 시간

㉯ 하루 중 시간을 정해서 가격을 낮춰 영업하는 시간

㉰ 하루 중 고객에게 특별행사로 가격을 인상해서 영업하는 시간

㉱ 단골 고객에게 선물 주는 시간

04 Jack Daniel's와 버번위스키의 차이점은?

㉮ 옥수수의 사용 여부

㉯ 단풍나무 숯을 이용한 여과 과정의 유무

㉰ 내부를 불로 그을린 오크통에서 숙성시키는지의 여부

㉱ 미국에서 생산되는지의 여부

05 혼성주 (Compounded Liquor)에 대한 설명 중 틀린 것은?

㉮ 칵테일 제조나 식후주로 사용된다.

㉯ 발효주에 초근목피의 침출물을 혼합하여 만든다.

㉰ 색채, 향기, 감미, 알코올의 조화가 잘 된 술이다.

㉱ 혼성주는 고대그리스 시대에 약용으로 사용되었다.

06 가니쉬(Garnishes)에 대한 설명이 <u>옳은</u> 것은?

㉮ 칵테일의 혼합비율을 나타내는 것이다.

㉯ 칵테일에 장식되는 각종 과일과 채소를 말한다.

㉰ 칵테일을 블랜딩 하여 만드는 과정을 말한다.

㉱ 칵테일에 대한 향과 맛을 나타내는 것이다.

07 Draft (of Draught) beer란?

㉮ 미살균 생맥주   ㉯ 살균 생맥주

㉰ 살균 병맥주   ㉱ 장기 저장 가능 맥주

08 Brandy와 Cognac의 구분에 대한 설명으로 <u>옳은</u> 것은?

㉮ 재료의 성질이 다른 것이다.

㉯ 같은 술의 종류이지만 생산지가 다르다.

㉰ 보관 연도별로 구분한 것이다.

㉱ 내용물이 알코올 함량이 크게 차이가 난다.

09 여러 가지 양주류와 부재료, 과즙 등을 적당량 혼합하여 칵테일을 조주하는 방법으로 가장 바람직한 것은?

㉮ 강한 단맛이 생기도록 한다.

㉯ 식욕과 감각을 자극하는 샤프함을 지니도록 한다.

㉰ 향기가 강하게 한다.

㉱ 색(color), 맛(taste), 향(flavour)이 조화롭게 한다.

10 다음 중 데킬라의 주원료는?

㉮ 아가베   ㉯ 포도

㉰ 옥수수   ㉱ 호밀

11 1 Gallon이 128oz이면 1 Pint 몇 oz인가?

㉮ 32oz   ㉯ 16oz

㉰ 26.6oz   ㉱ 12.8oz

12 조선시대 정약용의 지봉유설에 전해오는 것으로 이것을 마시면 불로장생한다 하여 장수주로 유명하며, 주로 찹쌀과 구기자, 고유약초로 만들어진 우리나라 고유의 술은?

㉮ 두견주   ㉯ 백세주   ㉰ 문배주   ㉱ 이강주

13 쉐리와인(Sherry Wine)과 같은 강화와인(Fortified Wine) 한 잔(1 Glass)의 용량으로 가장 적합한 것은?

㉮ 1 ounce   ㉯ 3 ounce

㉰ 5 ounce   ㉱ 7 ounce

14 다음 중 Onion 장식을 하는 칵테일은?

㉮ Margarita   ㉯ Martini

㉰ Rob Roy   ㉱ Gibson

15 다음 중 뜨거운 칵테일은?

㉮ Irish coffee   ㉯ Pink Lady

㉰ Pina colada   ㉱ Manhattan

16 다음 중 리큐르가 <u>아닌</u> 것은?

㉮ Apricot Brandy   ㉯ Cherry Brandy

㉰ Cognac Brandy   ㉱ Creme de menthe

17 다음 계량단위 중 <u>옳은</u> 것은?

㉮ 1 oz = 28.35ml   ㉯ 1dash = 6 Teaspoon

㉰ 1 Jigger = 60ml   ㉱ 1 shot = 100ml

18 다음 중 풀케(pulque)를 증류해서 만든 술은?

㉮ Rum   ㉯ Vodka

㉰ Tequila   ㉱ Aquavit

19 다음 중 나머지 셋과 칵테일 만드는 기법이 <u>다른</u> 것은?

㉮ Martini   ㉯ Grasshopper

㉰ Stinger   ㉱ Zoom Cocktail

20 크리스마스 칵테일로 알려져 있으며, 브랜디와 럼, 설탕, 달걀을 넣어 shaking하고 밀크로 채워서 nutmeg이나 계피를 뿌려 제공되는 칵테일은?

㉮ Million Dollar   ㉯ Brady Eggnog

㉰ Drambuie   ㉱ Glass Hooper

21 음료의 분류상 나머지 셋과 다른 하나는?

㉮ 맥주   ㉯ 브랜디

㉰ 청주   ㉱ 막걸리

22 달걀, 밀크 시럽 등의 부재료가 사용되는 칵테일을 만드는 방법은?

㉮ Mix   ㉯ Stir

㉰ Shake   ㉱ Float

23 효율적인 주장 관리에서 FIFO(first-in, first-out) 원칙이 철저하게 적용되어야 할 beverage는?

㉮ 브랜디(brandy)   ㉯ 위스키(whisky)

㉰ 맥주(beer)   ㉱ 데킬라(tequila)

24 다음 중 소프트 드링크(Soft drink)에 해당하는 것은?

㉮ 콜라   ㉯ 위스키

㉰ 와인   ㉱ 맥주

25 조주 용어에서 패니어(pannier)란?

㉮ 데코레이션용 과일껍질을 말한다.

㉯ 엔젤스 키스 등에서 사용하는 비중이 가벼운 성분을 "띄우는 것"을 뜻한다.

㉰ 레몬, 오렌지 등을 얇게 써는 것을 뜻한다.

㉱ 와인용 바구니를 말한다.

26 Liqueur의 제조 방법이 아닌 것은?

㉮ 양조법 (Fermentation)   ㉯ 증류법 (Distillation)

㉰ 침출법 (Infusion)   ㉱ 에센스 추출법 (Essence)

27 칵테일을 고객에게 직접 서비스할 때 사용되는 글래스(glass)로 적합하지 않은 것은?

㉮ Sour Glass   ㉯ Mixing Glass

㉰ Saucer Champagne Glass   ㉱ Cocktail Glass

28 싱가포르 슬링(Singapore Sling) 칵테일의 장식으로 알맞은 것은?

㉮ 시즌과일(season fruits)   ㉯ 올리브(olive)

㉰ 필 어닌언(peel onion)   ㉱ 계피(cinnamon)

29 다음 중 Dessert wine은?

㉮ Dry Sherry   ㉯ Cream Sherry

㉰ Dry Vermouth   ㉱ Claret

30 Pousse cafe를 만드는 재료 중 가장 나중에 따르는 것은?

㉮ Brandy
㉯ Crenadine
㉰ Creme de Menthe(White)
㉱ Creme de Cassis

31 생맥주 저장 · 취급의 3대 원칙이 <u>아닌</u> 것은?

㉮ 적정온도
㉯ 적정압력
㉰ 선입선출
㉱ 장기저장

32 원가를 변동비와 고정비로 구분할 때 변동비에 <u>해당하는</u> 것은?

㉮ 임차료
㉯ 직접재료비
㉰ 재산세
㉱ 보험료

33 유리제품 glass를 관리하는 방법으로 <u>잘못된</u> 것은?

㉮ 스템이 없는 glass는 트레이를 사용하여 운반한다.
㉯ 한꺼번에 많은 양의 glass를 운반할 때는 glass rack을 사용한다.
㉰ 타올을 펴서 glass 밑부분을 감싸쥐고 glass의 윗부분을 타올로 닦는다.
㉱ glass를 손으로 운반할 때는 손가락으로 글라스를 끼워 받쳐 위로 향하도록 든다.

34 서비스 종사원이 사용하는 타올로 arm towel 혹은 hand towel이라고도 하는 것은?

㉮ Table Cloth
㉯ Under Cloth
㉰ Napkin
㉱ Service Towel

35 월 평균소비량을 포함한 최대보유량을 계산하면?

- 월평균소비량 : 120 kg (1일 4 kg)
- 리드 타임 (Lead Time) : 7일
- 안전재고 : 리드 타임 동안 사용하여야 할양의 50 %

㉮ 130 kg
㉯ 134 kg
㉰ 148 kg
㉱ 162 kg

36 다음 중 칵테일 조주 기법이 다른 하나는?

㉮ Gibson ㉯ Martini

㉰ Manhattan ㉱ Pink Lady

37 다음 중 vodka base cocktail 은?

㉮ Paradise Cocktail ㉯ Million Dollars

㉰ Bronx Cocktail ㉱ Kiss of Fire

38 테이블의 분위기를 돋보이게 하거나 고객의 편의를 위해 중앙에 놓는 집기들의 배열을 무엇이라 하는가?

㉮ Service wagon ㉯ Show plate

㉰ B &B plate ㉱ center piece

39 다음 중 혼성주의 제조법이 <u>아닌</u> 것은?

㉮ 증류법 ㉯ 에센스법

㉰ 여과법 ㉱ 하면발효법

40 저장관리 방법 중 FIFO란?

㉮ 선입선출 ㉯ 선입후출

㉰ 후입선출 ㉱ 임의불출

41 Shaker의 사용 방법으로 가장 적합한 것은?

㉮ 사용하기 직전에 씻어 물기가 있는 채로 사용한나.

㉯ 술을 먼저 넣고 그 다음에 얼음을 채운다.

㉰ 얼음을 채운 후에 술을 따른다.

㉱ 부재료를 넣고 술을 넣은 후에 얼음을 채운다.

42 샴페인의 서비스에 관련된 설명 중 <u>틀린</u> 것은?

㉮ 얼음을 채운 바스킷에 칠링(chilling)한다.

㉯ 호스트(host)에게 상표를 확인시킨다.

㉰ "펑" 소리를 크게 하며 거품을 최대한 많이 내야한다.

㉱ 서브는 여자 손님부터 시계방향으로 한다.

43 프랜차이즈업과 독립경영을 비교할 때 프랜차이즈업의 특징에 <u>해당하는</u> 것은?

㉮ 수익성이 높다.　　　　　　㉯ 사업에 대한 위험도가 높다.

㉰ 자금운영의 어려움이 있다.　　㉱ 대량구매로 원가절감에 도움이 된다.

44 와인의 서비스에 대한 설명으로 <u>틀린</u> 것은?

㉮ 레드와인은 온도가 너무 낮으면 tannin의 떫은맛이 강해진다.

㉯ 화이트와인은 실온과 비슷해야 신맛이 억제된다.

㉰ 레드와인은 고온에서 fruity한 맛이 없어진다.

㉱ 화이트와인은 차갑게 해야 신선한 맛이 강조된다.

45 와인 보관 시 눕혀서 보관하는 이유와 거리가 <u>먼</u> 것은?

㉮ 와인 보관을 편하게 하고 상표를 손님이 쉽게 볼 수 있도록 하기 위해

㉯ 코르크의 틈으로 향이 배출되는 것을 방지하기 위해

㉰ 와인이 공기와 접촉하여 산화되는 것을 방지하기 위해

㉱ 와인의 숙성과 코르크가 건조해지는 것을 방지하기 위해

46 다음 중 지칭하는 대상이 다른 하나는?

㉮ appetizer　　　　　　㉯ anti pasti

㉰ hors d'oeuvre　　　　　㉱ Entree

47 텀블러 (Tumbler)컵의 주요 용도는?

㉮ 적포도주를 제공하는 컵   ㉯ 하이볼을 제공하는 컵

㉰ 샴페인을 제공하는 컵   ㉱ 위스키를 제공하는 컵

48 다음 중 병행복발효주는?

㉮ 와인   ㉯ 맥주

㉰ 사과주   ㉱ 청주

49 바텐더의 역할이 <u>아닌</u> 것은?

㉮ 음료 및 부재료의 보급과 bar내의 청결을 유지한다.

㉯ 직원의 근무시간표를 작성한다.

㉰ 칵테일을 조주한다.

㉱ bar내의 모든 기물을 정리 · 정돈한다.

50 바텐더의 자세로 바람직하지 못한 것은?

㉮ 영업 전 후 Inventory 정리를 한다.

㉯ 유통기한을 수시로 체크한다.

㉰ 손님과의 대화를 위해 뉴스, 신문 등을 자주 본다.

㉱ 고가의 상품판매를 위해 손님에게 강요한다.

51 ( ) 안에 <u>알맞은</u> 것은?

> The bar ( ) at seven o'clock everyday.

㉮ has open   ㉯ opened

㉰ is opening   ㉱ opens

52 "초청해주셔서 감사합니다."의 가장 <u>올바른</u> 표현은?

㉮ Thank you for inviting me.

④ Thank you for invitation me.

⑤ It was thanks that you call me.

⑥ Thank you that you invited me.

53 Table wine에 대한 설명으로 **틀린** 것은?

㉮ It is a wine term which is used in two different meanings in different countries : to signify a wine style and as a quality level within wine classification.

㉯ In the United States, it is primarily used as a designation of a wine style, and refers to "ordinary wine", which is neither fortified nor sparkling.

㉰ In the EU wine regulations, it is used for the higher of two overalll quality categories for wine.

㉱ It is fairly cheap wine that is drunk with meals.

54 "a glossary of basic wine terms"의 연결로 **틀린** 것은?

㉮ Balance : the portion of the wine's odor derived from the grape variety and fermentation.

㉯ Nose : the total odor of wine composed of aroma, bouquet, and other factors.

㉰ Body : the weight or fullness of wine on palate.

㉱ Dry : a tasting term to denote the absence of sweetness in wine.

55 "This milk has gone bad"의 의미는?

㉮ 이 우유는 상했다.　　　　㉯ 이 우유는 맛이 없다.

㉰ 이 우유는 신선하다.　　　　㉱ 우유는 건강에 나쁘다.

56 Select the one which does not belong to aperitif.

㉮ Sherry wine　　　　㉯ Campari

㉰ Kir　　　　㉱ Port Wine

57 "디저트를 원하지 않는④"의 의미의 표현으로 옳은 것은?

㉮ I am eat very little.   ㉯ I have no trouble with my dessert.

㉰ Please help yourself to it.   ㉱ I don't care for any dessert.

58 ( )에 알맞은 것은?

I'm sorry, but ch. Margaux is not ( ) the wine list.

㉮ on   ㉯ of

㉰ for   ㉱ against

59 "Bring us ( ) round of beer."에서 ( ) 안에 알맞은 것은?

㉮ each   ㉯ another

㉰ every   ㉱ all

60 "It is distilled from the fermented juice or sap of a type of agave plant."에서 It의 종류는?

㉮ aquavit   ㉯ tequila

㉰ gin   ㉱ eaux de vie

 정답

1	2	3	4	5	6	7	8	9	10
㉱	㉯	㉯	㉯	㉯	㉯	㉮	㉯	㉱	㉮
11	12	13	14	15	16	17	18	19	20
㉯	㉯	㉯	㉱	㉮	㉰	㉮	㉰	㉮	㉯
21	22	23	24	25	26	27	28	29	30
㉯	㉰	㉰	㉮	㉱	㉮	㉯	㉮	㉯	㉮
31	32	33	34	35	36	37	38	39	40
㉱	㉯	㉱	㉱	㉱	㉱	㉱	㉱	㉱	㉮
41	42	43	44	45	46	47	48	49	50
㉰	㉰	㉱	㉯	㉮	㉱	㉯	㉱	㉯	㉱
51	52	53	54	55	56	57	58	59	60
㉱	㉮	㉰	㉮	㉮	㉱	㉱	㉮	㉯	㉯

01 다음 중 Straight Glass에 해당하지 않는 것은?

㉮ Single Glass ㉯ Whisky Glass

㉰ Cocktail Glass ㉱ Shot Glass

02 다음 중 Snowball 칵테일의 재료로 사용되는 것은?

㉮ Gin, anisette, Light Cream

㉯ Gin, Anisette, Sugar

㉰ Gin, Grenadine, Light Cream

㉱ Rum, Grenadine, Light Cream

03 American Whiskey에 대한 설명을 <u>아닌</u> 것은?

㉮ Jim Beam ㉯ Wild Turkey

㉰ Suntory ㉱ jack Daniel

04 Grain whisky에 대한 설명을 <u>옳은</u> 것은?

㉮ Silent spirit라고도 불린다.

㉯ 발아시킨 보리를 원료로 해서 만든다.

㉰ 향이 강하다.

㉱ Andrew Usher에 의해 개발되었다.

05 헤네시의 등급 규격으로 <u>틀린</u> 것은?

㉮ EXTRA : 15~25년 ㉯ V.O : 15년

㉰ X.O : 45년 이상 ㉱ V.S.O.P : 20~30년

06 종자를 이용한 리큐르가 <u>아닌</u> 것은?

㉮ Sabra   ㉯ Drambuie

㉰ Amaretto   ㉱ Cream de Cacao

07 다음 재료 중 칵테일 조주 시 많이 사용하는 붉은 색의 시럽은?

㉮ Maple Syrup   ㉯ Honey

㉰ Plain Syrup   ㉱ Grenadine Syrup

08 오렌지 주스를 사용한 칵테일에 잘 어울리는 장식 재료는?

㉮ Cherry   ㉯ Olive

㉰ Orange   ㉱ Lemon

09 4~10월 사이 보르도 지방의 평균 온도와 강우량의 연결이 <u>옳은</u> 것은?

㉮ 11.10℃, 909mm   ㉯ 12.9℃, 909mm

㉰ 12.9℃, 673mm   ㉱ 11.10℃, 673mm

10 알코올 농도에 관한 설명으로 <u>옳은</u> 것은?

㉮ 용량 퍼센트는 25℃에서 용량 100중에 함유하는 순수 에틸알코올 의 비율을 말한다.

㉯ 미국의 알코올 농도 표시법은 중량 퍼센트이다.

㉰ 25도짜리 소주는 소주 1L 중에 알코올이 25ml 함유되어 있다는 의미

㉱ proof는 주정도를 2배로 한 수치와 같다.

11 칵테일 조주 방법 중에서 재료의 비중 을 이용하여 내용물을 위에 띄우거나 쌓이도록 하는 것은?

㉮ Floating   ㉯ Shaking

㉰ Blending   ㉱ Stirring

12 Pousse cafe 칵테일은 각 재료의 비중을 이용하여 만드는 칵테일이다. 다음 중 그 순서가 올바르게 된 것은?

㉮ Grenading-Cream de Cacao -Peppemint-White Curacao

㉯ Violet-Peppermint- Maraschino -Grenadine

㉰ 노른자-Grenadine-Maraschino-Champagne

㉱ Benedictine-Kirschwasser-Curacao

13 Standard recipe를 설정하는 목적에 대한 설명 중 틀린 것은?

㉮ 원가계산을 위한 기초를 제공한다.   ㉯ 바텐더에 대한 의존도를 높인다.

㉰ 품질 관리에 도움을 준다.   ㉱ 재료의 낭비를 줄인다.

14 콜라에 대한 설명으로 틀린 것은?

㉮ 서아프리카가 원산지이다.

㉯ 탄산성분은 자연발효 중 생성된다.

㉰ 콜라나무 열매에서 추출한 농축액을 가공하여 만든다.

㉱ 콜라나무 종자에는 커피보다 2~3배 많은 카페인과 콜라닌이 들어 있다.

15 맥주 제조에 필요한 중요한 원료가 아닌 것은?

㉮ 맥아   ㉯ 포도당

㉰ 물   ㉱ 효모

16 칵테일 조주법에 해당하지 않는 것은?

㉮ Blending   ㉯ Stirring

㉰ Garnishing   ㉱ Shaking

17 단식 증류법(pot still)의 장점이 아닌 것은?

㉮ 대량생산이 가능하다.   ㉯ 원료의 맛을 잘 살릴 수 있다.

㉰ 좋은 향을 잘 살릴 수 있다.   ㉱ 시설비가 적게 든다.

18 1oz는 몇 ml 인가?

㉮ 10.5ml
㉯ 20.5ml
㉰ 29.5ml
㉱ 40.5ml

19 다음 중 완성 후 Nutmeg를 뿌려 제공하는 것은?

㉮ Egg Nogg
㉯ Tom Colling
㉰ Sloe Gin Fizz
㉱ Paradise

20 위스키 스트레이트 더블의 용량은?

㉮ 1oz
㉯ 2oz
㉰ 3oz
㉱ 4oz

21 무색투명한 음료로서 레몬, 라임, 오렌지, 키니네 등으로 엑기스를 만들고 배합하여 열대지방에서 일하는 노동자들의 식욕부진과 원기를 회복하기 위해 제조되었던 것은?

㉮ mineral water
㉯ cider
㉰ tonic water
㉱ collins mix

22 스카치위스키에는 다음 중 어떤 음료를 혼합하는 것이 가장 좋은가?

㉮ cider
㉯ tonic water
㉰ soda water
㉱ collins mixed

23 브랜디의 숙성기간에 따른 표기와 그 약자의 연결이 틀린 것은?

㉮ V-Very
㉯ P-Pale
㉰ S-Supreme
㉱ X-Extra

24 오늘날 우리가 사용하고 있는 병마개를 최초로 발명하여 대량생산이 가능 하게 한 사람은?

㉮ William painter
㉯ hiram Conrad
㉰ Peter F Heering
㉱ Elijah Craig

25 다음 중 기호음료가 <u>아닌</u> 것은?

㉮ 오렌지주스   ㉯ 커피

㉰ 코코아   ㉱ 티(tea)

26 맥주를 5~10℃에서 보관할 때 가장 상하기 쉬운 맥주는?

㉮ 캔맥주   ㉯ 살균된 맥주

㉰ 병맥주   ㉱ 생맥주

27 다음에서 말하는 물을 뜻하는 것은?

> 우리나라 고유의 술은 곡물과 누룩도 좋아야 하지만 특히 물이 좋아야 한다. 예부터 만물이 잠든 자정에 모든 오물이 다 가라앉는 맑고 깨끗한 물을 길러 술을 담갔다고 한다.

㉮ 우물물   ㉯ 광천수

㉰ 암반수   ㉱ 정화수

28 Fermented Liquor에 <u>속하는</u> 술은?

㉮ Chartreuse   ㉯ Gin

㉰ Campari   ㉱ Wine

29 다음 중 연속식 증류(patent still whisky)법으로 증류하는 위스키는?

㉮ Irish whiskey   ㉯ Blended Whisky

㉰ Malt Whisky   ㉱ Grain Whisky

30 화이트와인용 포도품종이 <u>아닌</u> 것은?

㉮ 샤르도네   ㉯ 시라

㉰ 소비뇽 블랑   ㉱ 삐노 블랑

31 칵테일에 관련된 각 용어의 설명이 <u>틀린</u> 것은?

㉮ Cocktail pick-장식에 사용하는 핀 ㉯ Peel-과일 껍질

㉰ Decanter-신맛이라는 뜻 ㉱ Fix-약간 달고, 맛이 강한 칵테일의 종류

32 바(Bar)에서 하는 일이 <u>아닌</u> 것은?

㉮ Store에서 음료를 수령한다. ㉯ Appetizer를 만든다.

㉰ Bar Stool을 정리한다. ㉱ 음료 Cost 관리를 한다.

33 판매 전략으로 적합하지 <u>않은</u> 것은?

㉮ 유명도가 떨어지는 상품을 권할 때에는 고객에게 시음하도록 하여 반응을 살핀다.

㉯ 파스톡은 최소화하여 가능한 0으로 한다.

㉰ 워낙가 싼 제품은 칵테일 베이스로 사용한다.

㉱ 현장에서 근무하는 종업원들에게 음료관련 지식을 교육시킨다.

34 Corkage Charge에 대한 설명으로 <u>틀린</u> 것은?

㉮ 음료를 마실 때 필요한 얼음, 레몬 등은 손님이 준비하여야 한다.

㉯ 보통 판매가의 20~30% 정도를 부과한다.

㉰ 디캔팅 서비스를 제공하여 봉사료를 청구한다.

㉱ 음료의 종류에 맞게 Corkage charge 리스트를 만들어 바에 비치하기도 한다.

35 다음 중 용어의 해설이 <u>틀린</u> 것은?

㉮ Table wine : 식사 중 마시는 와인 ㉯ Sparking : 발포성 음료

㉰ Molton : 테이블에 까는 깔개 ㉱ Drapes : 2인용의 작은 테이블

36 음료서비스조직의 형태 중 쉐드 드 랑 시스템(chef de rang system)의 장점이 <u>아닌</u> 것은?

㉮ 종사원이 근무조건에 대해 대체로 만족할 수 있다.

㉯ 종사원에 대한 의존도가 낮아 인건비의 지출이 낮다.

㉠ 휴식시간이 충분하다.

㉣ 고객에 대하여 정중한 서비스를 제공한다.

37 칵테일 조주 시 술의 양을 계량할 때 사용하는 기구는?

㉮ Squeezer   ㉯ Measure cup

㉰ Cork scre   ㉱ Ice pick

38 판매시점에 매출을 등록, 집계하여 경영자에게 필요한 영업 및 경영정보를 제공하는 시스템은?

㉮ SMS   ㉯ MRP

㉰ CRM   ㉱ POS

39 실제 원가가 표주원가를 초과하게 되는 원인이 <u>아닌</u> 것은?

㉮ 재료의 과도한 변질 발생   ㉯ 도난 발생

㉰ 계획대비 소량 생산   ㉱ 잔여분의 식자재 활용 미숙

40 핑크레이디, 밀리언달러, 마티니, 네그로니의 기법을 순서대로 나열한 것은?

㉮ Shaking, Stirring, Float&layer, Building

㉯ Shaking, Shaking, Float&Layer, Building

㉰ Shaking, Shaking, Stirring, Building

㉱ Shaking, Float&Layer, Stirring, Building

41 생맥주 취급의 기본원칙 중 <u>틀린</u> 것은?

㉮ 적정온도준수   ㉯ 후입선출

㉰ 적정압력유지   ㉱ 청결유지

42 cafe mug glass에 제공되지 않는 것?

㉮ Bailey's coffee   ㉯ French coffee

㉰ Irish coffee   ㉱ Royal coffee

43 지배인의 직무와 거리가 먼 것은?

㉮ 서비스 직원으로부터 계산서를 받아 수납한다.

㉯ 직원의 근무스케줄, 휴가 등을 관리한다.

㉰ 운영 장비의 예산을 편성한다.

㉱ 식음료의 질과 서비스를 점검한다.

44 간장을 보호하는 음주 법으로 가장 바람직한 것은?

㉮ 도수가 낮은 술에서 높은 술 순으로 마신다.

㉯ 도수가 높은 술에서 낮은 술 순으로 마신다.

㉰ 도수와 관계없이 개인의 기호대로 마신다.

㉱ 여러 종류의 술을 섞어 마신다.

45 Glass rimmers의 용도는?

㉮ 소금, 설탕을 글라스 가장자리에 묻히는 기구이다.

㉯ 술을 글라스에 따를 때 사용하는 기구이다.

㉰ 와인을 차게 할 때 사용하는 기구이다.

㉱ 뜨거운 글라스를 넣을 수 있는 손잡이가 달린 기구이다.

46 알코올분의 도수의 정의는?

㉮ 섭씨 4도에서 원용량 100분중에 포함되어 있는 알콜분의 용량

㉯ 섭씨 15도에서 원용량 100분중에 포함되어 있는 알콜분의 용량

㉰ 섭씨 4도에서 원용량 100분중에 포함되어 있는 알콜분의 질량

㉱ 섭씨 20도에서 원용량 100분중에 포함되어 있는 알콜분의 용량

47 다음 중 나머지 셋과 지칭하는 대상이 다른 하나는?

㉮ Stir rod ㉯ Cork Screw

㉰ Wine Opener ㉱ Waiter's Corkscrew

48 주로 일품요리를 제공하여 매출을 증대시키고, 고객의 기호와 편의를 도모하기 위해 그 날의 특별요리를 제공하는 레스토랑은?

㉮ 다이닝룸 ㉯ 그릴

㉰ 카페테리아 ㉱ 케이터링

49 칵테일 부재료 중 사용하고 남은 주스류의 보관방법으로 가장 적합한 것은?

㉮ 밀폐하여 냉동고에 보관한다.

㉯ 캔에 남은 그대로 밀폐하여 냉장고에 보관한다.

㉰ 캔에 남은 그대로 냉장고에 보관한다.

㉱ 유리그릇이나 도기그릇에 옮겨 냉장고에 보관한다.

50 Shaker의 3가지 구성요소는?

㉮ cap, strainer, body ㉯ glass, strainer, blender

㉰ jigger, opener, cap ㉱ ice tongs, ice pail, ice pick

51 (   )안에 가장 적합한 것은?

A bottle of Burgundy would go very well (   ) your steak, Sir.

㉮ for ㉯ to

㉰ from ㉱ with

52 "I need very strong pants."에서 strong과 바꿔 쓸 수 있는 단어는?

㉮ tough ㉯ rough

㉰ heavy ㉱ new

53 다음 중 밑줄 친 change가 나머지 셋과 다른 의미로 쓰인 것은?

㉮ Do you have change for a dollar?

㉯ keep the change.

㉰ I need some change for the bus.

㉱ let's try a new restaurant for a change.

54 Scotch whisky의 legal definition 으로 <u>틀린</u> 것은?

㉮ Must not be bottled at less than 40%alcohol by volume.

㉯ Must be matured in Scotland in oak casks for no less than three years and a day.

㉰ Must be distilled to an alcoholic strength of more than 94.8% by volume.

㉱ Must not contain any added substance other than water and   caramel colouring.

55 "5월 5일에는 이미 예약이 다 되어 있습니다."의 표현은?

㉮ We look forward to seeing you on May 5th

㉯ We are fully booked on may 5th

㉰ We are available on May 5th

㉱ I will check availability on May 5th

56 아래의 Lisa와 jack의 대화에서 (   )안에 적합한 것은?

Lisa: He (A) a lot too, didn't he?
Jack: he sure (B). He always was going out for a drink after work.

㉮ A : drink, B : do   ㉯ A : drank, B : did

㉰ A : drink, B : was   ㉱ A : drank, B : was

57 "우리 호텔을 떠나십니까?"의 표현은?

㉮ Do you start our hotel?   ㉯ Are you leave our hotel?

㉰ Are you leaving our hotel?   ㉱ Do you go our hotel?

58 Which is not nonalcoholic drink?

㉠ Coffee-Cola Cooler   ㉡ Fruit Smoothie

㉢ Lemonade   ㉣ Mimosa

59 ( ) 안에 가장 적합한 것은?

Would you care ( ) a drink?

㉠ to   ㉡ toward

㉢ against   ㉣ for

60 Which one is distilled from fermented fruit?

㉠ Gin   ㉡ Wine

㉢ Brandy   ㉣ Whiskey

 정답

1	2	3	4	5	6	7	8	9	10
㉢	㉠	㉢	㉠	㉠	㉡	㉣	㉢	㉡	㉣
11	12	13	14	15	16	17	18	19	20
㉠	㉠	㉡	㉡	㉡	㉢	㉠	㉢	㉠	㉡
21	22	23	24	25	26	27	28	29	30
㉢	㉢	㉢	㉠	㉠	㉣	㉣	㉣	㉣	㉡
31	32	33	34	35	36	37	38	39	40
㉢	㉡	㉡	㉠	㉣	㉡	㉡	㉣	㉢	㉢
41	42	43	44	45	46	47	48	49	50
㉡	㉢	㉠	㉠	㉠	㉡	㉠	㉡	㉣	㉠
51	52	53	54	55	56	57	58	59	60
㉣	㉠	㉣	㉢	㉡	㉡	㉢	㉣	㉣	㉢

4 조주기능사 기출문제

01 다음 중 Long drink가 <u>아닌</u> 것은?

㉮ Pina Colada   ㉯ Manhattan

㉰ Singapore Sling   ㉱ Rum Punch

02 로제와인(rose wine)에 대한 설명으로 <u>틀린</u> 것은?

㉮ 대체로 붉은 포도로 만든다.

㉯ 제조시 포도껍질을 같이 넣고 발효시킨다.

㉰ 오래 숙성시키지 않고 마시는 것이 좋다.

㉱ 일반적으로 상온(17~18℃)정도로 해서 마신다.

03 프랑스에서의 스파클링 와인 명칭은?

㉮ Vin Mousseux   ㉯ Sekt

㉰ Spumante   ㉱ Perlwein

04 탄산음료나 샴페인을 사용하고 남은 일부를 보관할 때 사용되는 기구는?

㉮ 코스터   ㉯ 스토퍼

㉰ 폴러   ㉱ 코르크

05 다음 중 얼음(on the rocks)을 넣어서 마실 수 있는 것은?

㉮ Champagne   ㉯ Vermouth

㉰ White Wine   ㉱ Red Wine

06 다음 중 Wine base 칵테일이 <u>아닌</u> 것은?

㉮ Kir   ㉯ Blue hawaiian

㉰ Spritzer   ㉱ Mimosa

07 조선시대에 유입된 외래주가 <u>아닌</u> 것은?

㉮ 천축주 ㉯ 섬라주

㉰ 금화주 ㉱ 두견주

08 다음 중 식사 전의 음료로서 적합하지 <u>못한</u> 것은?

㉮ Sherry ㉯ Vermouth

㉰ Martini ㉱ Brandy

09 다음 중 작품 완성 후 Nutmeg을 부려 제공하는 것은?

㉮ Egg Nogg ㉯ Tomcollins

㉰ Sloe Gin Fizz ㉱ Paradise

10 다음 중 비탄산성 음료는?

㉮ Mineral water ㉯ Soda water

㉰ Tonic water ㉱ Cidre

11 다음 중 Tequila와 관계가 <u>없는</u> 것은?

㉮ 용설란 ㉯ 풀케

㉰ 멕시코 ㉱ 사탕수수

12 호크(Hock) 와인이란?

㉮ 독일 라인산 화이트와인 ㉯ 프랑스 버건디산 화이트와인

㉰ 스페인 호크하임엘산 레드와인 ㉱ 이탈리아 피에몬테산 레드와인

13 Matini의 클라스로 <u>적합한</u> 것은?

㉮ 하이볼 글라스 ㉯ 위스키사워 글라스

㉰ 칵테일 글라스 ㉱ 올드패션 글라스

14 Liqueurqud에 적혀있는 D.O.M의 의미는?

㉠ 이탈리아어의 약자로 '최고의 리큐르'라는 뜻이다.

㉡ 라틴어로서 베네딕틴 술을 말하며, '최선, 최대의 신에게'라는 뜻이다.

㉢ 15년 이상 숙성된 약술을 의미한다.

㉣ 프랑스 샹빠뉴 지방에서 생산된 리큐르를 의미한다.

15 다음 중 연속식 증류(patent still whisky)법으로 증류하는 위스키는?

㉠ Irish Whiskey

㉡ Blended Whisky

㉢ Malt Whisky

㉣ Grain Whisky

16 일반적으로 Old fashioned glass를 가장 많이 사용해서 마시는 것은?

㉠ Whisky

㉡ Beer

㉢ Champagne

㉣ Red Eye

17 클라레(Claret)는 어떤 와인인가?

㉠ 레드와인

㉡ 화이트와인

㉢ 로제와인

㉣ 옐로와인

18 다음 중 Brandy의 숙성 연수가 <u>가장 긴</u> 것은?

㉠ V.O

㉡ V.S.O

㉢ V.S.O.P

㉣ X.O

19 1쿼트(quart)는 몇 온스인가?

㉠ 64oz

㉡ 50oz

㉢ 28oz

㉣ 32oz

20 조주 시 Shaker를 사용하는 칵테일은?

㉮ Manhattan
㉯ Cuba Libre
㉰ Rob Roy
㉱ Whiskey Sour

21 다음 중 Irish Whiskey는?

㉮ Johnnie Walker Blue
㉯ John Jameson
㉰ Wild Turkey
㉱ Crown Royal

22 프랑스에서 생산되는 칼바도스(Calvados)는 어느 종류에 속하는가?

㉮ Brandy
㉯ Gin
㉰ Wine
㉱ Whiskey

23 감자를 주원료로 해서 만드는 북유럽의 스칸디나비아 술로 유명한 것은?

㉮ Aquavit
㉯ Calvados
㉰ Steinhager
㉱ Grappa

24 다음 중 양조주가 아닌 것은?

㉮ 소주
㉯ 레드와인
㉰ 맥주
㉱ 청주

25 경우에 따라 고객에게 제공할 때 미리 병마개를 따놓는 것은?

㉮ 샴페인
㉯ 레드와인
㉰ 맥주
㉱ 위스키

26 칵테일 장식과 그 용도가 적합하지 않은 것은?

㉮ 체리- 가미타입 칵테일

ⓑ 올리브- 쌉쌀한 맛의 칵테일

ⓓ 오렌지- 오렌지주스를 사용한 롱 드링크

ⓔ 셀러리- 달콤한 칵테일

27 부드러우며 뒤끝이 깨끗한 약주로서 쌀로 빚으며 소주에 배, 생강, 울금 등 한약재를 넣어 숙성시킨 전북 전주의 전통주는?

ⓐ 두견주   ⓑ 국화주

ⓒ 이강주   ⓓ 춘향주

28 다음 중 혼성주에 속하는 것은?

ⓐ London dry gin   ⓑ Creme de Cacao

ⓒ Schnaps   ⓓ Moet et Chandon

29 다음 중 1pony의 액체 분량과 다른 것은?

ⓐ 1oz   ⓑ 30mL

ⓒ 1pint   ⓓ 1shot

30 계량단위의 1oz는 몇 mL인가?

ⓐ 15mL   ⓑ 25mL

ⓒ 35mL   ⓓ 45mL

31 월 재고회전율을 구하는 식은?

ⓐ 총 매출원가 / 평균 재고액   ⓑ 평균 재고액 / 총 매출원가

ⓒ (월말 재고- 월초재고) * 100   ⓓ (월초 재고 = 월말재고) / 2

32 wood muddler의 용도는?

ⓐ 스파이스나 향료를 으깰 때 사용한다.   ⓑ 레몬을 스퀴즈 할 때 사용한다.

㉰ 칵테일을 휘저을 때 사용한다.　　　　㉱ 브랜디를 띄울 때 사용한다.

33 각 맥주에 대한 설명이 <u>옳은</u> 것은?

㉮ Stout : 하면 발효시켜 밀의 함량이 많고 호프를 조금 첨가한 맥주이다.

㉯ Root Beer : 엿기름으로 발효한 달콤한 맥주이다.

㉰ Lambics : 자연효모와 젖산류를 첨가하여 자연발효 시킨 맥주이다.

㉱ Malt Beer : 샤르샤 나무 뿌리로 만든 생맥주이다.

34 재고가 적정재고 수준 이상으로 과도할 경우 나타나는 현상이 <u>아닌</u> 것은?

㉮ 필요 이상의 유지 관리비가 요구된다.

㉯ 기회 이익이 상실된다.

㉰ 판매기회가 상실된다.

㉱ 과다한 자본이 재고에 묶이게 된다.

35 dispenser용 Soft Drink 보관 방법으로 <u>맞는</u> 것은?

㉮ 온도차가 큰 곳에 보관한다.

㉯ 시원하고 그늘진 곳에 보관한다.

㉰ 햇볕이 들어오는 창가에 보관한다.

㉱ 열기가 많은 주방에 보관한다.

36 바(Bar)영업을 하기 위한 Bartender의 역할이 <u>아닌</u> 것은?

㉮ 음료에 대한 충분한 지식을 숙지하여야 한다.

㉯ 칵테일에 필요한 Garnish를 준비한다.

㉰ Bar Counter 내의 청결을 수시로 관리한다.

㉱ 영업장의 책임자로서 모든 영업에 책임을 진다.

37 주장관리에서 핵심적인 원가의 3요소는?

㉮ 재료비, 인건비, 주장경비　　　　㉯ 세금, 봉사료, 인건비

ⓒ 인건비, 주세, 재료비　　　　　ⓓ 재료비, 세금, 주장경비

38 저장관리 방법 중 FIFO란?

ⓐ 선입선출　　　　　　　　　　ⓑ 선입후출

ⓒ 후입선출　　　　　　　　　　ⓓ 임의불출

39 다음 중 세균이 침투하기에 가장 용이한 기물로 위생관리에 철저를 기해야 하는 것은?

ⓐ Lemon Squeezer　　　　　　ⓑ Jigger

ⓒ Ice Scooper　　　　　　　　ⓓ Kitchen Board

40 실제원가가 표준원가를 초과하게 되는 원인이 <u>아닌</u> 것은?

ⓐ 재료의 과도한 변질 발생　　　ⓑ 도난 발생

ⓒ 계획대비 소량 생산　　　　　ⓓ 잔여분의 식사재 활용 미숙

41 Standard recipe란?

ⓐ 펴준 판매가　　　　　　　　ⓑ 표준 제조표

ⓒ 표준 조직표　　　　　　　　ⓓ 표준 구매가

42 다음 중 After Dinner Cocktail은?

ⓐ Campari Soda　　　　　　　ⓑ Dry Martini

ⓒ Negroni　　　　　　　　　　ⓓ Pousse Cafe

43 일드 테스트(Yield test)란?

ⓐ 산출량 실험　　　　　　　　ⓑ 종사원들의 양보성향 조사

ⓒ 알코올 도수 실험　　　　　　ⓓ 재고 조사

44 맥주의 재료 중 맛과 잡균 번식억제에 관여하며, 약리작용의 역할을 하는 것은?

㉮ 맥아   ㉯ 효모

㉰ 보리   ㉱ 호프

45 다음 중 floating하는 칵테일은?

㉮ Rob Roy   ㉯ Angle's kiss

㉰ Margarita   ㉱ Screw Driver

46 칵테일에 관련된 각 용어의 설명이 <u>틀린</u> 것은?

㉮ Cocktail pick- 장식에 사용하는 핀이다.

㉯ Peel- 과일 껍질이다.

㉰ Decanter- 신맛이라는 뜻을 가지고 있다.

㉱ Fix- 약간 달고, 맛이 강한 칵테일의 종류이다.

47 아래에서 설명하는 Glass는?

> 위스키 사워, 브랜디 사워 등의 사워 칵테일에 주로 사용되며 3~5oz를 담기에 적당한 크기이다. Stem이 길고 위가 좁고 밑이 깊어 거의 평형 형으로 생겼다.

㉮ Goblet   ㉯ Wine glass

㉰ sour glass   ㉱ Cocktail glass

48 Shaker의 사용 방법으로 가장 <u>적합한</u> 것은?

㉮ 사용하기 전에 씻어서 사용한다.

㉯ 술을 먼저 넣고 그 다음에 얼음을 채운다.

㉰ 얼음을 채운 후에 술을 따른다.

㉱ 부재료를 넣고 술을 넣은 후에 얼음을 채운다.

49 다음 중 Gibson의 Garnish는?

㉮ olive
㉯ onion
㉰ cherry
㉱ lemon

50 칵테일을 만드는 기법 중 "Stirring"에서 사용하는 도구와 거리가 먼 것은?

㉮ Mixing Glass
㉯ Bar Spoon
㉰ Shaker
㉱ Strainer

51 다음 중 의미가 <u>다른</u> 하나는?

㉮ It's my treat this time.
㉯ I'll pick up the tab.
㉰ Let's go Dutch.
㉱ It's on me.

52 "This milk has gone bad"의 뜻은?

㉮ 우유가 상했다.
㉯ 우유가 맛이 없다.
㉰ 우유가 신선하다.
㉱ 우유에 나쁜 것이 있다.

53 "우리 호텔을 떠나십니까?"의 <u>올바른</u> 표현은?

㉮ do you start our hotel?
㉯ are you leave our hotel?
㉰ are you leaving our hotel?
㉱ do you go our hotel?

54 "the meeting was postponed until tomorrow morining."의 문장에서 postponed 와 <u>가장 가까운</u> 뜻은?

㉮ cancelled
㉯ finished
㉰ put off
㉱ taken off

55 Which one is the cocktail containing "wine"?

㉮ Sangria
㉯ Sidecar
㉰ Sloe Gin
㉱ Black Russian

56 다음 (   ) 안에 들어갈 <u>알맞은</u> 단어는?

> Being a (   ) requires far more than memorizing a few recipes and learning to use some basic tools.

㉮ Shaker   ㉯ Jigger   ㉰ Bartender   ㉱ Corkscrew

57 Which one is the classical French liqueur of aperitifs?

㉮ Dubonnet   ㉯ Sherry   ㉰ Mosel   ㉱ Campari

58 What is meaning of A L'a Carte menu?

㉮ Daily special menu

㉯ One of the cafeteria menu

㉰ Many items are included on the menu

㉱ Each item can be ordered separately from the menu.

59 다음 밑줄 친 단어와 바꾸어 쓸 수 있는 것은?

> A : Would you <u>like some more</u> drinks?
> B : No, thanks. I've had enough.

㉮ care in   ㉯ care of

㉰ care to   ㉱ care for

60 Which is the correct one as a base of Sidecar in the following?

㉮ bourbon whisky   ㉯ brandy

㉰ gin   ㉱ vodka

 정답

1	2	3	4	5	6	7	8	9	10
④	④	⑦	④	④	④	④	④	⑦	⑦
11	12	13	14	15	16	17	18	19	20
④	⑦	⑤	④	④	⑦	⑦	④	④	④
21	22	23	24	25	26	27	28	29	30
④	⑦	⑦	⑦	④	④	⑤	④	⑤	④
31	32	33	34	35	36	37	38	39	40
⑦	⑦	⑤	⑤	④	④	⑦	⑦	⑤	⑤
41	42	43	44	45	46	47	48	49	50
④	④	⑦	④	④	⑤	⑤	⑤	④	⑤
51	52	53	54	55	56	57	58	59	60
⑤	⑦	⑤	⑤	⑦	다	⑦	④	④	④

01 양주병에 80 proof라고 표기되어 있는 것은 알코올도수 얼마에 해당하는가?

㉮ 80%   ㉯ 40%

㉰ 20%   ㉱ 10%

02 White Russian의 재료는?

㉮ Vodka   ㉯ Dry Gin

㉰ Old Tom Gin   ㉱ Cacao

03 dry wine이 당분이 거의 남아있지 않은 상태가 되는 주된 이유는?

㉮ 발효 중에 생성되는 호박산, 젖산 등의 산 성분 때문

㉯ 포도속의 천연 포도당을 거의 완전 발효시키기 때문

㉰ 페노릭 성분의 함량이 많기 때문

㉱ 가당 공정을 거치기 때문

04 양조주에 대한 설명으로 <u>옳은</u> 것은?

㉮ 당질 원료 또는 당분질 원료에 효모를 첨가하여 발효시켜 만든 술이다.

㉯ 발효주에 열을 가하여 증류하여 만든다.

㉰ Amaretto, Drambuie, Cointreau 등은 양조주에 속한다.

㉱ 증류주 등에 초근, 목피, 향료, 과즙, 당분을 첨가하여 만든 술이다.

05 다음 중 가장 강하게 흔들어서 조주해야 하는 칵테일은?

㉮ Martini   ㉯ Old fashion

㉰ Sidecar   ㉱ Eggnog

06 음료류의 식품유형에 대한 설명으로 **틀린** 것은?

㉮ 탄산음료 : 먹는 물에 식품 또는 식품첨가물(착향료 제외)등을 가한 것에 탄산가스를 주입한 것을 말한다.

㉯ 착향탄산음료 : 탄산음료에 식품첨가물(착향료)을 주입한 것을 말한다.

㉰ 과실음료 : 농축과실즙(또는 과실분), 과실쥬스 등을 원료로 하여 가공한 것(과실즙 10%이상)을 말한다.

㉱ 유산균음료 : 유가공품 또는 식물성 원료를 효모로 발효시켜 가공(살균을 포함)한 것을 말한다.

07 다음 중 풀케(pulque)를 증류해서 만든 술은?

㉮ Rum   ㉯ Vodka

㉰ Tequila   ㉱ Aquavit

08 Pousse cafe를 만드는 재료 중 가장 나중에 따르는 것은?

㉮ Brandy   ㉯ Grenadine

㉰ Creme de menthe(white)   ㉱ Creme de Cassis

09 다음 중 꿀을 사용하는 칵테일은?

㉮ Zoom   ㉯ Honeymoon

㉰ Golden cadillac   ㉱ Harmony

10 조주의 부재료로 사용되는 시럽으로 석류열매의 색과 향을 가진 것은?

㉮ grenadine syrup   ㉯ maple syrup

㉰ gum syrup   ㉱ plain syrup

11 수분과 이산화탄소로만 구성되어 식욕을 돋우는 효과가 있는 음료는?

㉮ mineral water   ㉯ soda water

㉰ plain water   ㉱ cider

12 Blue Bird 칵테일은 어떤 종류의 글라스를 사용하는가?

㉮ Tumbler Glass   ㉯ Sour Glass

㉰ Old fashion Glass   ㉱ Cocktail Glass

13 다음 중 주재료가 나머지 셋과 <u>다른</u> 것은?

㉮ Grand Marnier   ㉯ Drambuie

㉰ Triple Sec   ㉱ Cointreau

14 숙성하지 않은 화이트 데킬라의 표시 방법은?

㉮ anejo   ㉯ joven

㉰ old   ㉱ mujanejo

15 grain whisky에 대한 설명으로 <u>옳은</u> 것은?

㉮ silent spirit라고도 불리 운다.

㉯ 발아시킨 보리를 원료로 해서 만든다.

㉰ 향이 강하다.

㉱ Andrew Usher에 의해 개발되었다.

16 "Twist of lemon peel"의 의미로 <u>옳은</u> 것은?

㉮ 레몬껍질을 비틀어 짜 그 향을 칵테일에 스며들게 한다.

㉯ 레몬을 반으로 접듯이 하여 과즙을 짠다.

㉰ 레몬껍질을 가늘고 길게 잘라 칵테일에 넣는다.

㉱ 과피를 믹서기에 갈아 즙 성문을 2~3방울 칵테일에 떨어뜨린다.

17 French Vermouth에 대한 설명으로 <u>옳은</u> 것은?

㉮ 와인을 인위적으로 착향 시킨 담색 무감미주

㉯ 와인을 인위적으로 착향 시킨 담색 감미주

ⓙ 와인을 인위적으로 착향 시킨 적색 감미주

ⓚ 와인을 인위적으로 착향 시킨 적색 무감미주

18 다음 중 우리나라의 전통주가 <u>아닌</u> 것은?

ⓔ 소홍주   ⓕ 소곡주

ⓖ 문배주   ⓗ 경주법주

19 일반적으로 스테인리스 재질로 삼각형 컵이 등을 맞대고 있으며, 바에서 칵테일 조주시 술이나 주스, 부재료 등의 용량을 재는 기구는?

ⓔ Bar spoon   ⓕ Muddler

ⓖ Strainer   ⓗ Jigger

20 화이트 포도 품종인 샤르도네만을 사용하여 만드는 샴페인은?

ⓔ Bland de Noirs   ⓕ Blanc de blancs

ⓖ Asti Spumante   ⓗ Beaujolais

21 다음 중 Snowball 칵테일의 재료로 사용되는 것은?

ⓔ Gin, Anisette, Light Cream   ⓕ Gin, Anisette, Sugar

ⓖ Gin, Grenadine, Light Cream   ⓗ Rum, Grenadine, Light Cream

22 다음중 원산지가 프랑스인 술은?

ⓔ Absinthe   ⓕ Curacao

ⓖ Kahlua   ⓗ Drambuie

23 simple syrup을 만드는 데 필요한 것은?

ⓔ lemon   ⓕ butter

ⓖ cinnamon   ⓗ sugar

24 Irish Coffee의 재료가 <u>아닌</u> 것은?

㉮ Irish Whiskey   ㉯ Rum

㉰ hot coffee   ㉱ sugar

25 칵테일의 조주 방법 중 Floating에 대한 설명으로 <u>옳은</u> 것은?

㉮ 재료의 비중을 이용하여 띄우는 것이다.

㉯ 칵테일글라스 가장자리에 설탕을 묻히는 방법이다.

㉰ 증류주에 불을 붙이는 방법이다.

㉱ 얼음을 갈아 칵테일을 차갑게 만드는 것이다.

26 샴페인의 당분이 6g/L이하 일 때 당도의 표기 방법은?

㉮ Extra Brut   ㉯ Doux

㉰ Demi Sec   ㉱ Brut

27 「V. D. Q. S」 표시의 의미로 가장 적합한 것은?

㉮ 위스키 등급 중 가장 좋은 등급이다.

㉯ 와인의 품질검사 합격 증명이다.

㉰ 숙성년도가 2년 이상인 보드카이다.

㉱ 알코올 함유량 9% 이상의 브랜디이다.

28 Gibson에 대한 설명으로 <u>틀린</u> 것은?

㉮ 알코올 도수는 약 36도에 해당한다.   ㉯ 베이스는 Gin이다.

㉰ 칵테일 어니언으로 장식한다.   ㉱ 기법은 Shaking이다.

29 다음 중 청주의 주재료는?

㉮ 옥수수   ㉯ 감자

㉰ 보리   ㉱ 쌀

30 음료에서 사용하는 용어인 "Dry"의 의미와 가장 가까운 샴페인 용어는?

㉮ Brut
㉯ Sec
㉰ Doux
㉱ Demi-Sec

31 오렌지나 레몬을 사용한 혼성주가 <u>아닌</u> 것은?

㉮ Sambuca
㉯ Cointreau
㉰ Grand Marnier
㉱ Lemon Gin

32 발포성 와인의 서비스 방법으로 <u>옳은</u> 것은?

㉮ 병을 수직으로 세운 후 병 안쪽의 압축가스를 신속하게 빼낸다.
㉯ 병을 45°로 시울인 후 세게 흔들어 거품이 충분히 나도록 한 후 철사 열 개를 푼다.
㉰ 거품이 충분히 일어나도록 잔의 가운데에 한꺼번에 많은 양을 넣어 잔을 채운다.
㉱ 거품이 너무 나지 않게 잔의 내측 벽으로 흘리면서 잔을 채운다.

33 다음 중 용량이 가장 작은 글라스는?

㉮ old fashioned glass
㉯ highball glass
㉰ cocktail glass
㉱ shot glass

34 다음 중 서비스의 방법으로 적합하지 <u>않은</u> 것은?

㉮ 주문된 음료를 신속, 정확하게 서비스한다.
㉯ 주문은 연장자의 주문을 먼저 받은 다음 여성 손님 순으로 주문을 받는다.
㉰ 손님과의 대화중에 다른 손님의 주문이 있을 때에는 대화중인 손님의 양해를 구한 후 다른 손님의 주문에 응한다.
㉱ 바 카운터는 항상 정리, 정돈하여 청결을 유지한다.

35 요리와 와인의 조화에 대한 일반적인 설명으로 <u>틀린</u> 것은?

㉮ 단맛이 나는 요리는 탄닌(tannin)성분이 많은 와인이 어울린다.

㉯ 신선한 흰살생선 요리는 레드와인이 어울린다.

㉰ 양념을 많이 사용한 흰색육류 요리는 레드와인이 어울린다.

㉱ 새콤한 소스를 사용한 요리는 화이트와인이 어울린다.

36 다음 중 Gin base에 <u>속하는</u> 칵테일은?

㉮ Stinger ㉯ Old-fashioned

㉰ Martini ㉱ Sidecar

37 아래에서 설명하는 주장 기물은?

> 리큐르나 시럽 등 농후한 재료를 사용하여 만드는 칵테일의 경우는 휘저어 섞는 것만으로는 잘 혼합이 되지 않기 때문에 강한 움직임을 주기 위하여 이 기물이 필요하다.

㉮ bar spoon ㉯ cocktail glass

㉰ cock screw ㉱ shaker

38 술을 measure cup에 따를 때 많은 양이 흘러나오는 것을 방지하여, 소량만 나오게 하는 기구는?

㉮ pourer ㉯ muddler

㉰ stopper ㉱ straw

39 Aperitif에 대한 설명으로 <u>옳은</u> 것은?

㉮ 식사 전에 먹는 식전주이다. ㉯ 디저트용으로 먹는 술이다.

㉰ 메인음식과 함께 먹는 술이다. ㉱ 식사 후에 먹는 식후주이다.

40 First in first out(FIFO)은 다음 중 무엇에 해당하는가?

㉮ 매상관리방법 ㉯ 칵테일 조주방법

㉰ 저장관리방법 ㉱ 노무관리방법

41 Tequila의 원산지는 어느 나라인가?

㉮ 영국   ㉯ 멕시코

㉰ 프랑스   ㉱ 이탈리아

42 Bartender의 직무와 거리가 <u>먼</u> 것은?

㉮ 재고량과 기물 등을 준비한다.

㉯ 영업 보고서를 작성한다.

㉰ 글라스류 및 칵테일 용기 등을 세척, 정리한다.

㉱ 영업 종료 후 재고소자를 하여 매니저에게 보고한다.

43 다음 중 Blender로 혼합해서 만드는 칵테일은?

㉮ Harvey wallbanger   ㉯ Cuba Libre

㉰ Zombie   ㉱ Orange Blossom

44 다음 중 바 기물과 거리가 <u>먼</u> 것은?

㉮ ice cube maker   ㉯ muddler

㉰ beer cooler   ㉱ deep freezer

45 par stock의 의미로 <u>옳은</u> 것은?

㉮ 일일적정 요구량   ㉯ 일일적정 사용량

㉰ 일일적정 재고량   ㉱ 일일적정 보급량

46 happy hour에 대한 설명으로 <u>옳은</u> 것은?

㉮ 사은 특별행사   ㉯ 손님이 가장 많은 시간대

㉰ 가격 할인 시간대   ㉱ 영업시간 이외의 시간대

47 브랜디 글라스의 입구가 좁은 주된 이유는?

㉮ 브랜디의 향미를 한곳에 모이게 하기 위하여

㉯ 술의 출렁임을 발지하기 위하여

㉰ 글라스의 데커레이션을 위하여

㉱ 양손에 쥐기가 편리하도록 하기 위하여

48 식음료 서비스의 특성이 <u>아닌</u> 것은?

㉮ 제공과 사용의 분리성   ㉯ 형체의 무형성

㉰ 품질의 다양성   ㉱ 상품의 소멸성

49 칵테일을 만드는 방법으로 적합하지 <u>않은</u> 것은?

㉮ on the rock은 잔에 술을 먼저 붓고 난 뒤 얼음을 넣는다.

㉯ olive는 찬물에 헹구어 짠맛을 엷게 해서 사용한다.

㉰ mist를 만들때는 분쇄얼음을 사용한다.

㉱ 찬술은 보통 찬 글라스를, 뜨거운 술은 뜨거운 글라스를 사용한다.

50 Rum에 대한 설명으로 <u>틀린</u> 것은?

㉮ 사탕수수를 압착하여 액을 얻는다.   ㉯ 헤비럼(Heavy-Rum)은 감미가 높다.

㉰ 효모를 첨가하여 만든다.   ㉱ 감자로 만든 증류주이다.

51 다음 (   )안에 알맞은 것은?

Who is the he tallest, Mr. Kim, Lee, (   ) Park?

㉮ and   ㉯ or

㉰ with   ㉱ to

52 아래의 대화에서 (   )에 가장 <u>알맞은</u> 것은?

> A : Come on, Marry. Hurry up and finish your coffee. We have to catch a taxi to the airport.
>
> B : I can't hurry. This coffee's (A) hot for me (B) drink.

㉮ A : so, B : that　　　　　　　㉯ A : too, B : to

㉰ A : due, B : to　　　　　　　㉱ A : would, B : on

53 Which of th following is one of aperitif wines as before-meal appetizer?

㉮ Dry sherry　　　　　　　㉯ Port wine

㉰ Chianti　　　　　　　㉱ Mosel

54 다음 (   )안에 <u>알맞은</u> 것은?

> Our shuttle bus leaves here 10 times (   ).

㉮ in day　　　　　　　㉯ the day

㉰ day　　　　　　　㉱ a day

55 아래는 무엇에 대한 설명인가?

> A fortified yellow or brown wine of Spanish origin with a distinctive nutty flavor.

㉮ Sherry　　　　　　　㉯ Rum

㉰ Vodka　　　　　　　㉱ Bloody marry

56 아래의 (   )안에 <u>알맞은</u> 것은?

> In English, the term "Sirop De Gomme" is (   ).

㉮ Plain syrup　　　　　　　㉯ Gum syrup

㉰ Grenadine syrup　　　　　　　㉱ almond syrup

57 다음 (   )안에 알맞은 것은?

(   ) is distilled from fermented fruit. sometimes aged in oak casks, and usually bottled at 80 proof.

㉮ Vodka

㉯ Brandy

㉰ Whisky

㉱ Dry gin

58 다음 중 아래 질문에 가장 적합한 것은?

What kind of wine do you serve for entree course?

㉮ Sherry

㉯ Barsac

㉰ Red wine

㉱ Champagne

59 "Espresso"와 관계 깊은 단어는?

㉮ Whisky

㉯ tea

㉰ coffee

㉱ rum

60 다음 (   )안에 알맞은 것은?

(   ) is the chemical process in which yeast breaks down sugar in solution into carbon dioxide and alcohol.

㉮ Distillation

㉯ Fermentation

㉰ Classification

㉱ Evaporation

정답

1	2	3	4	5	6	7	8	9	10
④	⑦	④	⑦	⑨	⑨	⑤	⑦	⑦	⑦
11	12	13	14	15	16	17	18	19	20
④	⑨	④	④	⑦	⑦	⑦	⑦	⑨	④
21	22	23	24	25	26	27	28	29	30
⑦	⑦	⑨	④	⑦	⑦	④	⑨	⑨	⑦
31	32	33	34	35	36	37	38	39	40
⑦	⑨	⑨	④	④	⑤	⑨	⑦	⑦	⑤
41	42	43	44	45	46	47	48	49	50
④	④	⑤	⑨	⑤	⑤	⑦	⑦	⑦	⑨
51	52	53	54	55	56	57	58	59	60
④	④	⑦	⑨	⑦	④	④	⑤	⑤	④

01 다음 중 국가에 따른 맥주의 명칭이 잘못 연결된 것은?

㉮ 이태리- Birra   ㉯ 러시아- Pino

㉰ 독일- Ollet   ㉱ 프랑스- Biere

02 다음 중 지칭하는 대상이 <u>다른</u> 것은?

㉮ Brandy Glass   ㉯ Snifter

㉰ Cognac glass   ㉱ Whiskey Sour

03 정찬코스에서 hors-d'oeuvre 또는 soup 대신에 마시는 우아하고 자양분이 많은 칵테일은?

㉮ After Dinner Cocktail   ㉯ Before Dinner Cocktail

㉰ Club Cocktail   ㉱ Night Cap Cocktail

04 술을 제조방법에 따라 분류한 것으로 <u>옳은</u> 것은?

㉮ 발효주, 증류주, 추출주   ㉯ 양조주, 증류주, 혼성주

㉰ 발효주, 칵테일, 에센스주   ㉱ 양조주, 칵테일, 여과주

05 Malt Scotch Whisky를 제조할 때 숙성 단계에서 무색의 증류액이 착색되어 나타내는 색은?

㉮ 호박색   ㉯ 가지색

㉰ 수박색   ㉱ 바다색

06 Brandy의 생산지구인 Grand Champagne에 대한 설명으로 <u>틀린</u> 것은?

㉮ 석회질의 토질 특성을 가진다.   ㉯ 코냑시의 남쪽에 위치하고 있다.

㉰ 숙성이 빨리 진행되는 지구이다.   ㉱ 중후한 맛의 최고급품으로 유명하다.

07 용어의 설명이 틀린 것은?

㉮ Clos : 최상급의 원산지 관리 증명 와인

㉯ Vintage : 원료 포도의 수확 년도

㉰ Fortified Wine : 브랜디를 첨가하여 알코올 농도를 강화한 와인

㉱ Riserva : 최저 숙성기간을 초과한 이태리 와인

08 우리나라 주세법에 의한 정의 및 규격이 잘못 설명된 것은?

㉮ 알코올분의도수: 15℃에서 원용량 100분 중에 포함되어 있는 알코올분의 용량

㉯ 불휘발분의도수: 15℃에서 원용량 100cm³중에 포함되어있는 불휘발분의 그램 수

㉰ 밑술 : 전분물질에 곰팡이를 번식시킨 것

㉱ 주조연도 : 매년 1월1일부터 12월 31일까지의 기간

09 Over The Rainbow의 일반적인 Garnish는?

㉮ Strawberry, Peach Slice   ㉯ Cherry, Orange Slice

㉰ Pineapple spear, Cherry   ㉱ Lime Wedge

10 다음 중 mixing glass를 사용하여 stir기법으로 만드는 것은?

㉮ Stirrup Cup   ㉯ Gin Fizz

㉰ Martini   ㉱ Singapore Sling

11 주장에서 사용되는 얼음 집게의 명칭은?

㉮ Ice Pick   ㉯ Ice Pail

㉰ Ice Scooper   ㉱ Ice Tongs

12 Benedictine의 Bottle에 적힌 D.O.M의 의미는?

㉮ 완전한 사랑   ㉯ 최선 최대의 신에게

㉰ 쓴맛   ㉱ 순록의 머리

13 다음 중 Flamingo Cocktail 재료가 <u>아닌</u> 것은?

㉮ Gin ㉯ Lime Juice

㉰ Grenadine ㉱ Dry Vermouth

14 칵테일의 기구와 용도를 <u>잘못</u> 설명한 것은?

㉮ Mixing Cup : 혼합하기 쉬운 재료를 섞을 때

㉯ Standard Shaker : 혼합하기 힘든 재료를 섞을 때

㉰ Squeezer : 술의 양을 계량할 때

㉱ Glass Holder : 뜨거운 종류의 칵테일을 제공할 때

15 Highball Glass의 일반적인 용도가 <u>아닌</u> 것은?

㉮ 롱드링크 ㉯ 비알코올 칵테일

㉰ 더블 스트레이트 ㉱ 과일 주스

16 Demitasse에 대한 설명으로 틀린 것은?

㉮ 온도를 고려하여 얇게 만들어진다. ㉯ Espresso의 잔으로 사용된다.

㉰ 담는 액체의 양은 1oz정도이다. ㉱ 내부는 곡선형태이다.

17 다음 계량단위 중 <u>옳은</u> 것은?

㉮ 1Teaspoon = 1/8oz ㉯ 1Dash = 1/20oz

㉰ 1Jigger = 3oz ㉱ 1Split = 10oz

18 다음 중 Old Fashioned Glass를 사용하는 것은?

㉮ Alexander Cocktail ㉯ Whiskey Sour

㉰ Martini ㉱ Mai Tai

19 'Chilled White Wine'과 'Club Soda'로 만드는 칵테일은?

㉮ Wine Cooler   ㉯ Mimosa

㉰ Hot Springs Cocktail   ㉱ Sptritzer

20 다음에서 설명하는 전통주는?

> • 원료는 쌀이며 혼성주에 속한다.
> • 약주에 소주를 섞어 빚는다.
> • 무더운 여름을 탈 없이 날 수 있는 술이라는 뜻에서 그 이름이 유래되었다.

㉮ 과하주   ㉯ 백세주

㉰ 두견주   ㉱ 문배주

21 「단맛」이라는 프랑스어는?

㉮ Trocken   ㉯ Blanc

㉰ Cru   ㉱ Doux

22 다음에서 설명하고 있는 것은?

> 키니네, 레몬, 라임 등 여러 가지 향료 식물 원료로 만들며 열대지방 사람들의 식욕증진과 원기를 회복시키는 강장제 음료이다.

㉮ Cola   ㉯ Soda Water

㉰ Ginger ale   ㉱ Tonic Water

23 Gin에 대한 설명으로 틀린 것은?

㉮ 저장, 숙성을 하지 않는다.   ㉯ 생명의 물이라는 뜻이다.

㉰ 무색, 투명하고 산뜻한 맛이다,   ㉱ 알코올 농도는 40~50% 정도이다.

24 Standard recipe를 설정하는 목적에 대한 설명 중 <u>틀린</u> 것은?

㉮ 원가계산을 위한 기초를 제공한다.　　㉯ 바텐더에 대한 의존도를 높인다.

㉰ 품질 관리에 도움을 준다.　　㉱ 재료의 낭비를 줄인다.

25 Gin & Tonic에 알맞은 glass와 장식은?

㉮ Collins Glass Pineapple Slice　　㉯ Cocktail Glass- Olive

㉰ Cordial Glass Orange Slice　　㉱ Highball Lemon Slice

26 오렌지 과피, 회향초 등을 주원료로 만들며 알코올 농도가 23% 정도가 되는 붉은 색의 혼성주는?

㉮ Beer　　㉯ Drambuie

㉰ Campari Bitters　　㉱ Cognac

27 다음 중 1oz당 칼로리가 가장 높은 것은? (단, 각 주류의 도수는 일반적인 경우를 따른다.)

㉮ Red Wine　　㉯ Champagne

㉰ Liqueurs　　㉱ White Wine

28 다음 중 Red Wine용 포도품종은?

㉮ Cabernet Sauvignon　　㉯ Chardonnay

㉰ Pino Blanc　　㉱ Sauvignon Blanc

29 다음은 어떤 증류주에 대한 설명인가?

> 곡류와 감자 등을 원료로 하여 당화시킨 후 발효하고 증류한다. 증류액을 의석하여 자작나무 숯으로 만든 활성탄에 여과하여 정제하기 때문에 무색, 무취에 가까운 특성을 가진다.

㉮ Gin　　㉯ Vodka

㉰ Rum　　㉱ Tequila

30 아래에서 설명하는 설탕은?

> 빙당(氷糖)이라고도 부르는데 과실주 등에 사용되는 얼음 모양으로 고결시킨 설탕이다.

㉮ frost sugar   ㉯ granulated sugar

㉰ cube sugar   ㉱ rock sugar

31 빈(Bin)이 <u>의미하는</u> 것은?

㉮ 프랑스산 적포도주

㉯ 주류 저장소에 술병을 넣어 놓는 장소

㉰ 칵테일 조주시 가장 기본이 되는 주재료

㉱ 글라스를 세척하여 담아 놓는 기구

32 다음 중 Angel's Kiss를 만들 때 사용하는 것은?

㉮ Shaker   ㉯ Mixing Glass

㉰ Blender   ㉱ Bar Spoon

33 다음 중 Tumbler Glass는 어느 것인가?

㉮ Champagne Glass   ㉯ Cocktail Glass

㉰ High ball   ㉱ Brandy Snifter

34 중요한 연회시 그 행사에 관한 모든 내용이나 협조사항을 호텔 각 부서에 알리는 행사지시서는?

㉮ Event order   ㉯ Check-up list

㉰ Reservation sheet   ㉱ Banquet Memorandum

35 맥주의 저장시 숙성기간 동안 단백질은 무엇과 결합하여 침전하는가?

㉮ 맥아   ㉯ 세균

㉰ 탄닌   ㉱ 효모

36 양주병 코드넘버 시스템(Bottle Code NO. System)의 장점이 <u>아닌</u> 것은?

㉠ 재고파악을 용이하게 해준다.

㉡ 판매가 증진되어 이익이 늘어난다.

㉢ 음료청구를 용이하게 해준다.

㉣ 품목별, 등급별 물자소비를 분석하는데 도움을 준다.

37 Liqueur에 대한 설명으로 <u>틀린</u> 것은?

㉠ 코르디알(Cordial)이라고도 부른다.

㉡ 술 분류상 혼성주 범주에 속한다.

㉢ 주정(Base liqueur)에 약초, 과일, 씨 뿌리의 즙을 넣어서 만든다.

㉣ 위스키(Whiskey)가 대표적이다.

38 바의 운영에서 구매 관리에 대한 설명으로 <u>틀린</u> 것은?

㉠ 먼저 반입된 저장품부터 소비한다.

㉡ 필요한 물품반입은 휴점 시간을 활용한다.

㉢ 공급업자와의 유대관계를 고려하여 검수 과정을 생략한다.

㉣ 정확한 재고 조사를 기준으로 적정 재고량을 확보한다.

39 취객의 대처방법으로 <u>잘못된</u> 것은?

㉠ 상반신을 높게 하고 의복과 넥타이를 느슨하게 한다.

㉡ 구토의 경향이 있을 경우에는 얼굴을 옆으로 해서 쉬게 한다.

㉢ 취기가 조금씩 떨어지면 뜨거운 커피나 홍차 등을 서브하여 취기를 빨리 가라앉게 한다.

㉣ 안색이 푸를 때에는 머리를 시원한 수건으로 차갑게 한다.

40 음료를 서빙 할 때에 일반적으로 사용하는 비품이 <u>아닌</u> 것은?

㉠ Napkin ㉡ Coaster

㉢ Serving Tray ㉣ Bar Spoon

41 설탕, 계란 등을 이용하는 칵테일에 필요한 기구는?

㉮ Mixing Glass   ㉯ Strainer

㉰ Squeezer   ㉱ Shaker

42 다음 중 Aperitif의 특징이 <u>아닌</u> 것은?

㉮ 식욕촉진용으로 사용되는 음료이다.

㉯ 라틴어 aperire(open)에서 유래되었다.

㉰ 약초계를 사용하기 때문에 씁쓸한 향을 지니고 있다.

㉱ 당분이 많이 함유된 단맛이 있는 술이다.

43 발포성 와인의 보관 방법으로 옳지 <u>않은</u> 것은?

㉮ 6~8°C 정도의 서늘한 곳에 보관한다.

㉯ 비교적 충격이 적은 곳에 보관한다.

㉰ 항상 바르게 세워서 보관한다.

㉱ 햇볕이나 형광등 불빛을 피해서 보관한다.

44 바텐더(Bartender)의 역할이 <u>아닌</u> 것은?

㉮ 음료 및 부재료의 보급과 바(Bar)내의 청결을 유지한다.

㉯ 직원의 근무시간표를 작성한다.

㉰ 칵테일(Cocktail)을 조주한다.

㉱ 바(Bar)내의 모든 기물을 정리, 정돈한다.

45 간증을 보호하는 음주법으로 가장 바람직한 것은?

㉮ 도수가 낮은 술에서 높은 술 순으로 마신다.

㉯ 도수가 높을 술에서 낮은 술 순으로 마신다.

㉰ 도수와 관계없이 개인의 기호대로 마신다.

㉱ 여러 종류의 술을 섞어 마신다.

46 Bartender의 영업개시 전에 준비사항으로 바람직하지 <u>않은</u> 것은?

㉮ Red Wine을 냉각시킨다.　　　㉯ 칵테일용 얼음을 준비한다.

㉰ Glass의 청결도를 점검한다.　　㉱ 적정재고를 점검한다.

47 고객이 위스키 스트레이트를 주문하고, 얼음과 함께 콜라나 소다수, 물 등을 원하는 경우 이를 제공하는 글라스는?

㉮ Wine Decanter　　　　　　　㉯ Cocktail Decanter

㉰ Collins Glass　　　　　　　　㉱ Cocktail Glass

48 Cork Screw의 사용 빈도는?

㉮ 와인의 병마개 따개용　　　　㉯ 와인의 병마개용

㉰ 와인 보관용 그릇　　　　　　㉱ 잔 받침대

49 Draft Beer 관리에 관한 내용으로 잘못된 것은?

㉮ 충격을 주면 거품이 지나치게 많이 생기므로 주의한다.

㉯ 적온 유지를 위해 냉장고에 보관한다.

㉰ 직사광선을 피한다.

㉱ 변질을 막기 위하여 냉동고에 보관한다.

50 Muddler에 대한 설명으로 <u>틀린</u> 것은?

㉮ 설탕이나 장식과일 등을 으깨거나 혼합하기에 편리하게 사용할 수 있는 긴 막대형의 장식품이다.

㉯ 칵테일 장식에 체리나 올리브 등을 찔러 사용한다.

㉰ 롱 드링크를 마실 때는 휘젓는 용도로 사용한다.

㉱ Stirring rod라고도 한다.

51 Choose the most appropriate response to the statement.

> A: How can I get to the bar?
> B: I haven't been there in years!
> A: Well, why don't you show me on a map?
> B: _____.

㉮ I'm sorry to hear that.　　㉯ No, I think I can find it.

㉰ You should have gone there.　　㉱ I guess I could

52 다음 ( ) 안에 <u>알맞은</u> 것은?

> For spirits the alcohol content is expressed in terms of proof, which is twice the percentage figure. Thus a 100-proof whisky is ( ) percent alcohol by volume.

㉮ 100　　㉯ 50

㉰ 75　　㉱ 25

53 Which of the following is made mainly from barley grain?

㉮ Bourbon Whisky　　㉯ Scotch Whisky

㉰ Rye Whisky　　㉱ Straight Whisky

54 다음의 상황에 가장 <u>적합한</u> 것은?

> These days, chances are that among your friends and co-workers there are those who do not consume alcohol at all. It's certainly important that you respect their personal choice not to drink.

㉮ Fruit Smoothie　　㉯ Maxim

㉰ The shoot　　㉱ Icy Rummed Cacao

55 「First come first serve」의 의미는?

㉮ 선착순　　㉯ 시음회

㉰ 선불제　　㉱ 연장자순

56 다음에서 설명하는 Bitters는?

> It is made from a Trinidadian secret recipe.

㉮ Peychaud's Bitters   ㉯ Abbott's Aged Bitters

㉰ Orange Bitters   ㉱ Angostra Bitters

57 What is the liqueur on apricot pits base?

㉮ Benedictine   ㉯ Chartreuse

㉰ Kalhua   ㉱ Amaretto

58 Which is the syrup made by pomegranate?

㉮ Maple Syrup   ㉯ Strawberry

㉰ Grenadine Syrup   ㉱ Almond Syrup

59 Which is not the name of sherry?

㉮ Fino   ㉯ Olorso

㉰ Tio pepe   ㉱ Tawny Port

60 Which one is made with Ginger and Sugar?

㉮ Tonic water   ㉯ Ginger ale

㉰ Sprite   ㉱ Collins mix

 정답

1	2	3	4	5	6	7	8	9	10
㉰	㉱	㉰	㉯	㉮	㉰	㉮	㉰	㉮	㉰
11	12	13	14	15	16	17	18	19	20
㉱	㉯	㉱	㉰	㉰	㉮	㉮	㉱	㉱	㉮
21	22	23	24	25	26	27	28	29	30
㉱	㉱	㉯	㉯	㉱	㉰	㉰	㉮	㉯	㉱
31	32	33	34	35	36	37	38	39	40
㉯	㉱	㉰	㉮	㉰	㉯	㉱	㉰	㉱	㉱
41	42	43	44	45	46	47	48	49	50
㉱	㉱	㉰	㉯	㉮	㉮	㉯	㉮	㉱	㉯
51	52	53	54	55	56	57	58	59	60
㉱	㉯	㉯	㉮	㉮	㉱	㉱	㉰	㉱	㉯

7 조주기능사 기출문제

01 맥주(beer) 원조용 보리로 <u>부적절한</u> 것은?

㉮ 껍질이 얇고, 담황색을 하고 윤택이 있는 것

㉯ 알맹이가 고르고 95%이상의 발아율이 있는 것

㉰ 수분함유량은 10% 내외로 잘 건조된 것

㉱ 단백질이 많은 것

02 다음중 양조주에 <u>속하는</u> 것은?

㉮ augier ㉯ canadian club

㉰ martell ㉱ chablis

03 다음 중 사탕수수 또는 당밀을 원료로 한 증류주는?

㉮ Rum ㉯ Whisky

㉰ Vodka ㉱ Wine

04 브랜디의 숙성기간에 따른 표기와 그 약자의 연결이 <u>틀린</u> 것은?

㉮ V-Very ㉯ P-Pale

㉰ S-Special ㉱ X-Extra

05 Cognac의 숙성표시 중 3star는 몇 년 이상을 의미하는가?

㉮ 3년 ㉯ 5년

㉰ 10년 ㉱ 15년

06 다음 중 혼성주에 <u>해당하는</u> 것은?

㉮ Armagnac ㉯ Corn Whisky

㉰ cointreau ㉱ Jamaican Rum

07 Cognac은 무엇을 원료로 만든 술인가?

㉮ 감자   ㉯ 옥수수
㉰ 보리   ㉱ 포도

08 탄산가스를 함유하지 않은 일반적인 와인을 <u>의미하는</u> 것은?

㉮ Spakling wine   ㉯ Fortified wine
㉰ Aromatic wine   ㉱ Still wine

09 브르고뉴(Bregogne) 지방과 함께 세계 2대 포도주 산지로써 Medoc. Graves 등이 유명한 지방산지는?

㉮ Pilsner   ㉯ Bordeaux
㉰ Staut   ㉱ Mousseux

10 다음중 럼(Rum)의 원산지는?

㉮ 러시아   ㉯ 카리브해 서인도제도
㉰ 북미지역   ㉱ 아프리카지역

11 다음 중 Wine base 칵테일이 <u>아닌</u> 것은?

㉮ Kir   ㉯ Blue hawaiian
㉰ Spritzer   ㉱ Mimosa

12 다음 중 작품완성 후 Netmeg을 뿌려 제공하는 것은?

㉮ Egg Nogg   ㉯ Tom Collins
㉰ Sloe GIN fizz   ㉱ Paradise

13 다음 중 cocktail Onion으로 장식하는 칵테일은?

㉮ Matini   ㉯ Gibson
㉰ Bacadi   ㉱ Cuba Libre

14 다음 중 Old fashioned의 일반적인 장식용 재료는?

㉮ 올리브 ㉯ 크림, 설탕

㉰ 레몬껍질 ㉱ 오렌지, 체리

15 1GALLon을 Ounce로 환산하면 얼마인가?

㉮ 128oz ㉯ 64oz

㉰ 32oz ㉱ 16oz

16 b&b를 조주할 때 어떤 glass에 benedictine을 붓는가?

㉮ shaker ㉯ mixiing glass

㉰ liqueur glass ㉱ decanter

17 다음 칵테일 중 Mixing Glass를 사용하지 <u>않는</u> 것은?

㉮ Martini ㉯ Gin Fizz

㉰ Gibson ㉱ Rob Roy

18 시럽이나 비터(bitters)등 칵테일에 소량 사용하는 재료의 양을 나타내는 단위로 한 번 뿌려 주는 양을 말하는 것은?

㉮ Toddy ㉯ Double

㉰ Dry ㉱ Dash

19 one finger 의 분량은 약 얼마인가?

㉮ 30mL ㉯ 40mL

㉰ 50mL ㉱ 60mL

20 다음 중 럼(Rum)의 일반적인 분류에 속하지 <u>않는</u> 것은?

㉮ Light Rum ㉯ Soft Rum

㉰ Heavy Rum ㉱ Medium Rum

21 다음 중 데킬라(Tequila)가 <u>아닌</u> 것은?

㉮ Cuervo　　　　　　　㉯ El Toro
㉰ Sambuca　　　　　　㉱ Sauza

22 소금을 Cocktail Glass 가장자리에 찍어서(Riming) 만드는 칵테일은?

㉮ Singapore Sling　　　㉯ Side Car
㉰ Magatita　　　　　　㉱ Snowball

23 우리나라 주세법에 의한 술은 알코올분 몇° 이상인가?

㉮ 1°　　　　　　　　　㉯ 3°
㉰ 5°　　　　　　　　　㉱ 10°

24 혼성주의 제법이 <u>아닌</u> 것은?

㉮ 증류법　　　　　　　㉯ 침출법
㉰ 에센스법　　　　　　㉱ 압착법

25 다음 중 1Pony의 액체 분량과 <u>다른</u> 것은?

㉮ 1oz　　　　　　　　㉯ 30mL
㉰ 1Pint　　　　　　　㉱ 1shot

26 다음중 American Whisky가 <u>아닌</u> 것은?

㉮ Jim Beam　　　　　　㉯ Jack Daniel's
㉰ Old Gand Dad　　　　㉱ Old Bushmills

27 칵테일 조주 방법중에서 재료의 비중을 이용하여 내용물을 위에 띠우거나 쌓이도록 하는 것은?

㉮ floating　　　　　　㉯ shaking
㉰ blending　　　　　　㉱ stirring

28 다음 중 칵테일을 만드는 기법이 <u>아닌</u> 것은?

㉮ Blend   ㉯ Shake

㉰ Float   ㉱ Sour

29 다음 Whisky의 설명 중 틀린 것은?

㉮ 어원은 'aqua vitae'가 변한 말로 '생명의 물'이란 뜻이다

㉯ 등급은 V.O, V.S.O.P, X.O등으로 나누어진다.

㉰ Canadian Whisky에는 canadian club, Seagram's V.O,Crown Royal등이 있다.

㉱ 증류 방법은 pot Still과 Patend Still이다

30 다음은 어떤 리큐르에 대한 설명인가?

> 스카치산 위스키에 히스꽃에서 딴 봉밀과 그 밖에 허브를 넣어 만든 감미 짙은 리큐르로 러스티 네일을 만들때 사용된다.

㉮ Cointreau   ㉯ Galliano

㉰ Charteuse   ㉱ Drambuie

31 다음 중 실내온도에 맞추어 제공하는 술은?

㉮ 백포도주   ㉯ 샴페인

㉰ 적포도주   ㉱ 맥주

32 다음 중 Wine 병마개를 뽑을 때 쓰는 기구는?

㉮ Ice pick   ㉯ Bar spoon

㉰ Opener   ㉱ Cock screw

33 바(Bar)에서 사용하는 Decanter의 용도는?

㉮ 테이블용 얼음 용기

㉯ 포도주를 제공하는 유리병

ⓓ 펀치를 만들 때 사용 하는 화채그릇

ⓔ 포도주병 하나를 눕혀 놓을 수 있는 바구니

34 포도주를 저장 관리할 때 <u>올바른</u> 방법은?

㉮ 병을 똑바로 세워둔다.

㉯ 병을 옆으로 눕혀놓는다.

㉰ 병을 거꾸로 세워놓는다.

㉱ 병을 똑바로 매달아 놓는다.

35 바(bar)에서 Hoppy Hour란?

㉮ 바텐더들의 휴식시간

㉯ 손님이 많아 판매액이 늘어나는 시간

㉰ 가격할인 판매서비스시간

㉱ 영업 마감 시간

36 Inventory management는 무슨 관리를 뜻하는가?

㉮ 매출관리

㉯ 재고관리

㉰ 원가관리

㉱ 인사관리

37 위생 적인 주류 취급방법 중 <u>틀린</u> 것은?

㉮ 먼지가 많은 양주는 깨끗이 닦아 Setting 한다.

㉯ 백포도주의 정적냉각온도는 실온이다.

㉰ 사용한 주류는 항상 뚜껑을 닫아둔다

㉱ 창고에 보관할 때는 Bin Card를 작성한다.

38 Jigger는 어디에 사용하는 기구인가?

㉮ 쥬스(juice)를 따를 때 사용한다.

㉯ 주류의 분량을 측정하기 위하여 사용한다.

㉰ 와인(wine)을 테이스팅 (testing) 할 때 사용한다.

㉱ 과일을 깎을 때 사용하는 칼이다.

39 맥주를 취급, 관리, 보관하는 방법으로 틀린 것은?

㉮ 장기간 보관하여 숙성 시킬 것 ㉯ 심한 온도변화를 주지 말 것

㉰ 그늘진 곳에 보관할 것 ㉱ 맥주가 얼지 않도록 할 것.

40 다음의 재료로 Sidecar를 만들 때 이 칵테일의 알코올 도수를 계산하면?

- 1oz Brandy (알코올도수 40%)
- 1/2 oz Cointreau (알코올 도수 40%)
- 1/2 oz Lemon Juice
- 얼음 녹는양 10mL

㉮ 18% ㉯ 34.25%

㉰ 15.13% ㉱ 25.71%

41 마신 알코올량을 나타내는 공식은?

㉮ 알코올량* 0.8 ㉯ 술의 농도(%)*마시는양/100

㉰ 술의농도(%)-마시는양 ㉱ 술의 농도(%)/마시는양

42 영업이 끝난 후에 인벤토리(Inventory)는 주로 누가 작성하는가?

㉮ Waiter ㉯ Bartender

㉰ Bar Manager ㉱ Bar Helper

43 칵테일을 만드는 기법중 "stirring"에서 사용하는 도구와 거리가 먼 것은?

㉮ Mixing Glass ㉯ Bar Spoon

㉰ Shaker ㉱ Strainer

44 Floating Method에 필요한 기물은?

㉮ Bar spoon ㉯ coaster

㉰ ice pail ㉱ shaker

45 (   )에 들어갈 <u>적당한</u> 것은?

> 맥주를 저장할 때 신선한 막을 유지하기 위하여 (   )의 원칙에 따른다.

㉮ First In First Out   ㉯ By Price

㉰ By Temperature   ㉱ Import!ed or not

46 Strainer의 설명 중 <u>틀린</u> 것은?

㉮ 철사 망으로 되어있다

㉯ 얼음이 글라스에 떨어지지 않게 하는 기구이다.

㉰ 믹싱글라스와 함께 사용된다.

㉱ 재료를 섞거나 소량을 잴 때 사용된다.

47 다음 중 연결이 <u>잘못된</u> 것은?

㉮ Ice Pick : 얼음을 잘게 부술 때 사용

㉯ Squeezer : 과즙을 짤 때 사용

㉰ Pouer : 주류를 따를 때 흘리지 않도록 하는 기구

㉱ Ice tong : 얼음 제조기

48 바(Bar) 영업을 하기 위한 Batender의 역할이 <u>아닌</u> 것은?

㉮ 음료에 대한 충분한 지식을 숙지하여야한다.

㉯ 칵테일에 필요한 Garnish를 준비한다.

㉰ Bar Counter 내의 청결을 수시로 관리한다.

㉱ 영업장의 책임지로서 모든 영업에 책임을 진다.

49 칵테일에 사용되는 청량음료로 quinne. lemon 등 여러 가지 향료 식물로 만든 것은?

㉮ Soda water   ㉯ Ginger ale

㉰ Collins mixer   ㉱ Tonic water

50 다음 중 Vodka base cocktail은?

㉮ Paradise Cocktail　　　㉯ Millon Dollars

㉰ Bronx Cocktail　　　　㉱ Kiss of Fire

51 Choose the best an for the blank.

An alcoholic drink taken before a meal as an appetizer is (　　).

㉮ hangover　　　㉯ aperitif

㉰ chaser　　　　㉱ tequila

52 Choose the best an for the blank.

A : Do you have new job?
B : Yes. I (　　) for a wine bar now.

㉮ do　　　㉯ take

㉰ can　　　㉱ work

53 What is the best alcoholic beverage with fish dinner?

㉮ Cocktail　　　㉯ Whisky

㉰ Whtie wine　　　㉱ Beer

54 Choose the best ans for the blank.

A : Why the (　　) face?
B : The coffee machine is out order again.

㉮ long　　　㉯ poker

㉰ terrific　　　㉱ short

55 다음은 무엇에 관한 설명인가?

When making a cocktail, this is the main ingredient into which other things are added.

㉮ base
㉯ glass
㉰ straw
㉱ decoration

56 Choose the best ans for the blank

A : Have you ever been in Rome?
B : No, but that's the city (   ).

㉮ I want most like to visit
㉯ I'd most like to visit
㉰ Which I like to visit most
㉱ What I'd like most to visit

57 Choose the best ans for the blank

May I have (   ) coffee please?

㉮ some
㉯ many
㉰ to
㉱ only

58 다음 문장의 (   ) 안에 가장 적당한 것은?

I (   ) born in 1987.

㉮ am
㉯ were
㉰ was
㉱ did

59 다음 질문에 대한 대답으로 가장 적절한 것은?

How often do you go to the bar?

㉮ For a long time.
㉯ When I am free.
㉰ Quite often.
㉱ From yesterday.

60 Where is the place not to produce wine in France?

㉮ Bordeasux   ㉯ Bourgonne

㉰ Alsace   ㉱ Mosel

 정답

1	2	3	4	5	6	7	8	9	10
㉱	㉱	㉮	㉰	㉯	㉰	㉱	㉱	㉯	㉯
11	12	13	14	15	16	17	18	19	20
㉯	㉮	㉯	㉱	㉮	㉰	㉯	㉱	㉮	㉯
21	22	23	24	25	26	27	28	29	30
㉰	㉰	㉮	㉱	㉰	㉱	㉮	㉱	㉯	㉱
31	32	33	34	35	36	37	38	39	40
㉰	㉱	㉯	㉯	㉰	㉯	㉯	㉯	㉮	㉱
41	42	43	44	45	46	47	48	49	50
㉯	㉯	㉰	㉮	㉮	㉱	㉱	㉱	㉱	㉱
51	52	53	54	55	56	57	58	59	60
㉯	㉱	㉰	㉮	㉮	㉯	㉮	㉰	㉰	㉱

8 조주기능사 기출문제

01 살구의 냄새가 나는 달콤한 증류주는 <u>어느</u> 것인가?

㉮ Apricot Brandy ㉯ Anisette

㉰ Cherry Brandy ㉱ Amer

02 칵테일의 기능에 따른 분류 중 롱드링크(Long drink)가 <u>아닌</u> 것은?

㉮ 피나콜라다(Pina Colada) ㉯ 마티니(Martini)

㉰ 톰칼린스(Tom Collins) ㉱ 치치(Chi-Chi)

03 생강을 주원료로 만든 것은?

㉮ 진저엘 ㉯ 토닉워터

㉰ 소다수 ㉱ 파워에이드

04 Creme De Cacao로 만들 수 있는 칵테일이 <u>아닌</u> 것은?

㉮ Cacao Fizz ㉯ Mai-Tai

㉰ Alexander ㉱ Grasshopper

05 위스키가 기주로 쓰이지 <u>않는</u> 칵테일은?

㉮ 뉴욕(New York) ㉯ 로브 로이(Rob Roy)

㉰ 블랙러시안(Black Russian) ㉱ 맨하탄(Manhattan)

06 스팅거(Stinger)라는 칵테일(Cocktail)의 주재료와 부재료는 각각 무엇인가?

㉮ Brandy와 Mint ㉯ Gin과 Vermouth

㉰ Brandy와 Cacao ㉱ Whisky와 Cream

07 다음 음료는 무엇을 말하는가?

> 영국에서 발명한 무색 투명한 음료로서 레몬, 라임, 오렌지, 키니네 등으로 엑기스를 만들어 당분을 배합한 것으로 열대 지방에서 일하는 노동자들의 식욕부진과 원기를 회복하기 위해 제조되었던 것이며, 제2차 세계대전 후 진(gin)과 혼합하여 진토닉을 만들어 세계적인 음료로 환영받고 있다.

㉮ 미네랄수(Mineral Water) ㉯ 사이다(Cider)

㉰ 토닉수(Tonic Water) ㉱ 칼린스 믹스(Collins Mix)

08 아쿠아비트(Aquavit)에 대한 설명 중 틀린 것은?

㉮ 감자를 당화시켜 연속증류법으로 증류한다.

㉯ 마실 때는 차게 하여 식후주에 적합하다.

㉰ 맥주와 곁들여 마시기도 한다.

㉱ 진(Gin)의 제조 방법과 비슷하다.

09 꼬냑은 무엇으로 만든 술인가?

㉮ 보리 ㉯ 옥수수

㉰ 포도 ㉱ 감자

10 적색 포도주(Red Wine)병의 바닥이 요철로 된 이유는?

㉮ 보기 좋게 하기 위하여

㉯ 안전하게 세우기 위하여

㉰ 용량표시를 쉽게 하기 위하여

㉱ 찌꺼기가 이동하는 것을 방지하기 위하여

11 양조주가 <u>아닌</u> 술은?

㉮ 소주 ㉯ 적포도주

㉰ 맥주 ㉱ 청주

12 크림이나 계란의 비린 냄새를 제거하는 용도로 사용하는 칵테일 부재료는 무엇인가?

㉮ 클로브(Clove) ㉯ 타바스코 소스(Tabasco Sauce)
㉰ 넛맥(Nut meg) ㉱ 페퍼(Pepper)

13 칵테일 부재료로 사용되고 매운 맛이 강한 향료로서 주로 토마토 쥬스가 들어가는 칵테일에 사용되는 것은?

㉮ 넛맥(Nut meg) ㉯ 타바스코 소스(Tabasco sauce)
㉰ 민트(Mint) ㉱ 클로브(Clove)

14 다음 품목 중 청량음료(Soft Drink)에 <u>속하는</u> 것은?

㉮ 탄산수(Sparkling Water) ㉯ 생맥주(Draft Beer)
㉰ 톰칼린스(Tom Collins) ㉱ 진 휘즈(Gin Fizz)

15 계란, 밀크, 시럽 등의 부재료가 사용되는 칵테일을 만드는 방법은?

㉮ Mix ㉯ Stir
㉰ Shake ㉱ Float

16 오렌지를 주원료로 만든 술이 <u>아닌</u> 것은?

㉮ Triple Sec ㉯ Tequila
㉰ Cointreau ㉱ Grand Marnier

17 혼합하기 어려운 재료를 섞거나 프로즌 드링크를 만들 때 쓰는 기구 중 가장 적합한 것은?

㉮ 쉐이커 ㉯ 브랜더
㉰ 믹싱글라스 ㉱ 믹서

18 다음 중 조선시대에 대표적인 술이 <u>아닌</u> 것은?

㉮ 오가피주   ㉯ 백하주

㉰ 죽통주   ㉭ 도화주

19 일반적으로 양주병에 80proof라고 표기되어 있는 것은 알코올도수 몇 도에 해당하는가?

㉮ 주정도 80%(80°)라는 의미이다.   ㉯ 주정도 40%(40°)라는 의미이다.

㉰ 주정도 20%(20°)라는 의미이다.   ㉭ 주정도 10%(10°)라는 의미이다.

20 진(Gin)에 대한 설명 중 <u>틀린</u> 것은?

㉮ 진의 원료는 대맥, 호밀, 옥수수 등 곡물을 주원료로 한다.

㉯ 무색 투명한 증류주이다.

㉰ 증류 후 1~2년간 저장(Age)한다.

㉭ 두송자(Juniper berry)를 사용하여 착향 시킨다.

21 경북 안동의 전통주로 한가위 차례 상에서 빼 놓을 수 없는 제수품이며 조상께 올리는 술로 오랜 세월을 이어오며 조상의 숨결이 스며있는 전통 민속주는?

㉮ 백세주   ㉯ 과하주

㉰ 안동소주   ㉭ 연엽주

22 일반적으로 핑크레이디 칵테일에 사용되지 <u>않는</u> 재료는?

㉮ 진   ㉯ 그레나딘시럽

㉰ 베네딕틴   ㉭ 계란흰자

23 맨하탄(Manhattan)칵테일을 담아 제공하는 글라스로 가장 적합한 것은?

㉮ 샴페인 글라스(Champagne Glass)   ㉯ 칵테일글라스(Cocktail Glass)

㉰ 하이볼 글라스(High-ball Glass)   ㉭ 온드락 글라스(On the Rock Glass)

24 일반적으로 스테인리스 재질로 삼각형 컵이 등을 맞대고 있으며, 바에서 칵테일 조주시 술이나 쥬스, 부재료등의 용량을 재는 기구는?

㉮ 바스푼(Bar spoon)
㉯ 머들러(Muddler)
㉰ 스트레이너(Strainer)
㉱ 지거(Jigger)

25 진(Gin)베이스로 들어가는 칵테일이 <u>아닌</u> 것은?

㉮ Gin Fizz
㉯ Screw Driver
㉰ Dry Martini
㉱ Gibson

26 다음 중 Onion 장식을 하는 칵테일은?

㉮ 마가리타(Margarita)
㉯ 마티니(Martini)
㉰ 로브로이(Rob Roy)
㉱ 깁슨(Gibson)

27 꼬냑의 등급 중에서 최고품은?

㉮ V.S.O.P
㉯ Napoleon
㉰ X.O
㉱ Extra

28 다음 리큐르(Liqueur) 중 그 용도가 <u>다른</u> 것은?

㉮ 드람뷔이(Drambuie)
㉯ 갈리아노(Galliano)
㉰ 시나(Cynar)
㉱ 꼬인트루(Cointreau)

29 칵테일 장식에 대한 설명 중 <u>잘못된</u> 것은?

㉮ 어떻게 장식해야 하는 것은 일정한 규정에 따라야 하므로 조주원의 개성을 표현하지 않는다.
㉯ 잘 알려진 칵테일에는 표준 레시피에 어떤 장식을 하라는 지시가 나와 있다.
㉰ 재료의 배합비율이 같아도 장식에 따라 명칭이 달라지는 것도 있다.
㉱ 신선한 재료를 청결한 칼로 예쁘게 썰어 칵테일의 분위기를 살린다.

30 다음은 어떤 위스키에 대한 설명인가?

> 옥수수를 51%이상 사용하고 연속식 증류기로 알코올 농도 40%이상 80%미만으로 증류하는 위스키

㉮ 스카치 위스키(Scotch Whisky)　　　㉯ 버번 위스키(Bourbon Whisky)

㉱ 아이리쉬 위스키(Irish Whisky)　　　㉲ 카나디언 위스키(Canadian Whisky)

31 재고 관리상 쓰이는 F.I.F.O란 용어의 뜻은?

㉮ 정기 구입　　　　　　　　　　㉯ 선입 선출

㉱ 임의 불출　　　　　　　　　　㉲ 후입 선출

32 캔에 담긴 쥬스를 사용하고 남았다. 가장 <u>적당한</u> 취급관리 방법은?

㉮ 캔에 남은 채로 냉장고에 보관한다.

㉯ 캔에 남은 것은 8℃의 냉장고에 보관한다.

㉱ 캔에 남은 것은 다른 병에 담아 냉장고에 보관한다.

㉲ 캔에 남은 것은 다른 스테인리스 용기에 담아 냉장고에 보관한다.

33 칵테일 조주시 레몬이나 오렌지 등으로 즙으로 짤 때 사용하는 기구는?

㉮ 스퀴저(Squeezer)　　　　　　　㉯ 머들러(Muddler)

㉱ 쉐이커(Shaker)　　　　　　　　㉲ 스트레이너(Strainer)

34 럼(Rum)의 특징을 설명한 것 중 <u>틀린</u> 것은?

㉮ 사탕수수를 압착하여 액을 얻는다.　㉯ 헤비럼(Heavy-rum)은 감미가 높다.

㉱ 효모(Yeast)를 첨가하여 만든다.　　㉲ 감자로 만든 증류주이다.

35 혼성주에 대한 설명으로 오렌지 껍질을 원료로 만들어지는 술의 이름은?

㉮ 깔루아(Kahlua)　　　　　　　　㉯ 크림 드 카카오(Cream de Cacao)

㉱ 큐라소(Curacao)　　　　　　　　㉲ 드람뷔이(Drambuie)

36 바(Bar)영업에 있어 필요치 <u>않는</u> 것은?

㉮ 냉장시설과 제빙시설　　　㉯ 술 저장 창고

㉰ 작업 공간　　　　　　　㉱ 린넨 창고

37 칵테일의 기본 기법이 <u>아닌</u> 것은?

㉮ 직접 넣기(Building)　　　㉯ 휘젓기(Stirring)

㉰ 띄우기(Floating)　　　　㉱ 플래어(Flair)

38 주장(Bar)을 의미하는 것이 <u>아닌</u> 것은?

㉮ 술을 중심으로 한 음료 판매가 가능한 일정시설을 갖추어 판매 하는 공간

㉯ 고객과 바텐더 사이에 놓인 널판을 의미

㉰ 프런트 바에서 주문과 서브가 이루어지는 고객들의 이용 장소

㉱ 조리 가능한 시설을 갖추어 음료와 식사를 제공하는 장소

39 다음 음료 중 서비스 온도가 가장 <u>낮은</u> 것은?

㉮ 백포도주　　　　　　　　㉯ 보드카

㉰ 위스키　　　　　　　　　㉱ 브랜디

40 포도주(Wine)의 분류 중 색에 따른 분류에 포함되지 <u>않는</u> 것은?

㉮ 레드 와인(Red Wine)　　　㉯ 화이트 와인(White Wine)

㉰ 블루 와인(Blue Wine)　　　㉱ 로제 와인(Rose Wine)

41 위스키(Whisky)의 설명 중 <u>틀린</u> 것은?

㉮ 생명의 물이란 의미를 가지고 있다.

㉯ 보리, 밀, 옥수수 등의 곡류가 주원료이다.

㉰ 주정을 이용한 혼성주이다.

㉱ 원료 및 제법에 의하여 몰트 위스키, 그레인 위스키, 블렌디드 위스키로 분류한다.

42 와인 병을 눕혀서 보관하는 가장 <u>적당한</u> 이유는?

㉮ 숙성이 잘 되게 하기 위해서   ㉯ 침전물을 분리하기 위해서

㉰ 맛과 멋을 내기 위해서   ㉱ 색과 향이 변질되는 것을 방지하기 위해서

43 조주시 필요한 쉐이커(Shaker)의 3대 구성 요소의 명칭이 <u>아닌</u> 것은?

㉮ 믹싱(Mixing)   ㉯ 보디(Body)

㉰ 스트레이너(Strainer)   ㉱ 캡(Cap)

44 와인의 빈티지(Vintage)이란?

㉮ 숙성기간   ㉯ 발효기간

㉰ 포도의 수확년도   ㉱ 효모의 배합

45 와인을 선택할 때 집중적으로 고려해야 할 사항으로 가장 <u>적당한</u> 것은?

㉮ 가격, 종류, 숙성년도, 병의 크기

㉯ 산지, 수확년도, 브랜드명, 요리와의 조화

㉰ 제조회사, 가격, 장소, 발효기간

㉱ 브랜드명, 병의 색깔, 가격, 와인 색깔

46 Wine Steward의 주임무는?

㉮ 와인 구매   ㉯ 와인 판매

㉰ 와인 관리   ㉱ 와인 검수

47 코스터(Coaster)의 용도는?

㉮ 잔 닦는 용   ㉯ 잔 받침대 용

㉰ 남은 술 보관용   ㉱ 병마개 따는 용

48 바텐더가 지켜야 할 바(Bar)에서의 예의로 가장 <u>올바른</u> 것은?

㉮ 정중하게 손님을 환대하여 고객이 기분이 좋도록 Lip Service를 한다.

㉯ 자주 오시는 손님에게는 오랜 시간 이야기 한다.

㉰ Second order를 하도록 적극적으로 강요한다.

㉱ 고가의 품목을 적극 추천하여 손님의 입장보다 매출에 많은 신경을 쓴다.

49 설탕 후로스팅(Sugar frosting)할 때 준비해야 하는 것은?

㉮ 레몬(Lemon)   ㉯ 오렌지(Orange)

㉰ 얼음(Ice)   ㉱ 꿀(Honey)

50 다음 중 디켄더(Decanter)와 가장 관계있는 것은?

㉮ Red Wine   ㉯ White Wine

㉰ Champagne   ㉱ Sherry Wine

51 다음 (   ) 안에 <u>적당한</u> 말은?

I'd like a table (   ) three, please.(3인용 테이블 하나 원합니다)

㉮ against   ㉯ to

㉰ from   ㉱ for

52 칵테일을 만들 때 「Would you like it dry?」에서 dry의 뜻은?

㉮ not wet   ㉯ sweet

㉰ not sweet   ㉱ wet

53 다음 전치사 중에서 (   )안에 <u>알맞은</u> 것은?

「You are wanted (   ) the phone」

㉮ in   ㉯ on

㉰ of   ㉱ for

54 What is the negative characteristic in taste and finish of wine?

㉮ flat   ㉯ full-bodied

㉰ elegant   ㉱ pleasant

55 다음 ( )안에 들어갈 <u>적당한</u> 말은?

> Let me see the wine list. You have both domestic and ( ), don't you?

㉮ imported   ㉯ international

㉰ export   ㉱ external

56 Which one is made with rum, strawberry liqueur, lime juice, grenadin syrup?

㉮ strawberry daiquiri   ㉯ strawberry comfort

㉰ strawberry colada   ㉱ strawberry kiss

57 Which one is the cocktail containing "Midori"?

㉮ Cacao fizz   ㉯ June bug

㉰ Rusty nail   ㉱ Blue note

58 다음 B에 <u>알맞은</u> 대답은?

> A: What do you do for a living?
> B: _____.

㉮ I'm writing a letter to my mother

㉯ I can't decide

㉰ I work at bank

㉱ Yes, thank you

59 Which cocktail name means "Freedom"?

㉮ God mother ㉯ Cuba libre

㉰ God father ㉱ French kiss

60 다음 ( ) 안에 들어갈 가장 <u>적당한</u> 표현은?

| If you (   ) him, he will help you. |

㉮ asked ㉯ will ask

㉰ ask ㉱ be ask

정답

1	2	3	4	5	6	7	8	9	10
㉮	㉯	㉮	㉯	㉰	㉮	㉰	㉯	㉰	㉱
11	**12**	**13**	**14**	**15**	**16**	**17**	**18**	**19**	**20**
㉮	㉰	㉯	㉮	㉰	㉯	㉱	㉮	㉯	㉰
21	**22**	**23**	**24**	**25**	**26**	**27**	**28**	**20**	**30**
㉰	㉰	㉯	㉱	㉯	㉱	㉱	㉮	㉮	㉯
31	**32**	**33**	**34**	**35**	**36**	**37**	**38**	**39**	**40**
㉯	㉰	㉮	㉱	㉰	㉱	㉱	㉱	㉯	㉰
41	**42**	**43**	**44**	**45**	**46**	**47**	**48**	**49**	**50**
㉰	㉱	㉮	㉰	㉯	㉯	㉯	㉮	㉮	㉮
51	**52**	**53**	**54**	**55**	**56**	**57**	**58**	**59**	**60**
㉱	㉰	㉯	㉮	㉮	㉮	㉯	㉰	㉯	㉰

9 조주기능사 기출문제

01 슬로우 진(Sloe Gin)의 설명 중 <u>옳은</u> 것은?

㉮ 리큐르의 일종이며 진(Gin)의 종류이다.

㉯ 보드카에 그레나딘 시럽을 첨가한 것이다.

㉰ 아주 천천히 분위기 있게 먹는 칵테일이다.

㉱ 오얏나무 열매 성분을 진에 첨가한 것이다.

02 다음 중 Shaker의 부분이 <u>아닌</u> 것은?

㉮ Cap ㉯ Screw

㉰ Strainer ㉱ Body

03 주로 블렌더(Blender)를 많이 사용하여 만드는 칵테일은?

㉮ 마이타이(Mai-Tai) ㉯ 세븐엔드세븐(Seven and Seven)

㉰ 러스티네일(Rusty Nail) ㉱ 엔젤스키스(Angel's Kiss)

04 클라렛(Claret)이란?

㉮ 독일산의 유명한 백포도주(White Wine)

㉯ 불란서산 적포도주(Red Wine)

㉰ 스페인산 포트 와인(Port Wine)

㉱ 이태리산 스위트 버머스(Sweet Vermouth)

05 피나콜라다 칵테일(Pina Colada)을 만들 때 필요치 <u>않은</u> 것은?

㉮ 럼(Rum) ㉯ 파인애플 쥬스(Pineapple Juice)

㉰ 우유(Milk) ㉱ Pina Colada Mix

06 증류주를 설명한 것 중 <u>알맞은</u> 것은?

㉮ 과실이나 곡류 등을 발효시킨 후 열을 가하여 분리하는 것을 말한다.

㉯ 과실의 향료를 혼합하여 향기와 감미를 첨가한 것을 말한다.

㉰ 주로 맥주, 와인, 양주 등을 말한다.

㉱ 탄산성 음료를 증류주라고 한다.

07 우리나라 과실주의 종류에 속하지 <u>않는</u> 것은?

㉮ 송자주 ㉯ 백자주

㉰ 호도주 ㉱ 계명주

08 육류와 함께 마실 수 있는 것 중 가장 <u>적당한</u> 것은?

㉮ 백포도주(White Wine) ㉯ 적포도주(Red Wine)

㉰ 로제와인(Rose Wine) ㉱ 포트와인(Port Wine)

09 키안티(Chianti)는 어느 나라 포도주인가?

㉮ 불란서 ㉯ 이태리

㉰ 미국 ㉱ 독일

10 다음 포도주 중 얼음(On the rocks)을 넣어서 마실 수 있는 포도주는?

㉮ Champagne ㉯ Vermouth

㉰ White Wine ㉱ Red Wine

11 아래와 같이 한 Table에서 4인의 주문이 들이 왔을 때 Bartender가 가장 마지믹에 만들 주문 품목은?

㉮ Bottle Beer

㉯ Whisky with Soda Water

㉰ Salty Dog

㉱ Dry Martini Straight up Lemon Twist

12 호크(Hock)와인이란?

㉮ 독일 라인 지역산 백포도주

㉯ 불란서 버건디 지방산

㉰ 스페인 호크하임엘(Hockheimerle)지방산 백포도주

㉱ 이탈리아 피에몬테 지방산 백포도주

13 해피 아워(Happy Hour)란?

㉮ 하루 중 가장 행복한 시간

㉯ 하루 중 시간을 정해서 가격절하로 영업하는 시간

㉰ 하루 중 고객에게 특별행사로 가격을 인상해서 영업하는 시간

㉱ 단골 고객에게 선물 주는 시간

14 에일(Ale)은 어느 종류에 속하는가?

㉮ 와인(Wine) ㉯ 럼(Rum)

㉰ 리큐르(Liqueur) ㉱ 맥주(Beer)

15 비중이 가볍고 잘 섞이는 술이나 부재료를 유리제품인 믹싱글라스에 아이스큐브와 함께 넣어 바 스푼을 사용하여 재빨리 잘 휘저어 조주하는 방법은?

㉮ 스터링(Stirring) ㉯ 쉐이킹(Shaking)

㉰ 블렌딩(Blending) ㉱ 플로팅(Floating)

16 싱글(Single)이라 하면 술 30ml분의 양을 기준으로 한다. 그러면 2배인 60ml의 분량을 <u>의미하는</u> 것은?

㉮ 핑거(Finger) ㉯ 대시(Dash)

㉰ 드랍(Drop) ㉱ 더블(Double)

17 칵테일은 차게 해서 조주되어야 한다. 만들어진 칵테일이 손에서 체온이 전달되지 않도록 사용되어야 할 글라스(Glass)는?

㉮ stemmed glass   ㉯ tumbler

㉰ highball glass   ㉱ collins

18 펄케(Pulque)를 증류해서 만든 술은?

㉮ 럼   ㉯ 보드카

㉰ 데킬라   ㉱ 아쿠아비트

19 FIFO(First-in, First-out) 원칙에 우선적으로 적용받는 품목은?

㉮ 위스키   ㉯ 브랜디

㉰ 보드카   ㉱ 맥주

20 프랑스에서 생산되는 칼바도스(Calvados)는 어느 종류에 속하는가?

㉮ 브랜디   ㉯ 진

㉰ 와인   ㉱ 위스키

21 1quart는 몇 ml에 해당되는가?

㉮ 약 60ml   ㉯ 약 240ml

㉰ 약 760ml   ㉱ 약 950ml

22 다음에서 글래스(Glass) 가장 자리의 스노우 스타일(Snow Style) 장식 칵테일로 어울리지 <u>않는</u> 것은?

㉮ Kiss of Fire   ㉯ Margarita

㉰ Chicago   ㉱ Grasshopper

23 Zombie cocktail의 조주에서 주재료로 사용되는 것은?

㉮ Vodka   ㉯ Gin

㉰ Scotch   ㉱ Rum

24 다음 중 혼성주가 <u>아닌</u> 것은?

㉮ Apricot brandy   ㉯ Amaretto

㉰ Rusty nail   ㉱ Anisette

25 위스키(Whisky)의 종류가 <u>아닌</u> 것은?

㉮ 스카치(Scotch)   ㉯ 아이리쉬(Irish)

㉰ 버번(Bourbon)   ㉱ 스페니쉬(Spanish)

26 다음 보기는 와인에 관한 법률이다. 어느 나라 법률인가?

> AOC, VDQS, Vins De Pays, Vins De Table

㉮ 이태리   ㉯ 스페인

㉰ 독일   ㉱ 불란서

27 Stinger를 조주할 때 사용되는 술은?

㉮ Brandy   ㉯ Creme de Menthe Blue

㉰ Cacao   ㉱ Sloe Gin

28 다음에 해당되는 한국 전통 술은 무엇인가?

> 재료는 좁쌀, 수수, 누룩 등이고 술이 익으면 배꽃 향이 난다고 하여 이름이 붙여진 술로서 남
> 북 장관급 회담행사시 주로 사용되어 지는 술

㉮ 안동소주   ㉯ 전주 이강주

㉰ 문배주   ㉱ 교동 법주

29 상그리아(sangria) 칵테일의 주재료는?

㉮ Red Wine   ㉯ Whith Wine

㉰ Brandy   ㉱ Triple sec

30 다음에 <u>해당하는</u> 술의 종류는?

성춘향과 이몽룡의 애절한 사랑 무대가 되었던 남원의 민속주로서 여성들이 부담 없이 즐길 수 있는 은은한 국화향이 특징이며, 지리산의 야생국화와 지리산 뱀사골의 지하 암반수로 빚어진다.

㉮ 두견주   ㉯ 송순주

㉰ 춘향주   ㉱ 매실주

31 소믈리에(Sommelier)의 주된 임무는?

㉮ 주장 기물관리   ㉯ 주류 저장관리

㉰ 칵테일 조주 봉사   ㉱ 와인 판매봉사

32 쿨러(Cooler)의 종류에 해당되지 <u>않는</u> 것은?

㉮ Jigger Cooler   ㉯ Cup Cooler

㉰ Beer Cooler   ㉱ Wine Cooler

33 Bar Floor 시설 설치시 고려할 사항이 <u>아닌</u> 것은?

㉮ 위생적이어야 한다.

㉯ 미끄러지지 않는 타일이나 아스팔트타일이 적합하다.

㉰ 편안함과 안전을 우선시해야 한다.

㉱ 나무 바닥이 카페트가 적당하다.

34 주류의 구매 관리에 있어서 적절하지 <u>못한</u> 것은?

㉮ 최대 저장량은 2개월분이 적당하다.

㉯ 다량의 주류저장은 도난 위험이 있으므로 비효율적이다.

㉰ 증류주는 변질의 우려가 있으므로 다량 구매의 장점을 살린다.

㉱ 재고로 발생된 비용은 자금회전율을 늦추게 하므로 유의한다.

35 사과를 주원료로 해서 만들어지는 브랜디는?

㉮ Kirsch   ㉯ Calvados

㉰ Campari   ㉱ Framboise

36 목재 머들러(wood muddler)의 용도는?

㉮ 스파이스나 향료를 으깰 때 사용한다.   ㉯ 레몬을 스퀴즈 할 때 사용한다.

㉰ 칵테일을 휘저을 때 사용한다.   ㉱ 브랜디를 띄울 때 쓴다.

37 Bar Spoon의 사용 방법 중 맞는 것은?

㉮ Garnish를 Setting할 때 사용하는 스푼이다.

㉯ 칵테일을 만들 때 용량을 재는 도량 기구이다.

㉰ 휘젓기(Stir)를 할 때 가볍게 돌리면서 젓도록 하기 위하여 중간 부분이 나선형으로
되어 있다.

㉱ Glass에 얼음을 담을 때 사용하는 기구이다.

38 소주의 농도가 25%라고 한다. 어떤 의미인가?

㉮ 소주 한병에 25%의 알코올이 들어 있다.

㉯ 100cc속에 25cc의 알코올이 들어 있다.

㉰ 100cc속에 50g의 알코올이 들어 있다.

㉱ 소주 한 병에 25g의 알코올이 들어 있다.

39 다음 중 바에서 꼭 필요치 않은 기구는?

㉮ 글라스 냉각기   ㉯ 전기 믹서기

㉰ 얼음 분쇄기   ㉱ 아이스크림 제조기

40 바텐더의 주 업무가 아닌 것은?

㉮ 칵테일 조주   ㉯ 영업 후 재고 조사

㉰ 업장 관리   ㉱ 고객 영업

41 칵테일파티를 준비하는 요소로서 적합하지 <u>못한</u> 사항은?

㉮ 초대 인원 파악   ㉯ 개최 일시와 장소

㉰ 파티의 매너(manner)   ㉱ 메뉴의 결정

42 맥주 저장 관리상의 주의 사항 중 <u>틀린</u> 것은?

㉮ 원활한 재고 순환   ㉯ 시원한 온도 유지(18℃ 내외)

㉰ 통풍이 잘 되는 건조한 장소   ㉱ 햇빛이 잘 들어오는 밝은 장소

43 주정 강화주(Fortified)에 <u>속하는</u> 음료는?

㉮ 위스키(Whisky)   ㉯ 데킬라(Tequila)

㉰ 브랜디(Brandy)   ㉱ 쉐리와인(Sherry Wine)

44 주류를 글라스에 담아서 고객에게 서어브할 때 글라스 밑받침으로 사용하는 것은?

㉮ 스터리(Stirrer)   ㉯ 디켄터(Decanter)

㉰ 컷팅보드(Cutting board)   ㉱ 코스터(coaster)

45 영와인(Young Wine)은 몇 년간 저장하여 숙성시킨 것인가?

㉮ 5년 이하   ㉯ 7년~10년

㉰ 10년~15년   ㉱ 15년 이상

46 글라스 웨어(Glass Ware)의 취급 요령 중 설명이 <u>틀린</u> 것은?

㉮ Glass Ware는 고객에게 서비스하기 전 반드시 닦아서 서브한다.

㉯ Glass Ware는 닦을 때 반드시 뜨거운 물에 담궈 닦는다.

㉰ Glass Ware는 자주 닦으면 좋지 않다.

㉱ Glass Ware에 냄새가 날 때는 레몬 슬라이스를 물에 넣어서 닦으면 냄새를 제거 할 수 있다.

47 주장 기물의 가장 위생적인 세척 순서는?

㉮ 비눗물 → 더운물 → 찬물　　　㉯ 더운물 → 비눗물 → 찬물

㉰ 비눗물 → 찬물 → 더운물　　　㉱ 찬물 → 비눗물 → 더운물

48 증류주의 보관 저장 방법으로 <u>틀린</u> 것은?

㉮ 브랜디는 오랜 기간 저장할수록 짙은 향과 맛이 생긴다.

㉯ 위스키 보관 시 직사광선을 피한다.

㉰ 브랜디 종류를 보관할 때 적정온도를 유지한다.

㉱ 맥주는 신선하게 보관한다.

49 바텐더 보조가 영업을 하기 위한준비사항이 <u>아닌</u> 것은?

㉮ 복장은 항상 깨끗하고 단정하게 한다.

㉯ Ganish를 준비한다.

㉰ Inventory를 한다.

㉱ Bar Counter내의 청결, 정리 정돈 등을 한다.

50 다음 칵테일 중 각종 주류를 후로팅(Floating)하는 것은?

㉮ 로브로이(Rob Roy)　　　㉯ 엔젤스키스(Angel's Kiss)

㉰ 마가리타(Margarita)　　　㉱ 스크류드라이버(Screw Driver)

51 다음 전치사 중에서 (　　)에 <u>알맞은</u> 것은?

How long have you been (　　) Korea?
한국에 오신지 얼마나 되십니까?

㉮ at　　　　　　　　　　㉯ in

㉰ on　　　　　　　　　　㉱ to

52 What is the most famous orange flavored cognac liqueur?

㉮ Grand Marnier ㉯ Drambuie

㉰ Cherry Heeriing ㉱ Galliano

53 다음 ( ) 안의 단어와 뜻이 <u>같은</u> 것은?

㉮ tough ㉯ rough

㉰ heavy ㉱ new

54 다음 중 <u>틀린</u> 문장은?

㉮ He skates well. - He is a good skater

㉯ He works hard. - He is a hard worker

㉰ He cooks well. - He is a good cooker

㉱ He drives carefully. - He is a careful driver

55 "우리는 새 혼합기를 가지고 있다."를 잘 표현한 것은?

㉮ We has been a new blender.

㉯ We has a new blender

㉰ We had a new blender

㉱ We have a new blender

56 Would you like me to catch a taxi ( ) you?

㉮ for ㉯ to

㉰ of ㉱ on

57 다음은 무엇에 대한 설명인가?

Alcoholic drink distilled from rye or wheat drunk in Russia.

㉮ Tequila   ㉯ Brandy

㉰ Rum   ㉱ Vodka

58 다음은 무엇에 대한 설명인가?

Spirits made from fermented juice of sugarcane, sugar syrup, or molasses.

㉮ Scotch whisky   ㉯ Gin

㉰ Tequila   ㉱ Rum

59 다음 (   )에 <u>적당한</u> 말은?

You (   ) drink your milk while it's hot.

㉮ will   ㉯ should

㉰ shall   ㉱ could

60 Which one is the cocktail containing beer and tomato?

㉮ Red boy   ㉯ Bloody mary

㉰ Red eye   ㉱ Tom collins

 정답

1	2	3	4	5	6	7	8	9	10
㉱	㉯	㉮	㉯	㉰	㉮	㉱	㉯	㉯	㉯
11	12	13	14	15	16	17	18	19	20
㉱	㉮	㉯	㉱	㉮	㉱	㉮	㉰	㉱	㉮
21	22	23	24	25	26	27	28	29	30
㉱	㉱	㉱	㉰	㉰	㉱	㉮	㉰	㉮	㉰
31	32	33	34	35	36	37	38	39	40
㉱	㉮	㉱	㉰	㉯	㉰	㉰	㉯	㉱	㉰
41	42	43	44	45	46	47	48	49	50
㉰	㉱	㉱	㉱	㉮	㉰	㉮	㉱	㉰	㉯
51	52	53	54	55	56	57	58	59	60
㉯	㉮	㉮	㉰	㉱	㉮	㉱	㉱	㉯	㉰

10 조주기능사 기출문제

01 다음 중 멕시코산 증류주는?

㉮ Irish whisky

㉯ Tequila

㉰ Bourbon

㉱ White horse

02 호프(HOF)는 무엇을 제조하는데 사용하는 원료인가?

㉮ 진(Gin)

㉯ 위스키(Whisky)

㉰ 페퍼민트(Peppermint)

㉱ 비어(Beer)

03 독일와인의 분류 중 가장 고급와인의 등급표시는?

㉮ Q.B.A.

㉯ Tafelwein

㉰ Landwein

㉱ Q.m.P

04 다음 진(Gin)의 종류가 <u>아닌</u> 것은?

㉮ Tanpueray

㉯ Beefeater

㉰ Absolute

㉱ Gilbey's

05 다음 중 기호 음료는?

㉮ Fruit Juice

㉯ Vegetable juice

㉰ Milk

㉱ Tea, coffee

06 Standard recipes를 설정하는 목적에 대한 설명 중 <u>틀린</u> 것은?

㉮ 원가계산을 위한 기초를 제공한다.

㉯ 바텐더에 대한 의존도를 높여준다.

㉰ 품질과 맛을 유지시킨다.

㉱ 노무비를 절감할 수 있다.

07 푸세 카페(Pousse cafe) 칵테일은 각 재료의 비중을 이용하여 만드는 칵테일이다. 다음 중 그 순서가 올바르게 된 것은?

㉮ Grenadine-CremedeCacao-Peppermint-WhiteCuracao

㉯ Violet-Peppermint-Maraschino-Grenadine

㉰ 노른자-Grenadine-Maraschino-Champagne

㉱ Benedictin-Kirschwasser-Curacao

08 후렌치 버머스(french Vermouth)에 대한 설명으로 옳은 것은?

㉮ 특유한 풍미를 가지고 있는 담색의 무감미주

㉯ 특유한 풍미를 가지고 있는 담색 감미주

㉰ 특유한 풍미를 가지고 있는 적색 감미주

㉱ 특유한 풍미를 가지고 있는 적색 무감미주

09 Dom perignon은 다음 중 무엇과 관계가 있는가?

㉮ Champagne   ㉯ Bordeaux

㉰ Martini Rossi   ㉱ Menu

10 위스키 더블(whisky double)일 때의 표준용량은?

㉮ 25ml   ㉯ 30ml

㉰ 60ml   ㉱ 80ml

11 슬로우 진(Sloe Gin)의 설명 중 옳은 것은?

㉮ 리큐르의 일종이며 진(Gin)의 종류이다.

㉯ 오얏나무 열매성분을 진(Gin)에 첨가한 것이다.

㉰ 보드카(Vodka)에 그레나딘 시럽을 첨가한 것이다.

㉱ 아주 천천히 분위기 있게 먹는 칵테일이다.

12 다음의 사항 중 술과 체이서(chaser)로서 잘 어울리지 <u>않는</u> 것은?

㉮ 위스키- 광천수   ㉯ 진- 토닉워커

㉰ 보드카- 시드르   ㉱ 럼- 오렌지 쥬스

13 하면 발효 맥주가 <u>아닌</u> 것은?

㉮ Lager Beer   ㉯ Porter Beer

㉰ Pilsen Beer   ㉱ Munchen Beer

14 혼성주(Compounded Lipueur)를 나타내는 것은?

㉮ 과일 중에 함유된 과당에 효모를 적용시켜서 발효하여 만든 술이다.

㉯ 곡류 중에 함유된 전분을 전분당화효소로 당질화 시킨 후 효모를 작용시켜 발효하여 만든 술

㉰ 각기 다른 물질의 다른 기화점을 이용하여 양조주를 가열하여 얻어낸 농도 짙은 술

㉱ 증류주 혹은 양조주에 초근목피, 향료, 과즙, 당분을 첨가하여 만든 술

15 쉐이커(Shaker)를 사용한 후 가장 <u>적당한</u> 보관방법은?

㉮ 사용 후 물에 담가 놓는다.

㉯ 사용할 때 씻어서 사용한다.

㉰ 사용 후 씻어서 물이 빠지도록 몸통과 스트레이너를 분리하여 엎어 놓는다.

㉱ 씻어서 뚜껑을 닫아서 보관한다.

16 다음 술 중 주재료가 <u>틀린</u> 술 한 가지는?

㉮ Grand Marnier   ㉯ Campari

㉰ Triple Sec   ㉱ Cointreau

17 양주 칵테일에서 롱 드링크(long drinks)는 다음 중 어느 글라스에 담는 것이 가장 적당한가?

㉮ Sherry Glass   ㉯ Highball Glass

㉰ Cocktail Glass   ㉱ Champagne Glass

18 버번 위스키(Bourbon Whiskey) 80 Proof는 우리나라 주정 도수로 몇°인가?

㉮ 35° ㉯ 40°

㉰ 45° ㉱ 50°

19 조선시대 정약용의 지봉유설에 전해오는 이것을 마시면 불로장생한다. 하여 장수주(長壽酒)로 유명하며 주로 찹쌀과 구기자, 고유약초로 만들어진 우리나라 고유의 술은?

㉮ 두견주 ㉯ 백세주

㉰ 문배주 ㉱ 이강주

20 흐라페(Frappe)를 만들 때 사용하는 얼음은?

㉮ Cubed ice ㉯ Shaved ice

㉰ Cracked ice ㉱ Block of ice

21 Blue Bird 라는 칵테일은 어떤 종류의 글라스를 사용하는가?

㉮ Tumbler Glass ㉯ Sour Glass

㉰ Old Fashion Glass ㉱ Cocktail Glass

22 다음 중 생선요리와 가장 잘 어울리는 술은?

㉮ 적포도주 ㉯ 백포도주

㉰ 샴페인 ㉱ 꼬냑

23 다음 칵테일 중 After Drink로 적당하지 않은 것은?

㉮ Rusty nail ㉯ B &B

㉰ Bloody Mary ㉱ Alexander

24 상그리아(Sangria) 칵테일의 주재료는?

㉮ Red wine ㉯ White wine

㉰ Brandy ㉱ Triple sec

25 칵테일은 얼음에 잘 냉각되어 있지 않으면 안된다. 따라서 손으로 체온이 전해지지 않도록 이용하여 제공하는 글라스는?

㉮ 스템드 글라스 ㉯ 하이볼 글라스
㉰ 실린더리컬 글라스 ㉱ 믹싱 글라스

26 칵테일 가니쉬로 적당치 <u>않는</u> 것은?

㉮ 체리 ㉯ 오렌지
㉰ 올리브 ㉱ 컬리플라워

27 심플시럽(Simple Syrup)을 만드는 데 필요한 것은?

㉮ 레몬(Lemon) ㉯ 버터(Butter)
㉰ 시나몬(Cinnamon) ㉱ 설탕(Suger)

28 숙성을 거쳐서 완성되는 술로 <u>알맞은</u> 것은?

㉮ Tequila ㉯ Grappa
㉰ Gin ㉱ Brandy

29 러시안(Russian) 칵테일의 재료로 <u>적합한</u> 것은?

㉮ 보드카 ㉯ 드라이진
㉰ 올드톰진 ㉱ 카카오

30 우리나라 대표적이 고급위스키루 간주되는 것으로 고려시대에 왕실에 진상되었으며, 이것은 일체의 첨가물 없이 조와 찰수수만으로 전래의 비법에 따라 빚어내는 순곡의 증류식 소주는?

㉮ 문배주 ㉯ 백세주
㉰ 두견주 ㉱ 과하주

31 맥주(Beer) 저장 장소로서 <u>부적당한</u> 곳은?

㉮ 저장실 온도가 20℃ 이상 유지되는 곳

㉯ 통풍이 잘 되고 건조한 장소

㉰ 직사광선이 들어오지 않는 곳

㉱ 온도변화가 심하지 않는 곳

32 칵테일 재료 중 시럽류(Syrup)에서 석류를 사용해 만든 시럽은?

㉮ 플레인 시럽(Plain Syrup) ㉯ 검 시럽(Gum Syrup)

㉰ 그레나딘 시럽(Grenadine Syrup) ㉱ 메이플 시럽(Mayple Syrup)

33 계란, 설탕 등이 들어가는 칵테일을 혼합할 때 사용하는 기구는?

㉮ Hand Shaker ㉯ Mixing Glass

㉰ Strainer ㉱ Jigger

34 조주의 방법 중 스터링(Stirring)이란?

㉮ 칵테일을 차게 만들기 위해 믹싱글라스에 얼음을 넣고 바스푼으로 휘저어 만드는 것

㉯ 쉐이킹으로는 얻을 수 없는 차가운 맛의 칵테일을 만드는 방법

㉰ 칵테일을 완성시킨 후 향기를 가미시키는 것

㉱ 글라스에 직접 재료를 넣어 만드는 칵테일 방법

35 다음 사항 중 파스탁(par stock)을 측정 자료로 사용하지 <u>않는</u> 것은?

㉮ 영업매상(sales revenue) ㉯ 고객취향(customer tastes)

㉰ 일일소비량(daily consumption) ㉱ 고회전 품목(quickly moving itema)

36 Cock Screw의 사용 용도는?

㉮ 와인병 따개용 ㉯ 병마개용

㉰ 와인보관용 그릇 ㉱ 잔 받침대

37 칵테일을 컵에 따를 때 얼음이 들어가지 않도록 걸러 주는 기구는?

㉮ Shaker ㉯ Strainer

㉰ Stick ㉱ blender

38 생맥주 취급의 3대 원칙이 <u>아닌</u> 것은?

㉮ 적당한 온도 ㉯ 적정 압력

㉰ 철저한 청결 ㉱ 장기 저장

39 주장요원이 글라스를 잡을 때 어느 부분을 잡아야 가장 위생적으로 합당한가?

㉮ 글라스의 상단 ㉯ 글라스의 입술 닿는 가장자리

㉰ 글라스의 하단 ㉱ 글라스의 전부분

40 위스키(Whisky)나 버머스(Vermiuh) 등을 언더락스(On the rocks)로 제공할 때 준비하는 글라스는?

㉮ Highball Glass ㉯ Old Fashioned Glass

㉰ Cocktail Glass ㉱ Liquer Glass

41 바(BAR)의 조직체계가 갖추어진 곳에서의 바텐더의 직무로 보기가 가장 어려운 것은?

㉮ 각종 기계류의 작동상태를 점검하며, 칵테일 부재료 등을 준비한다.

㉯ 음료에 대한 충분한 지식을 숙지하여야 한다.

㉰ 영업 시작 전에 모든 영업 준비가 완료되어 있어야 한다.

㉱ 음료의 입고와 출고를 관리하며, 적정재고를 파악하여 보급 및 관리 책임을 진다.

42 칵테일의 분류 중 맛에 따른 분류에 속하지 <u>않는</u> 것은?

㉮ 스위트 칵테일(Sweet Cocktail) ㉯ 샤워 칵테일(Sour Cocktail)

㉰ 드라이 칵테일(Dry Cocktail) ㉱ 애페리티프 칵테일(Aperitif Cocktail)

43 위생적인 주류 취급방법으로 옳지 <u>않은</u> 것은?

㉮ 병맥주는 깨끗하게 닦아서 냉장고에 보관한다.

㉯ Glass는 물기 있는 그래도 보관한다.

㉰ 한번 사용한 칼과 도마는 소독기에 반드시 소독을 한 후 보관한다.

㉱ Garnish는 냉장 보관한다.

44 판매하다 남은 것을 오래 보관 할 수 <u>없는</u> 것은?

㉮ 포도주   ㉯ 진

㉰ 보드카   ㉱ 꼬냑

45 다음 중 믹싱 글라스와 가장 밀접한 것은?

㉮ Shaker   ㉯ Cocktail Glass

㉰ Bar Spoon   ㉱ Champagne Glass

46 Cocktail Shaker에 넣어서는 <u>안 될</u> 재료는?

㉮ 럼(Rum)   ㉯ 소다수(Soda Water)

㉰ 우유(Milk)   ㉱ 계란 흰자위

47 조주시 기본이 되는 단위는?

㉮ cc(씨씨)   ㉯ g(그람)

㉰ oz(온스)   ㉱ mg(밀리그람)

48 디켄터(Decanter)를 필요로 하는 것은?

㉮ White wine   ㉯ Rose wine

㉰ Brandy   ㉱ Red wine

49 주장(bar) 경영에서 의미하는 "happy hour"를 <u>올바르게</u> 설명한 것은?

㉮ 가격할인 판매시간   ㉯ 연말연시 축하 이벤트 시간

㉰ 주말의 특별행사 시간   ㉱ 단골고객 사은 행사

50 병맥주 재고 순환(stock rotation)은?

㉮ 재고품의 진열위치를 정기적으로 변경함

㉯ 원가가 낮은 것부터 사용하여 소비함

㉰ 구매가가 높은 것부터 사용하여 소비함

㉱ 구입순서에 따라 사용하여 소비함

51 여럿이 술을 마실 때 「마시던 걸로 전부 한잔씩 더 돌리시오.」라고 하고 싶을 때의 가장 <u>적당한</u> 영어 표현은?

㉮ We'd like to have another round, please.

㉯ Please give us same drink.

㉰ We want the other round of drinks.

㉱ Let us have them again.

52 다음 _____에 들어갈 가장 <u>알맞은</u> 것은?

> A : "Why didn't john go there yesterday?"
> B : "John didn't go there _____ it rained."

㉮ because of   ㉯ because

㉰ owing to   ㉱ due to

53 다음 중에서 소프트드링크에 해당되지 <u>않는</u> 것은?

㉮ Lemon squash   ㉯ Ginger ale

㉰ wine cooler   ㉱ Lemonade

54 Which one is the cocktail containing gin, vermouth, and olive?

㉮ Vodka tonic   ㉯ Gin tonic

㉰ Manhattan olive   ㉱ Martini

55 What is meaning of a walk-in guest?

㉮ A guest with no reservation.

㉯ Guest on charged instead of reservation guest

㉰ By walk-in guest

㉱ Guest that checks in through the front desk

56 "당신은 무엇을 찾고 있습니까?"의 올바른 표현은?

㉮ What are you look for?   ㉯ What do you look for?

㉰ What are you looking for?   ㉱ What is you looking for?

57 Which country does Bailey's come from?

㉮ Scotland   ㉯ Ireland

㉰ England   ㉱ New Zealand

58 Shaker is composed of three parts.

Which of the following is not one of them?

㉮ cap   ㉯ top

㉰ strainer   ㉱ body

59 Which is the correct one as a base of side car in the following?

㉮ Bourbon whisky   ㉯ Brandy

㉰ Gin   ㉱ Vodka

60 What is the meaning of port wine?

㉮ Port wine is Italian red wine ㉯ Port wine is Portugal wine

㉰ Port wine is d Chille wine ㉱ None of the above

정답

1	2	3	4	5	6	7	8	9	10
㉯	㉱	㉱	㉰	㉱	㉯	㉮	㉮	㉮	㉰
11	12	13	14	15	16	17	18	19	20
㉯	㉰	㉯	㉱	㉰	㉯	㉯	㉯	㉯	㉯
21	22	23	24	25	26	27	28	29	30
㉱	㉯	㉰	㉮	㉮	㉱	㉰	㉱	㉮	㉮
31	32	33	34	35	36	37	38	39	40
㉮	㉰	㉮	㉮	㉯	㉮	㉯	㉱	㉰	㉯
41	42	43	44	45	46	47	48	49	50
㉱	㉱	㉯	㉮	㉰	㉯	㉰	㉱	㉮	㉱
51	52	53	54	55	56	57	58	59	60
㉮	㉯	㉰	㉱	㉮	㉰	㉯	㉯	㉯	㉯

참고문헌

- 국가직무능력표준 바텐더, 2016
- 김준철, 와인, 백산출판사, 2019
- 김지수, 조주기능사 실기, 백산출판사, 2021
- 랜디모셔·정지호, 맥주의 정석, 소소북서, 2013
- 박성부, 최재준, 주장관리실무, 대왕사, 2007
- 배승근, 조주기능사 필기문제, 크라운출판사, 2018
- 서한정, 서한정의 와인가이드, 그랑벵코리아, 2004
- 세계의 명주와 칵테일 백과사전, 민중서관, 2006
- 센츄리호텔 식음료 직무교재, 2009
- 이석현·김용식·김종규·김학재·김선일, 조주학개론, 백산출판사, 2022
- 이희수, 라이프스타일에 따른 메디푸드 음료 선택속성과 행동의도에 관한 연구, 관광연구
- 이희수·이호길, 와인과 칵테일 음료 조주학, 21세기사, 2020
- 인터불고호텔 식음료 직무교재, 2009
- 장동원, 우리 산야초로 담그는 한방 건강 약술, 아카데미북, 2010
- 최성희, 우리 차 세계의 차 바로 알고 마시기, 중앙생활사, 2004
- 최훈, 와인과의 만남, 자원평가연구원, 2005
- 학술위원회, 커피 바리스타, 도서출판 한수, 2018

이희수

- 계명대학교 대학원 관광경영학과 졸업(박사)
- 대한칵테일조주협회 중앙회 회장
- 고용노동부 정책심의위원회 국가기술자격 조주분야 전문위원
- NCS 식음료서비스 분야(소믈리에, 바리스타, 바텐더) WG 심의위원
- NCS 국가직무능력표준 식음료접객 분야 'NCS홈닥터'
- ISC 음식서비스·식품가공인적자원개발위원회 운영위원
- 국제와인품평회 ASIA WINE TROPHY 심사위원
- 한국산업인력공단 국가자격 조주기능사 필기 출제(검토)위원, 실기 감독위원
- KBS 아침마당출연 '새콤달콤칵테일의 세계'
- 대구방송국 t-broad 대구사랑방출연 '칵테일과 관광'
- 매일신문 '이희수의 술과 인문학 ' 칼럼 연재
- 대구광역시 공무원교육원 '와인과 매너, 세계의 와인' 강사
- 경상남도 인재개발원 '인문학으로 보는 와인' 강사
- 중앙경찰학교 '올바른 음주문화의 이해' 강사
- (현) 대구한의대학교 메디푸드HMR산업학과 교수

주요 저서 및 논문
- 와인과 칵테일 음료 조주학 외 다수
- NCS 식음료서비스분야 자격증 교육과정에 관한 연구
- 라이프스타일에 따른 메디푸드 음료 선택속성과 행동의도에 관한 연구 외 다수

바텐더 메디푸드 음료

1판 1쇄 인쇄 2023년 01월 02일
1판 1쇄 발행 2023년 01월 10일
저   자 이희수
발 행 인 이범만
발 행 처 **21세기사** (제406-2004-00015호)
경기도 파주시 산남로 72-16 (10882)
Tel. 031-942-7861   Fax. 031-942-7864
E-mail : 21cbook@naver.com
Home-page : www.21cbook.co.kr
ISBN 979-11-6833-020-7

정가 32,000원